中文社会科学引文索引（CSSCI）收录集刊
中国人文社会科学（AMI）综合评价核心集刊

外国美学

International Aesthetics

第39辑

主编 高建平

中华美学学会外国美学学术委员会
中国社会科学院文学研究所文学理论研究室 编
扬州大学文学院

江苏凤凰教育出版社

图书在版编目(CIP)数据

外国美学. 第39辑/高建平主编. —南京:江苏凤凰教育出版社,2023.9
ISBN 978-7-5499-9231-7

Ⅰ.①外… Ⅱ.①高… Ⅲ.①美学—国外—丛刊
Ⅳ.①B83-55

中国国家版本馆CIP数据核字(2023)第183299号

书　　名	外国美学(第39辑)
主　　编	高建平
责任编辑	吴文昊
装帧设计	张金凤
出版发行	江苏凤凰教育出版社(南京市湖南路1号A楼　邮编210009)
苏教网址	http://www.1088.com.cn
照　　排	南京前锦排版服务有限公司
印　　刷	江苏中山印务有限公司(电话:0511-8691781886917816)
厂　　址	丹阳市朝阳路1-3号(邮编:212300)
开　　本	787毫米×1092毫米　1/16
印　　张	19.25
版　　次	2023年9月第1版
印　　次	2023年9月第1次印刷
书　　号	ISBN 978-7-5499-9231-7
定　　价	61.00元
网店地址	http://jsfhjycbs.tmall.com
公 众 号	苏教服务(微信号:jsfhjyfw)
邮购电话	025-85406265,025-85400774
盗版举报	025-83658579

目　录

Contents

马克思主义视野中的工艺学

主持人语

刘方喜

“工艺学”在对马克思的研究中长久没有被足够重视。马克思本人说过“政治经济学不是工艺学”，有人据此认为“工艺学”不重要。但是，马克思还指出“经济学家们毫无例外地都忽略了这样一个简单的事实：既然商品有二重性——使用价值和交换价值，那末，体现在商品中的劳动也必然具有二重性”，这是“批判地理解问题的全部秘密”，也是马克思“批判”的秘密所在，李嘉图因“不善于区别具有二重表现的劳动的二重性质”而缺乏“批判性”。《资本论》第一卷第一篇第一章“商品”讨论了“使用价值和交换价值”的“二重性”，第三篇“绝对剩余价值的生产”把商品二重性落实为劳动实际过程与价值增殖过程的二重性，第四篇“相对剩余价值的生产”提出“工艺学会揭示出人对自然的能动关系”，劳动二重性又落实为“劳动资料”的二重性，即作为体现人对自然能动关系的“机器本身”与“机器的资本主义应用”的二重性：“‘机器本身’是人对自然力的胜利，而‘它的资本主义应用’使人受自然力奴役。”因此，研究“机器本身”的“工艺学”不具有“批判性”，结合“机器的资本主义应用”的研究则具有“批判性”——我把《资本论》及其手稿中的这种思路概括为“生产工艺学批判”，并运用到物联网、人工智能等研究中，出版了专著《机器/资本二重性：物联网生产工艺学批判》。几位学者就工艺学批判问题进行了研讨并撰写了论文。

张巧《从技术的哲学解释到技术的哲学批判——论马克思工艺学批判的技术哲学定位》，梳理了马克思工艺学批判及其思想渊源、国内外研究现状等，提出“关于‘物联网＋人工智能’已经是终极生产关系的范式的预测会否过于乐观”的问题。张昊臣《我们能够走出技术决定论吗？——工艺学批判与社会构形分析的对话》有类似质疑，强调马克思工艺学批判与技术决定论的复杂关联，梳理了西方相关思想，两文颇富启发性。张巧区分了“回到马克思”与“马克思归来”两种不同思路，而李昕撰《电子媒介时代的后现代状况》对工艺学批判的当代化做了探讨。从当代思想格局看，经济自由主义带有更多“技术决定论”的乐观主义色彩，认为人工智能机器等将“自然而然地”带来美丽新世界；批判理论则带有更多技术悲观主义色彩，强调机器与资本的“一体性”而不区别两者的“二重性”，不在机器中探寻葬送资本的力量，则只能到文化、观念等之中去探寻——资本保守的辩护士与激进的批判者，在把大众目光从资本私有制上转移开来方面却惊人一致。生产工艺学批判则聚焦于资本私有制及其扬弃，一方面强调机器既是维护也是扬弃资本的力量，并在机器而非文化、观念等之中探寻葬送资本的力量；另一方面强调机器不会自然而然地带来解放，而只有通过扬弃私有制的经济革命，才会带来社会解放——这对于探讨当今新技术条件下人类未来命运等问题有重要启示。

从技术的哲学解释到技术的哲学批判

——论马克思工艺学批判的技术哲学定位

张　巧

内容提要　国内外学界对马克思工艺学思想的解读主要采取文献学路径，将马克思对工艺学的研究概括成他对工艺学史的研究，但事实上，不可能脱离马克思政治经济学批判的整体语境去研究其工艺学思想。它不仅包括马克思关于资本主义机器大工业的哲学解释，更包括基于这样的工艺学事实对资本主义生产关系的政治经济学的哲学批判。当然，对马克思工艺学思想的解读也不能停留于历史语境内部，还要询问其在时代语境中的意义，也就是马克思工艺学将如何当代化的问题。通过搭建历史语境和当代技术社会的双重交往语境，马克思工艺学思想可将有效安置到当代技术哲学谱系中。马克思工艺学的当代化是指当代马克思主义者将工艺学批判作为生产性的方法，从时代语境出发作出的新的工艺学事实的陈述和批判。

关键词　马克思　技术哲学　工艺学事实　政治经济学批判　当代性

近年来，国内外学界逐渐开始关注马克思的工艺学研究在其整体思想中的重要位置。① 然而在此前相当长的一段时间里，马克思思想的研究者们并不承认马克思工艺学思想的重要位置，甚至无视马克思工艺学研究的客观存在。这些研究者们的误解主要出自部分文献中马克思自己对工艺学的谈论，如在《〈政治经济学〉导言》中，马克思曾说过“政治经济学不是工艺学”；在《1861—1863 年经济学手稿》中也说

① 国外学界对马克思工艺学思想的研究可参见张福公《国外学界关于马克思工艺学思想研究的历史与现状——基于文献史、思想史的考察》一文的梳理。国内近年来关于马克思工艺学思想的研究可归纳为“回到马克思”派和“马克思归来”派两种不同路径，前者以张福公、张一兵等学者为代表，后者以刘方喜等学者为代表。

过"正如商品价值本身的考察属于商品学一样，对实际的劳动过程的考察属于工艺学"，由于研究者们认为马克思在此的表述实际上是在工艺学和政治经济学二者之间建立对比，以此贬低工艺学而肯定政治经济学，或者指出工艺学和他自己主要的理论工作政治经济学的根本区分，因此"研究、理解和表述马克思的政治经济学和哲学可以不顾及他的工艺学研究及其结果"[①]。然而，马克思拥有实质的工艺学研究是无可争议的事实，首先，马克思对工艺学史的研究在文献上有具体的表现；其次，马克思的工艺学思想具有特定内涵。[②]

张福公对马克思的工艺学研究进行了较为全面的文献史和思想史的梳理，他认为从 1845 年的《布鲁塞尔笔记》到 1850 年的《伦敦笔记》再到《1861—1863 年经济学手稿》为核心的《资本论》及其手稿对工艺学史的相关研究和批判，马克思已建立起独立的工艺学思想，主要涉及马克思通过以往工艺学对分工、机器、现代工厂以及工艺史方面的研究的相关论著[③]，马克思由此提出自己关于机器大工业的生产力理论，这成为他从现实物质生产力出发去思考社会历史政治以及人类最终解放命运的理论支撑；而马克思的工艺学研究更对其科学世界观的形成产生了潜在的重要的影响，从而成为有别于马克思哲学和经济学之外理解马克思科学世界观的另一种思想构境。[④] 在最近对马克思工艺学思想的研究中，张福公还探讨了马克思对工艺学的研究与其整体哲学思想基石历史唯物主义的关系，他将马克思工艺学定义为其经济学研究的构成部分，"马克思的工艺学研究在总体上还从属于其经济学研究，从而与经济学共同构成了他从哲学话语转向物质生产话语的支援性背景，对他的哲学革命产生了潜在而重要的影响"。[⑤]

如果说张福公的研究代表了对马克思工艺学思想的历史进路，那么刘方喜的《机器/资本二重性：物联网生产工艺学批判》一书则体现

① 宫敬才：《对马克思工艺学思想的误解应予以纠正》，《马克思主义与现实》2013 年第 5 期，第 27 页。

② 同上，第 27—29 页。

③ 张福公：《国外学界关于马克思工艺学思想研究的历史与现状——基于文献史、思想史的考察》，《教学与研究》2018 年第 2 期，第 97 页。

④ 参见张福公：《马克思的工艺学研究以及对其世界观形成的影响——基于对〈布鲁塞尔笔记〉的文本解读》，《哲学研究》2018 年第 7 期，第 31—33 页。

⑤ 张福公：《马克思的工艺学批判与历史唯物主义的客体向度》，《哲学动态》2021 年第 2 期，第 31 页。

了马克思工艺学思想的当代化。该书不仅深入细致呈现了马克思的工艺学研究与其政治经济学的内在关系，还将马克思工艺学批判作为一种理论实践引入当代技术哲学论域。[①] 刘方喜指出马克思工艺学思想的核心是“生产工艺学批判”而不仅仅是所谓的“生产工艺学研究”，这体现出他对马克思工艺学思想的独特内涵和方法论价值的精准把握。马克思的工艺学思想永远不止是对工艺学事实的陈述，即不仅仅是对其时代的工艺学事实的史学梳理和哲学解释，而是能够根据差异性的历史阶段不断进行重构的认识论和方法论的实践。可以说，马克思的生产工艺学超越于一般工艺学研究，既意图展示工艺学的历史性现实，又可作为技术哲学的认识论的一般构型而在新的时代被重新激活。马克思的工艺学思想不只是一种理论学说，而是一种理论实践。

一、马克思工艺学思想的技术哲学之维

尽管从工艺学史论域出发对马克思的工艺学思想进行文献学梳理常被视为马克思工艺学思想正统的研究路径，在这个意义上来说，马克思的“工艺学批判”在当代也可以是一种“工艺学”；但是，这种只停留在工艺学史论域中的研究视角，终究既和马克思本人内在整体思想语境产生隔阂，也无法展现马克思工艺学思想对当代技术时代现实的理论生产性。在已有的相关研究中，张一兵和张福公等学者的研究路径基本采取的是“回到马克思”的文本学解读路径，这种解读有利于忠实还原马克思工艺学思想生成的历史构境，尤其是复原马克思工艺学思想与其内在整体思想的关系。[②] 刘方喜等当代马克思主义者则采取“马克思归来”[③]的视角，询问马克思工艺学思想对当代技术时代何

---

① 刘方喜：《机器/资本二重性：物联网生产工艺学批判》，中国社会科学出版社 2021 年版。

② 对马克思工艺学思想的文本学解读路径主要体现在张一兵和张福公的研究中。参见张一兵：《工艺学与历史唯物主义深层构境——马克思〈伦敦笔记〉中的“工艺学笔记”研究》，《哲学研究》2022 年第 12 期，第 23—37 页；张福公：《马克思的工艺学批判与历史唯物主义的客体向度》，第 26—37 页。

③ 刘方喜将 21 世纪的第二次机器革命与 19 世纪第一次机器革命研究进行了联结，并采用了马克思对第一次机器革命研究的主要方法论——政治经济学批判。参见刘方喜：《机器/资本二重性：物联网生产工艺学批判》，第 18 页。

所为，因此他们致力于根据时代语境来做出新的工艺学陈述和批判。不过正如杨庆峰所指出的，虽然研究者们近年来在“回到马克思”方面取得了丰硕成果，但马克思主义的当代性问题却遭到一定程度的忽视。[①] 而随着“技术”逐渐成为描画当代世界的新的基础话语，“当代性另一个意义在于将马克思主义哲学与当前科学技术革命的时代相结合。这不仅是马克思主义当代性的要求，同时也是科学技术哲学存在的合理表现”。[②] 因此，马克思工艺学批判的当代性是去展示马克思的工艺学思想在当代技术哲学坐标中的定位。基于马克思主义的当代性视角，对马克思工艺学思想的解读需要从历史语境出发，但不能只停留于历史语境内部，通过搭建历史语境和当代技术哲学的语境交往，马克思工艺学思想才能有效地安置到当代技术哲学的谱系中。

不过，要讨论马克思工艺学在当代技术哲学中的坐标，我们首先依然要面对的是马克思文本语境和当代技术哲学语境的关系问题，唯有当马克思的“工艺学”概念的内涵的确能够嵌入当前技术哲学的理论语境，马克思的工艺学思想才真正落地到当代理论语境中。我们并不需要偏向“回到马克思”和“马克思归来”其中一方，实质上，国内这两派也没有采取完全对立的立场，比如张福公谈到了基于文献而要超越文献，基于思想史而要超越思想史，刘方喜虽然重点是将马克思的工艺学思想框架移置到当代技术哲学语境中，但这些当代化的理论实践仍是基于对马克思工艺学政治经济学批判的历史解读。本文认为，应该从文本性和当代性的“间距”出发，询问马克思（文本语境）的工艺学思想在何种意义上是一种（当代的）技术哲学？对此，我们需要分别对“工艺学”和“技术”概念做概念史的考察。

吴国盛在《技术释义》一文中梳理了“技术”一词的原始语义，最基本的两层语义包含在汉语的“技”和“术”二字上，“技”指向的是技艺、技能、技巧（skill），“术”指向的是方法、窍门。希腊文的 techne，法文的 arts、technique，英文的 technique 等都指向技能、技巧。[③] 而“工艺学”一词在马克思所处的时代及其德文语境中又是什么意思呢？实际

---

① 杨庆峰：《马克思主义当代性问题与马克思技术哲学》，《科学技术与辩证法》2006 年第 2 期，第 63—65 页。

② 同上，第 63 页。

③ 吴国盛：《技术释义》，《哲学动态》2010 年第 4 期，第 86 页。

上，工艺学在18世纪后半叶才成为一门独立的学问，据其开创者约翰·贝克曼在其《工艺学导论》中所示，工艺学是“一门研究如何加工自然产品或如何掌握手工业知识的科学”[①]，而其学生波佩进一步完善了工艺学，将工艺学定义为“根据不同工作中的相似操作而将所有必要手段、工具和技巧按一定顺序排列起来的一切手艺、手工业、工场手工业和工厂中的工作原理”的科学体系。[②]“工艺学”在德语中是technologie，它并不能直接对应于英文的technique，而更靠近英语的technology。吴国盛指出：“technology这个词就其构词法来看，加-logy后缀应该是‘技术学’或‘工艺学’的意思，是一门对传统意义上的‘技术’进行解释和研究的学问，比如希腊文technologia表示的是对某一种具体技巧、技能（通常是论辩术）的论说，相应的德语和法语technologie表述的也是这个意思。”从马克思的论域看，“工艺学”的语义接近的是它在当时德文中的原始语义，它并不对应于英语中工程学意义上的technique一词，而是对应于technology。

因此，从“工艺学”和“技术”这两个概念的历史语义看，二者存在一定差异。“技术”在历史中的起源语义偏向于技能和技艺的实践；但“工艺学”的起源语义则显示出，它并不太关注工程学的技术实践，而偏重于对技术的科学体系的建构和阐释，是一种对技术本质的阐释和理解。因此，马克思历史语境中对“工艺学”概念的使用恰好是我们今天的技术哲学讨论的核心部分，而其对“技术”概念的使用一开始却只维持在“工程学的”所指。这就形成了吊诡之处，马克思对技术概念的使用实则包含着历史上的“技术”和“工艺学”两个层面，反而是马克思的“工艺学”思想而非其“技术”思想成为当代马克思主义者最看重的技术哲学部分。当然，更全面地看，马克思的技术哲学包括“工艺学”思想和“技术”思想两个部分。当其使用“技术”概念时靠近的是以技艺和技能为主要研究对象的工程学传统，当其使用“工艺学”概念时则是对技术进行科学体系化的技术阐释学。孙守领、陈发俊指出，以《资本论》第一卷为界，在此之前马克思使用“工艺学”的频率大大高于“技术”概念，而之后使用“技术”概念的比重则高于“工艺学”，由此可以看

① 参见张福公：《国外学界关于马克思工艺学思想研究的历史与现状——基于文献史、思想史的考察》，第102页。

② 同上。

出一个从工艺学向技术的转向。[①] 然而，笔者认为所谓的“工艺学”向“技术”转向并不存在，而应该把马克思的“工艺学”思想本身视为其技术哲学的核心部分。正如吴国盛指出的，德语历史语境中，“工艺学”的概念本来就属于技术概念的谱系。因为一开始在德语语境中，technologie 和 technik（法语 technique）是分别承担着工艺学对技术的科学体系阐释和工程学的技术实践的语义，只不过在 technologie 拥有了现代技术的义项之后，反而以此拓展了 technik，“认为它成了 technik（法语 technique）的特殊形式”[②]。也就是说，现在的“技术”概念的语义实则就包含了历史语境中的“工艺学”概念的语义，马克思的文本因此并不存在事实上的工艺学向技术的转向，而只是表明马克思的用词随着历史语境而不断调整。吉田文和也谈到了马克思对工艺学概念使用的变化，想来也和当时德语语境对技术概念的使用的变化相暗合。马克思对“工艺学”的使用一开始是以波佩的工艺学概念为基础的，但也经历了一个变化，这种变化主要是随着“技术”概念在当时语境中的语义拓展而变化的，在《政治经济学批判大纲》《1861—1863 年经济学手稿》《直接生产过程的结果》《资本论》（第二、三卷）等手稿，以及《资本论》（第一卷第一版），除去二至三处例外，所使用的都是“工艺学”“工艺学的”。但是，《资本论》的现行用法有了改变，“工艺学”只在作为“现代科学的工艺学”的意义上使用；“工艺学的”改为“技术的”，在“劳动资料”或“由劳动资料规定的意义”上使用。[③] 由此可见，马克思的文本对“工艺学”概念的使用经历了一个窄化的过程，与此同时他将一部分曾被“工艺学”承担的语义由“技术”概念承担了。这种修改实际上也体现出马克思试图超越贝克曼和波佩的工艺学概念的语境，而参考当时德语语境对“技术”概念的更一般的使用，这显示出马克思试图在更基本的技术哲学领域而不是工艺学史领域来使用工艺学的文献。马克思对“工艺学的”“技术的”使用的实际意旨仍是为了服务于他的政治经济学批判，他认为可以用“技术的”——这个从“技术”概念分化出的形容词，来指称他想要指向的“工厂的生产资

① 孙守领、陈发俊：《论马克思的技术思想转向——从工艺学到技术》，《郑州轻工业大学学报》（社会科学版）2021 年第 4 期，第 26 页。

② 参见吴国盛：《技术释义》，第 88 页。

③ 参见吉田文和：《约·亨·摩·波佩〈从科学复兴到十八世纪末的工艺学历史〉和马克思》，苑洁编：《〈资本论〉基本理论问题研究》，中央编译出版社 2013 年版，第 378—379 页。

料”那部分涵义，而这恰好是马克思政治经济学批判的基石。

二、历史语境：从机器理论到资本主义生产关系的批判

无可否认，马克思对工艺学思想的研究不可能脱离他的整体理论语境，因此我们首先要把握马克思对工艺学研究的文献材料，在此基础上将之放置到马克思当时的整体语境中。据张福公梳理，马克思的工艺学思想出现的文献材料主要包括两大部分：第一部分是马克思在《伦敦笔记》中关于波佩、贝克曼和尤尔等人的摘录笔记，第二部分主要是马克思在《布鲁塞尔笔记》中关于拜比吉、尤尔的摘录笔记。[①] 然而，对马克思工艺学思想的研究当然不能止于其文献史，不应当脱离于马克思研究工艺学史的意旨来研究它们，而应当把握马克思阅读和使用这些工艺学笔记的理论意图。回到马克思的工艺学摘录和笔记的历史语境中可发现，他于 1845—1847 年以来对自然科学的研究几乎是和其经济学研究同时起步的[②]，尤其是和他对机器大工业的研究理论叠合。通过梳理《1857—1858 经济学手稿》《1861—1863 经济学手稿》也可以发现，马克思对波佩的《从科学复兴到 18 世纪的工艺学历史》、尤尔的《工厂哲学》以及拜比吉的《论机器和工厂的节约》有大量的引论。如果说波佩的《从科学复兴到 18 世纪的工艺学历史》给马克思提供了技术史的概要，从而为其了解资本主义的工业技术体系提供了参照系，使马克思更能辨析出资本主义机器大工业体系在技术史上的定位及其对于人类世界历史发展的意义；那么，尤尔的《工厂哲学》所揭示从手工业到机器生产的分工体系，以及拜比吉的《论机器和工厂的节约》对机器本性的揭示，则直接成为马克思剖析资本主义生产关系及其对工人进行剥削的秘密的关键。

回到马克思使用这些材料的原始语境能让我们更清晰地分辨作者意图。无论是波佩还是尤尔、拜比吉的文献摘录都频繁出现在

① 张福公：《国外学界关于马克思工艺学思想研究的历史与现状——基于文献史、思想史的考察》，第 99 页。

② 刘焱：《马克思在〈资本论〉及其手稿中对自然科学和技术科学的研究》，苑洁编：《〈资本论〉基本理论问题研究》，第 283 页。

《1861—1863 经济学手稿》中，它们共享的一个问题语境是马克思对剩余价值的讨论，这无疑是马克思揭秘资本主义生产关系和其剥削本质的最关键的部分。更具体来说，它们都出现在马克思的机器理论部分。那么，机器理论和剩余价值到底有何关系呢？吉田文和认为，马克思的机器理论主要出现在他的剩余价值理论语境中是因为马克思当时亟待回答李嘉图的剩余价值理论和机器理论所缺乏的部分，如“机器引起工作日延长”“劳动强化”“妇女儿童的劳动”等问题，要讨论这些问题，“就必须了解由于工具向构成资本制度生产‘物质基础’的机器转变而引起劳动变革的实际情形”[①]。在此，机器是作为资本主义的劳动资料而被讨论的，那么，弄清楚机器与工具作为劳动资料的区别和联系，就成为能够把握资本主义生产关系的关键。马克思研究机器的主要意图是展示机器到底是如何进入资本主义的生产过程中而参与了资本主义生产关系的最终形成的。了解机器和工具的不同是能够洞察旧时代生产关系与资本主义生产关系在本质上的区分的关键一环。那么工具和机器到底有何不同呢？马克思对机器的理解主要就建立在尤尔和拜比吉都对现代机器体系的本质的深入剖析上。首先，我们看马克思引述的尤尔对“工厂”概念的定义：

> ……一切工厂，只要它的机械不形成连续不断的体系，或不受同一个发动机推动，都不包含在这一概念之中。……这个术语(工厂)的准确意思使人想到一个由无数机械的和有自我意识的器官组成的庞大的自动机，这些器官为了生产同一个物品而协调地不间断地活动，并且它们都受一个自行发动的动力的支配。[②]

马克思对此评论道“这些就是机械工厂的主要特征。它是一个庞大的自动机”，这样的自动机是工人生命异化的根源，在这里“工人本身只表现为机器的有自我意识的器官(而不是机器表现为工人的器官)”。由此可见，马克思的机器理论实则是超前的机器社会的批判理论，比起麦克卢汉的媒介观点更显激进。麦克卢汉仅仅把技术媒介视

---

① 吉田文和:《约·亨·摩·波佩〈从科学复兴到十八世纪末的工艺学历史〉和马克思》，苑洁编:《〈资本论〉基本理论问题研究》，第 359 页。

② 《马克思恩格斯全集》第 1 版第 47 卷，人民出版社 1979 年版，第 536 页。

为人的身体器官的延伸，但马克思却揭示出资本主义生产关系实则已经把工人变成了机器的器官——手，因此马克思颇有洞见地说："根据工人的劳动能力借以发挥作用的主要器官——即他们自己的双手，把工人叫做'人手'。"[①]显然，工人在机器大工业中，已经不再作为人之类存在，而是作为机器的器官——手而存在，因此被形象地称之为"人手"。

除了尤尔，拜比吉是另一个帮助马克思理解现代机器本质的关键人物，他指出"分工"是机器产生的前提和原因：

> 如果由于分工，**每一项单独的操作都使用一种简单的工具**，那么，由一个发动机推动的**所有这些工具的组合**，便成为机器。

引用完这段话，马克思加重了语气来提醒我们重视拜比吉关于"分工"对机器形成的原因的分析：

> 我们在这里特别指出的，不仅是"每一项单独的操作都使用一种简单的工具"，而且还有这种情况造成的后果，即分工导致了**这些简单工具的创造**。[②]

马克思认为，只有从"分工"角度才真正理解了机器本性，即机器和工具的区分。马克思对此针对的是工具与机器的同化论，即工具和机器没有本质区分，工具是简单的机器，机器是复杂的工具，只有简单机器和复杂机器之分而已。这种看法会认为，最简单的机械，如杠杆、斜面、滑轮、螺旋、楔、轮子等，也被叫做机器。马克思指出，简单工具当然也可以由这样的机械组合而形成，但是机械组合并不是机器的本性，机器的本性在于它作为一种由不同工具构成的组合是为了完成同一个商品的不同的独立操作，它是由不同的工人使用的。简言之，机器的诞生是为了分工。另一种论点提出了工具与机器的区分，但他们的着眼点在于二者的动力不同，比如工具的动力是人，机器的动力是畜力、机械力等，总之，是异己的力量等等。根据这种观点，犁是机器，

---

① 《马克思恩格斯全集》第1版第47卷，第55页。

② 同上，第411页。

而一切用人作为动力的，包括最复杂的织袜机、机械织布机都不是机器。但是，马克思却指出了机器和工具的根本区分，这需要从它们对生产关系的作用来把握：

> 这里所说的不是[工具与机器之间]在工艺上的确切区分，而是在所使用的劳动资料发生的一种改变生产方式，因而也改变生产关系的革命；因此，在当前的场合，所说的正是在所有使用的劳动资料上发生的那种为资本主义生产方式所特有的革命。①

二者带来的最大的不同在于，机器是“分工”的产物，并且，“分工”不仅给机器的诞生提供了前提条件，而且机器的核心功能主要就是提供“分工”。对此马克思借用了尤尔的“分工理论”来呈现机器作为劳动资料的秘密，其揭示出机器大工业的模式是以自动工厂的“分工”呈现的：

> 而在自动工厂中，生产体系“把生产过程分解为各个组成部分，并且使所有组成部分都从属于自动机器的动作”，(于是)就可以“把这些最简单的操作交给那些能力极其普通但经过短期试用的单个工人去做”。②

很显然，马克思对尤尔的大量引用的主要目的是展示工场手工业的“分工”和自动工厂的“分工”的联系、区别，以及这种“分工”之所以造成工人的劳动被资本家剥削的秘密和它造成工人被异化的后果：

> 在作为整体来看的工场手工业中，单个工人构成总体机器的有生命部分，即构成本身是由人组成的机体的那种工厂的有生命的部分。相反，在机械工厂(即在这里所考察的发展为机器体系的工厂)中，人是总机体的有生命的附件，而这个机体是以机器和自动的机器体系的形式存在于人之外的。但是，总的机器是由各个机器组成的，每个机器都是这个体系的一部分。人们在这里只不过是没有意识的、动作单调的机器体系的有生命的附件，有意

① 《马克思恩格斯全集》第 1 版第 47 卷，第 412 页。
② 同上，第 329 页。

识的附属物。①

可以说，正是尤尔和拜比吉帮助马克思看到机器所带来的生产关系的变化，以及人如何从自身作为有机体沦为机器器官的悲惨命运。根据尤尔和拜比吉的工艺学理论的研究及其批判，马克思形成了他关于机器大工业的理论的核心，他把握到资本主义生产关系变革中最核心的部分——劳动资料的变革，资本主义生产力的飞跃的根源在于它使用机器作为劳动资料；同时，资本主义积累原始财富的秘密就在于通过“分工”而剥削工人。

那么马克思对波佩的《工艺学史》引用的目的是什么呢？与尤尔和拜比吉相比，马克思对波佩的引用主要是从工艺史的角度展示生产关系的变革。需要注意的是，波佩的“工艺史”不仅指手工艺的历史，还指向“自然产物加工的一切工艺的历史”，涉及手工业、工场手工业和工厂三者的联系。技术一般只涉及技术能力、实践能力，而工艺学则涉及知识、理论方面的东西，波佩的工艺史包括了这两部分，对工业的历史和工艺的诞生史都做了论述，而这些内容直接关系到马克思《资本论》第一卷第十三章注 89 的论述②。波佩的工艺史历时性地呈现了在不同的生产关系下的工艺在本质上的变化。比如，波佩的《工艺学史》第二部《到十八世纪末的机器加工史》研究磨的工艺史几乎被马克思全部摘录，并在《1861—1863 经济学手稿》和《资本论》中加以使用。③ 通过引用磨的工艺史马克思分析出：“**磨**可以被看作是最先应用机器原理的**劳动工具**。”④磨作为劳动工具大量运用于手工业时期、工场手工业时期，最后被应用于资本主义的工厂中，却在工厂中有了本质差异。如果说前两个时期，磨仍然作为一种劳动工具被使用（不过马克思也分析得出实际上磨在很早时候就显示机器原理），而到了 18 世纪末资本主义大工业生产中，磨实际已经发生了质的变化，它已经成为机器：

---

① 《马克思恩格斯全集》第 1 版第 47 卷，第 525—526 页。

② 参见吉田文和：《约·亨·摩·波佩〈从科学复兴到十八世纪末的工艺学历史〉和马克思》，苑洁编：《〈资本论〉基本理论问题研究》，第 363 页。

③ 同上，第 366 页。

④ 《马克思恩格斯全集》第 1 版第 47 卷，第 418 页。

> 而水(风)磨和钟表,这是过去传下来的两种机器们的发展还在工场手工业时代就已经为机器时期做了准备。因此人们用"磨"(Mühlen, mills)这个词来表示一切由自然力推动的劳动工具,甚至表示那些以手作为动力的较复杂的工具。在磨中已经具备或多或少独立的和发展了的、相互并存的机器基本要素:动力;动力作用于其上的原动机:处于原动机的工作机之间的传动机构——轮传动装置、杠杆、齿等等。[①]

从上可见,马克思对工艺学史的引用和"分工理论"的引用都在于向我们揭示出这样一点:劳动资料所发生的改变,也意味着生成关系的改变。因此,唯有从劳动资料的历史嬗变出发,也即从工艺学史出发,才可能更历史唯物主义地呈现资本主义在生产方式上的彻底变革,否则,对资本主义生产关系的揭示可能就只停留在形式上和概念上。

三、当代性实践:工艺学史的重构及其批判

马克思主义哲学的当代性主要体现在马克思哲学的当代实践,而马克思技术哲学的当代性自然也包括将历史语境中的马克思工艺学批判移置到当代的技术语境中,同时,马克思将对机器革命的历史性书写也启发我们重构当代机器革命史。如果说马克思本人的技术哲学主要是将工艺学引入他对资本主义的政治经济学批判的理论架构中,是对他当时所处的时代危机最强烈的理论关怀;那么同样,马克思技术哲学的当代性就应当体现在运用他的工艺学批判的理论框架,去描画当代的机器大工业生产并对此作政治经济学的批判。刘方喜的《机器/资本二重性:物联网生产工艺学批判》就展现了上述两个层面的马克思主义技术哲学的当代化实践。刘方喜首先考察了当今的"机器工业图景",效仿马克思对自身所处历史当下的工艺学考察,考察了我们当下的技术现状;其次,刘方喜移用马克思的资本/机器的二重性的政治经济学批判框架,论证了当代生产关系的变革的原因。在刘方喜看来,马克思曾提供的机器大工业的工艺学事实分析移置到当

① 《马克思恩格斯全集》第1版第47卷,第427页。

代依然是有效的，为此他引用了马克思《1861—1863经济学手稿》：

> 机器劳动这一革命因素是直接由于需求超过了用以前的生产手段来满足这种需求的可能性而引起的……随着一旦已经发生的、表现为工艺革命的生产力革命，还实现着生产关系的革命。[①]

那么，资本主义生产关系和资本主义的工艺学事实的关系是什么呢？一般而言，都会将它们分开谈论，但实际上，资本主义的工艺学事实乃是资本主义生产关系真正成为历史事实而不是某种空洞概念的呈现。这对于理解马克思的工艺学批判的实际意旨和马克思对资本主义生产关系的研究都至关重要。正如吉田文和所推测的，马克思对工艺学史的研究是其经济学理论中剩余价值理论的前提条件，剩余价值理论的成熟是受到工艺学研究的支撑的，因为这才使资本主义生产关系的革命最终呈现为“工艺上的事实”，而不只是“概念中的东西”[②]，也“不仅成为表现在资本家和工人之间的关系上的‘社会真实’，而且还成为可以说是‘工艺上的真实’”[③]。显然，马克思认为对资本主义生产关系的研究只有落实到工艺学上，才是一种真正唯物主义的研究：“工艺学会揭示出人对自然的能动关系，人的生活的直接生产过程，以及人的社会生活条件和由此产生的精神观念的直接生产过程……这种方法是唯一的唯物主义的方法，因而也是唯一的科学的方法。”[④]

对当代资本主义生产关系的理论化也必须经历对当代的“工艺学事实”的揭示，才不是停留在概念和形式上的东西，也不只是停留在生产者和消费者之间表层的“社会真实”，而是能够使我们真正把握到生产关系的物质基石。所以，马克思技术哲学的当代化首先要做的是合理地绘制当下的“工艺学事实”。刘方喜认为，马克思对机器大工业图景的描画和政治经济学批判的理论框架已经相当成熟，它提供了揭秘资本主义生产过程变革的关键，即从工场手工业的“工具”向大工业

---

① 《马克思恩格斯全集》第1版第47卷，第472—473页，同时见刘方喜：《机器/资本二重性：物联网生产工艺学批判》，第2页。

② 《马克思恩格斯全集》第1版第47卷，第567页。

③ 同上，第568页。

④ 《马克思恩格斯全集》第1版第23卷，人民出版社1972年版，第410页脚注。

“机器”的转型，它“标志着生产工具由机械的结合转向有机的结合，进而生产的‘主观机体’转型为‘客观机体’，从而最终形成有机的、客观的‘机器体系’”[①]。刘方喜认为，对资本主义生产总过程的“工艺学事实”在马克思那里只得到了部分描画，因为马克思的机器理论描绘的“工艺学事实”只不过呈现了资本主义生产过程中的劳动资料的变革引起的生产力变革，这表现为实体制造机器体系的形成，但是完整支撑“资本主义生产的总过程”的物质基础还应当包括实体流通机器体系和信息机器体系，“这三大体系是现代机器‘总体系’、生产‘总过程’三个不可或缺的有机要素”[②]，以此相应在此基础上进行的机器/资本批判包括三个对应的二重性批判——生产机器/资本、流通机器/货币、信息机器/信用的二重性。

那么，当代资本主义生产关系的工艺学事实到底是什么呢？刘方喜认为可类比马克思给出的机器总体系图景来做出相应的描画。在马克思所处时代的资本主义，其生产过程的工艺学事实主要是由工具机、发动机（蒸汽机）、传动机等实体制造体系所构成，其资本主义流通过程的工艺学事实则是由蒸汽轮船、火车等实体流通机器体系所构成，而其信息机器体系则是由电报网所构成。[③] 不过，这里出现的一个需要论证的环节在于，为何能够使用马克思大工业理论及其机器/资本的二重性框架来贯穿当代的技术现象及其政治经济学的分析呢？在此，刘方喜自觉采用了马克思本人的社会人的有机器官的生物进化论[④]框架来论述：

> 马克思考察的是以蒸汽机为代表的“第一次机器革命”，标志着现代机器“能量”或“动能”自动化或“社会人的生产器官”的“体力”器官的发育成熟；而当今建立在计算机基础上的物联

---

① 刘方喜：《机器/资本二重性：物联网生产工艺学批判》，第 54 页。

② 同上，第 56 页。

③ 同上，第 60 页。

④ 关于马克思对达尔文生物进化论的研究对其思想的映现，可参见刘炎：《马克思在〈资本论〉及其手稿中对自然科学和技术科学的研究》，苑洁编：《〈资本论〉基本理论问题研究》，第 285—286 页。与马克思同时代的技术哲学家卡普也喜欢使用器官投射说，可参见卡普：《蒸汽机与铁路》，吴国盛编：《技术哲学经典读本》，上海交通大学出版社 2008 年版，第 450—455 页。刘方喜继续沿用这个隐喻制造了某种具有“总体性”色彩的工艺学史，这应当视为马克思主义的历史哲学的理论实践。

网、人工智能等数字技术正在引发“第二次机器革命”，标志着机器“智能”自动化或“社会人的生产器官”的“智力”器官也开始发育。①

很显然，马克思本人所描画的工艺学事实实体机器的形成，只不过是“社会人的生产器官”的成熟，而“作为现代社会组织的物质或工艺基础，自动机器体系是由许多‘机械的和有智力的器官’组成的”，在马克思的时代，“机械的器官”只意味着社会人的“体力”的成熟，其“智力器官”可以说并未发育成熟，而当今 AI 却是机器“智力器官”开始发育。② 显然，刘方喜对工艺学史的重写在移用马克思的器官进化论的基础上还有所增补，“体力”器官和“智力”器官的区分在马克思的理论框架中并未明显出现，而将当今时代的工艺学事实——“物联网＋人工智能”阐释为马克思话语中机器大工业的“智力器官”也属于马克思主义者的当代化实践成果，它是将马克思的工具-机器发展史论的当代迁移的成果。可以说，正是生物器官隐喻帮助重构出一幅当代的机器革命史画卷：

> 工艺学事实的第一个阶段——以蒸汽机为代表的第一次机器革命使得共产主义可能性第一次出现，那么，第二次机器革命则使得共产主义的可能性第二次出现。③

不过，这种机器革命史本身应当视为马克思独有的历史叙事，它受到马克思本人当时对自然科学的基本看法的历史局限，从中可以看到达尔文的生物进化论对他的强烈影响。刘淼就指出，当达尔文的《物种的起源》发表之后，马克思这个器官隐喻的框架可能受达尔文进化论的影响，马克思在《1861—1863 年经济学手稿》和《资本论》中多次对此进行引用，他对工具-机器的发展论的生物学器官隐喻显然也来自达尔文：

---

① 刘方喜：《机器/资本二重性：物联网生产工艺学批判》，第 2 页。

② 同上，第 98 页

③ 同上，第 3 页。

达尔文根据自然选择、适者生存的原则，论证了动植物生活中作为“生产工具”的动植物器官的形成及其原因，指出器官的专门化和完善化是通过斗争自然选择的。而工具-机器的发展之所以同达尔文关于动植物器官的分化和专门化相类似，是因为生产工具的专门化和分化是随着生产的发展而发展，是随着分工的产生发展而产生发展的，就是说，也是通过“自然选择”而实现的。①

因此，刘方喜的两次工业革命史的叙事依然沿用了这种生物器官论的类比，这强烈影响到了他的当代技术史叙事风格，是一种宏观的技术史叙事。但是根据后现代主义史观来看，这无疑是一种带着现代性时间观的“总体性”叙事，它首先预设了传统技术与现代技术存在一个断裂的起源，这个起源被认定为是机器的诞生，而此后的技术革新则成为“机器”的历史分环演绎，因此当下的“物联网＋人工智能”的技术形态才能合理被统摄到机器史的框架下，于是才有了“第一次机器革命”是以蒸汽机为代表，“第二次机器革命”是物联网、人工智能为代表的数字技术的连续叙事。同样，根据带着强烈“总体性”的历史逻辑，刘方喜将物联网和人工智能为代表的数字技术视为“生产关系”的终极革命，它最终成为共产主义生产关系的工艺学事实。

不得不说，将我们所处当下的技术形态指认为生产关系的终极革命的判断可能需要再审视，因为这种乐观主义与当代技术哲学的其他谱系的判断有明显的冲突。无论是以马尔库塞、阿伦特和哈贝马斯为代表的对技术理性的批判理论，还是以海德格尔、唐·伊德、斯蒂格勒等人为代表的技术现象学，或者是以芒福德、盖伦、麦克卢汉为代表的技术的文化批判理论，无疑都认为技术的发展使我们的生存陷入前所未有的危机之中。

那么，这幅“总体性”色彩浓烈的工艺学史画卷是否符合技术发展的事实呢？因为这种“总体性”的叙事可能会给人这样的担心，如果将当代的数字技术革命纳入机器革命的起源叙事中，会不会遮蔽掉技术发展历史进程中的“差异”？将自己所处时代的技术现实指认为最重

① 刘焱：《马克思在〈资本论〉及其手稿中对自然科学和技术科学的研究》，苑洁编：《〈资本论〉基本理论问题研究》，第 285—286 页。

要的历史节点，会不会仅仅是某种现代性的时间意识作祟，出于理论家认为自己抓住了历史自我意识的诱惑？从技术史家的立场来看，这些质疑是合理的。但是，从马克思主义的当代化来看，对工艺学史的积极重构恰好是马克思技术哲学的基本任务，因为马克思的技术哲学不仅仅包括他对技术现象的描述，而且包含着某种理论介入。刘著的当代工艺学史的描画尽管不能视为单纯的技术史，却是名副其实的马克思主义的技术史，其意在填补马克思本人尚未写出的共产主义的生产方式的工艺学事实分析。很显然，根据马克思的观点，对资本主义生产关系的分析唯有落实到工艺学事实上，才能使它脱离概念，深入到实质中去；所以根据这个论述逻辑，马克思既然预测了共产主义社会的到来，就必须去分析支撑其到来的工艺学事实，否则也将是空洞的。因此，与共产主义相对应的工艺学事实的描画及其政治经济学批判也就成为当代马克思主义技术哲学的主要任务。不过，仍然值得怀疑的是，我们所处的当下的技术现实已经体现了共产主义的生产方式吗？刘方喜的回答是肯定的。他认为，“物联网＋人工智能”所催生的“分享(共享)经济”能够从根本上冲击资本主义的经济体系，尤其是其生产的“分享价值(sharable value)”正在冲击资本主义传统的“交换价值(exchange value)”。如果资本主义的胜利在于资本主义的生产关系中“交换价值”取代“使用价值”占据优势，那么当物联网催生的“分享价值”取代“交换价值”占据优势，资本主义制度就必将在这样的“极致生产力”的冲击下灭亡。刘方喜认为，我们正处于这样一个技术发展的关节之处，这不仅在于技术显现出的新形态，任何历史阶段的技术现实当然都可以被指认为一种新形态，而是在于物联网形成的技术形态的“新”是彻底的，因为它提供了一种新的生产关系的技术动力，并且生产出一种新的价值形态——“分享价值”，经济上“分享”时代的到来将最终摧毁资本主义的“稀缺”或“私有”，最终将大众带入“免费”世界。①

密涅瓦的猫头鹰只在黄昏时才起飞。由于我们正处于物联网兴起的历史进程之中，因此很难跳脱出来评判是否这种新的技术形态及其提供的“分享经济”形态已经能够支撑生产方式的彻底革命；同时，当下“分享经济”虽然作为一种新的经济形态冲击着“付费经济”，但二

① 刘方喜：《机器/资本二重性：物联网生产工艺学批判》，第162—167页。

者仍处于一个长期的对抗状态，谁也不能预测这样的对抗状态将持续多久。不过可以肯定的是，一种马克思主义的技术哲学必定要求马克思主义者根据马克思的工艺学思想的理论框架去积极思考时代性问题，去为共产主义政治远景的到来构想可支撑的物质条件，因此我们虽然不能判断刘方喜关于“物联网＋人工智能”已经是终极生产关系的范式的预测会否过于乐观，但必须肯定的是，刘著显示出马克思工艺学思想在当代的巨大阐释潜能，以及马克思主义者对当代技术现状做出的敏锐反应和积极的介入。

结语：从技术的哲学解释到技术的哲学批判

吴国盛把技术哲学分出四个思想谱系：其一是社会-政治批判传统，其二是哲学-现象学批判传统，其三是工程-分析传统，其四是人类学-文化批判传统。[①] 马克思乃是当代技术哲学的第一个思想谱系社会-政治批判传统的开创者[②]，因此我们可以将马克思的工艺学批判基本定位为一种技术的哲学批判。但是，与一般的技术批判理论派[③]所持的那种相对单一的意识形态批判路径不同，马克思对技术的态度是辩证的。马克思认为，尽管机器作为资本主义生产关系的工艺学事实，帮助资本家完成了对工人的剥削，但是机器大工业的发展本身也蕴含着瓦解资本主义生产关系的巨大能量，当资本主义的私有制本性无法满足机器大工业的发展，它就会作为革命动力从内部扬弃资本主义生产关系，从而制造出适应新的生产关系方式的工艺学事实。因此，科技的发展实则具有双重性，技术既可能作为统治阶层的治理术，或作为资本主义生产关系的内在构成，但技术也可能作为扬弃资本主义的物质支撑，为共产主义这幅政治远景提供物质基础。由于一般的技术批判理论缺乏政治经济学的眼光，因此对技术的批判显得不够辩

---

① 吴国盛：《编者前言》，《技术哲学经典读本》，第 5 页。

② 同上，第 6 页。

③ 这里主要指受到马克思技术论影响的具有法兰克福思想背景的理论家，比如马尔库塞、阿伦特和哈贝马斯，他们共同倾向于将技术视为工具理性来进行批判。

证。同样，马克思对技术的哲学批判和技术现象学路径①也有所不同，它不仅仅是一种对技术的哲学解释，而且指向了对技术的政治经济学批判。当然，这并不是说技术现象学不具有批判性，但技术现象学的批判主要着眼的是技术如何作为形而上学的，或者作为主客二分的认识论的显现方式，其本质是用一种崭新的认识论替代传统认识论对技术作出哲学的解释。

唯有马克思的技术哲学同时蕴含了技术解释和技术批判的双重维度：一方面，马克思的工艺学思想建立在他对波佩的工艺学史以及加斯帕兰、拜比吉以及尤尔等人的工艺学研究上，其目的是从历史唯物主义的角度客观把握当时社会生产中所呈现的技术基础，由此呈现了客观忠实的技术生产过程的一般叙事，在这个意义上说，马克思的技术哲学担当了类似技术现象学对技术现实的描述和解释功能；另一方面，马克思的工艺学思想没有停留于技术解释学层面，其目的在于对机器大工业作政治经济学的批判。由此马克思的技术哲学批判超越一般的技术哲学，它揭示了机器作为社会人生产器官的形成史，即每一个特殊的社会组织的物质基础的形成史，使其工艺学批判蕴含着从一般技术物的历史叙事往政治经济学逻辑推进。因此，当代马克思主义的技术哲学要求当代马克思主义者从自身所处语境出发，来对技术现实做出新的工艺学事实的陈述和政治经济学的批判。

【本文为国家社科基金项目“当代英美‘后分析’文论研究”(批准号 21CZW004)阶段性成果】

（作者单位：华南师范大学文学院/审美文化与批判理论研究中心）

学术编辑：贾　洁

---

① 这里主要指现象学家的技术论，既包括被归为现象学家的胡塞尔、海德格尔和舍勒的技术论，也包括具有现象学理论背景的技术理论家，比如唐·伊德、斯蒂格勒、约那斯、德雷弗斯、鲍尔格曼等人。

我们能够走出技术决定论吗？
——工艺学批判与社会构形分析的对话

张昊臣

内容提要 马克思的工艺学批判被一些学者理解为工艺决定论，这呼应了学界长期以来对马克思的技术决定论指认。实际上，从马克思本人的运思理路看，工艺学批判不仅难以被归结为工艺决定论，而且恰恰赋予技术以历史的、社会的厚度。但另一方面，工艺学批判又隐含着某种技术整体论图式，这为决定论式解读提供了空间。在这一点上，威廉斯的社会构形分析批评了媒介研究中的整体论倾向，彰显出技术在具体社会场景中的多元性异质性，在一定程度上可以被视为对工艺学批判的发展。工艺学批判与社会构形分析，有助于反思当代技术批判话语中的去社会化取向及其背后的技术决定论、技术整体论逻辑，激活新技术新媒介蕴含的解放潜能。

关键词 技术决定论 技术整体论 工艺学批判 构形 威廉斯

在技术批判话语中长期流行着一种思维取向——视技术为脱离具体社会场景的“系统”“黑箱”或“装置”。这有益于揭示现代技术的自主性及其对人类生活的总体构设，却也不同程度地遮蔽了社会因素在技术发明、运用、转变中的积极作用，继而对复杂的技术运作给出同质化甚至抽象化理解。饶有意味的是，这种思维取向与它所反对的实证主义、资本主义技术话语分享着相似的技术决定论前设，并从理论上加剧着技术的神秘化和技术批判的失焦。近年来，马克思的工艺学批判渐受关注，不过，在相关探讨中，工艺学批判经常被看作工艺决定论或生产力决定论的延伸。这有可能模糊甚至遮蔽工艺学批判蕴含的历史社会维度，甚至使之再度陷入技术决定论的泥淖之中。

我们能够走出技术决定论吗？或许此程道阻且长，那么，我们能够从工艺学批判开始迈出哪怕一小步吗？笔者认为，从马克思本人的运思理路看，工艺学批判不仅难以被归结为工艺决定论或技术决定论，而且恰恰赋予技术以历史的社会的厚度；但另一方面，工艺学批判又隐含着某种技术整体论图式，因而为决定论式解读提供了空间。通过深入批评西方主流传播学、媒介研究中的技术决定论、技术整体论，英国马克思主义学者威廉斯(R. Williams)提出了社会构形分析，以彰显技术在社会生活中的多元性和异质性——在笔者看来，这可以被视为对工艺学批判的接续和拓展。工艺学批判与社会构形分析的对话，虽然不能让我们完全走出技术决定论，却有助于我们警惕当代技术批判话语中的去社会化取向，反思隐匿在其背后的技术决定论、技术整体论逻辑。

一

18世纪后期，因应于自然科学的发展和工业革命的出现，专门研究加工生产过程的工艺学在欧洲兴起。马克思研读记录了尤尔(A. Ure)、拜比吉(C. Babbage)、韦利斯(R. Willis)、舒尔茨(F. W. Schulz)、贝克曼(J. Beckmann)、波佩(J. H. M. von Poppe)、加斯帕兰(A. de Gasparin)等当时工艺学者撰写的大量文献，在自己的著作中多次论及工艺学(technologie)或工艺史，形成了独具特色的工艺学批判。[①] 正如政治经济学批判是对被流行政治经济学话语所遮蔽的资本主义历史性的探究，“工艺学”与“批判”结合则意在强调：马克思一方面要借鉴流行工艺学来审视机器大生产的特征和规律；另一方面又要揭示被工艺学所掩盖的机器的资本主义运用及其内在矛盾。

在围绕工艺学批判展开的研究中，始终隐含一个基本问题：马克思究竟如何看待技术与社会的关系？置于当代技术哲学语境下，该问

① 国内学人乔瑞金、史彦虎、宫敬才、王荣、丁冬雪、孙乐强、徐丹、陈中奇、马姗、刘方喜、张福公、张一宾等就此皆有专文或专书探讨，为笔者的思考提供了参考，限于篇幅，这里不逐一列述。

题亦可转换为：马克思的工艺学批判是否归属于某种技术决定论(technological determinism)？根据温纳(L. Winner)的界定，技术决定论通常主张，“一个社会的技术基础是影响所有社会存在模式的根本条件”“技术变革是社会变革的最为重要的单一根源”。[①] 学界关于技术决定论的探讨甚为繁杂，这里择要指出两点。首先，如海尔布罗纳(R. L. Heilbroner)所见，技术决定论是“一个特定历史阶段(尤其是发达资本主义和初级社会主义时期)才有的问题”。[②] 在 18 世纪中叶前相当长时期，技术多受制于政治、宗教和文化；只是随着现代性进程中传统的瓦解、个人的原子化、社会组织方式的机械化、大机器生产的崛起，技术才开始逐渐失控并呈现出埃吕尔(J. Ellul)所强调的一系列自主性特征。[③] 其次，技术决定论按程度分为强(hard)版本和弱(soft)版本。前者认为，技术完全自主并按固有法则运行，社会只能被动适应。后者则认为，技术在影响社会的同时也受社会的影响并作出反馈，但即便如此，技术仍是主导社会发展的关键因素。[④] 多年来，学界就马克思与技术决定论的关系展开了持久争论。芒德福(L. Mumford)、埃吕尔、温纳等技术哲学家都倾向于视马克思为技术决定论的代表甚至肇始者；基于此，上世纪早期马克思主义理论阵营中的生产力决定论也经常被“追认”为技术决定论的另一种形态。反之，卢卡奇(G. Lukacs)、布雷夫曼(H. Braverman)、罗森博格(N. Rosenberg)、诺布尔(D. Noble)、马克肯契(D. MacKenzie)、宾博尔(B. Bimber)、米萨(T. J. Misa)、米勒(R. Miller)、柯尔施(K. Korsch)、科恩(G. A. Cohen)、哈维(D. Harvey)等一众学者皆试图剥离马克思身上的技术决定论嫌疑。[⑤] 借一位学者的戏仿之辞，“一个幽

---

① 温纳：《自主性技术》，杨海燕译，北京大学出版社 2014 年版，第 65 页。

② Robert L. Heilbroner, “Do Machines Make History?”, in Merritt R. Smith & Leo Marx (eds.), *Does Technology Drive History? The Dilemma of Technological Determinism*, Cambridge: The MIT Press, 1994. p. 65.

③ 参见 Jacques Ellul, *The Technological Society*, trans. by J. Wilkinson, New York: Vintage Books, 1964, pp. 79 - 147.

④ 参见 Merritt R. Smith & Leo Marx (eds.), *Does Technology Drive History? The Dilemma of Technological Determinism*, xii - xiv, pp. 79 - 86, pp. 119 - 120。

⑤ 从西方学界移目于国内学界，同样能看到类似争论：陈凡、赵成、牟焕森、赵青霞、臧灿甲、杨小明、陈向义、王伯鲁等视马克思为技术决定论者；而黄顺、刘文海、陈文化、李立生、宋朝龙、刘立等则持相反看法。

灵，'技术决定论的幽灵'，在马克思主义周围游荡"[1]。那么，工艺学批判能够驱散这个"幽灵"吗？

宫敬才教授曾将马克思的工艺学思想概括为"工艺决定论"，并认为它从属于"生产力决定论"。[2] 这条思路或隐或显地贯穿于他的多篇论文中，并在其中一篇论文中得到明确表达："工艺学、生产力、物质生产、生产关系和精神观念"五个因素形成"决定与被决定的关系"，"工艺学决定其他四个因素，其他四个因素被工艺学决定"；由此来看，"工艺学决定论是对生产力决定论的深化和发展"，前者将后者具体化并"使生产力中什么要素决定和如何决定生产关系的内容显现出来"。[3] 这种主张在国内其他一些学者那里亦有回声。比如，马姗女士就指出，"物质生活的生产方式决定了社会生活、政治生活和精神生活"，而工艺学作为"社会历史的深层物质基础"又决定了生产方式和生产力；[4]张福公博士也认为，"工艺学反映了以劳动资料为基础的生产力对社会历史发展的决定性作用"，"劳动资料构成了经济社会形态演进和人类历史发展的决定性因素和衡量尺度"。[5]

对此，另外一些学者持有不同立场。在 2006 年出版的专著中，李三虎教授从三个方面为马克思的非技术决定论立场辩护：第一，马克思详细阐发过"工艺革命的社会原因"；第二，马克思的"生产力"概念涵括了劳动力、技术、知识、技能、协作与分工等多重因素，"不能简单地归于技术力量"；第三，马克思的人类学是判断工艺学之本质和资本主义技术异化之实质的关键。[6] 在 2021 年出版的专著中，刘方喜教授则明确地将工艺学批判概括为"机器/资本二重性"，机器指向人与自然的生产关系和调节此种关系的生产工具的工艺特性，资本指向机器

---

① William H. Shaw, "'The Handmill Gives You the Feudal Lord': Marx's Technological Determinism", in: *History & Theory*, Vol. 18, pp. 155 - 176.

② 宫敬才：《对马克思工艺学思想的误解应予以纠正》，《马克思主义与现实》2013 年第 5 期。

③ 宫敬才：《论马克思的劳动历史唯物主义理论》，《北京师范大学学报（社会科学版）》2018 年第 3 期。

④ 马姗：《马克思的工艺学思想研究》，《宁夏大学学报（人文社会科学版）》2017 年第 3 期。

⑤ 张福公：《马克思的工艺学批判与历史唯物主义的客体向度》，《哲学动态》2021 年第 2 期。

⑥ 参见李三虎：《十字路口的道德抉择：马克思的技术伦理思想研究》，广州出版社 2006 年版，第 51—54 页，第 90—113 页。

形态根植于其中的社会关系,而“证明和揭示‘人们的社会关系’跟‘机器’这种物质生产方式之间的联系,正是马克思生产工艺学批判研究的主要旨趣”。基于此,刘方喜教授提醒道:“马克思强调作为生产资料‘社会形态’的资本与其‘物质(工艺)形态’的自动化机器体系之间的相互决定作用,因而不同于只单纯强调机器(技术)对社会影响的‘技术(机器)决定论’。”[①]这些观点,有助于我们从不同于工艺决定论的视角切入工艺学批判。

二

马克思在《资本论》第十三章的一条长注释中论及“考证性的工艺史”,由于此则文字经常作为工艺学批判的纲领被广泛援引,这里特将其中重要部分摘录如下:

> 工艺学揭示出人对自然的能动关系,人的生活的直接生产过程,从而人的社会生活关系和由此产生的精神观念的直接生产过程。甚至所有抽象掉这个物质基础的宗教史,都是非批判的。事实上,通过分析找出宗教幻象的世俗核心,比反过来从当时的现实生活关系中引出它的天国形式要容易得多。后面这种方法是惟一的唯物主义的方法,因而也是惟一的科学的方法。那种排除历史过程的、抽象的自然科学的唯物主义的缺点,每当它的代表越出自己的专业范围时,就在他们的抽象的和意识形态的观念中显露出来。[②]

正是基于上述引文,一些研究者得出“工艺学”决定了“人对自然的能动关系”“人的社会生活关系”“精神观念”诸维度的结论。然而,这里有两个问题需要准确辨析。第一,生产工具是整个劳动过程的核

---

① 刘方喜:《机器/资本二重性:物联网生产工艺学批判》,中国社会科学出版社 2021 年版,第 20 页、第 47 页。

② 马克思、恩格斯:《马克思恩格斯文集(第五卷)》,中共中央马克思恩格斯列宁斯大林著作编译局编译,人民出版社 2009 年版,第 428—429 页。

心吗？在马克思那里，完整的劳动过程包括劳动材料（劳动对象）、劳动资料（劳动工具及其使用条件）和劳动者活动，劳动过程展现为劳动者以劳动工具为中介对劳动材料和劳动者自身的改变，因此，劳动工具遂成为劳动力发展的测量器和相应社会关系的指示器。在这个结构中，劳动工具的确成为生产生活的所谓“物质基础”，但只是整个劳动过程的构成要素而非决定要素。这一点突出地表现在马克思的生产力概念上，它不仅包括以技术工艺所呈现出的生产资料，也包括以劳动者体力、技能、知识、创造乃至劳动者之间分工协作所呈现出的劳动力。易言之，生产力具有丰富的社会性，这倒不是指生产关系对生产力的所谓“反作用”，而是说构成劳动力的具体内容本身就表现为某种马克思意义上的“集体力”。对此，德国学者柯尔施早在 1938 年出版的著作中就认识到，生产力概念有别于“技术统治论”——“后者臆想社会生产力脱离一切社会的规定性，可以纯粹由自然科学与工艺学来确证与测定”①。可见，虽然马克思强调技术的重要性，但技术只是劳动过程和生产力的构成要素而非决定要素。第二，工艺学与生产生活诸维度之间是一种决定与被决定的关系么？如果仅限于此条注释，我们可以借鉴罗森博格的区分，将技术与生产生活诸维度的关系视为一种“标示”（measurement）而非“因果”（causation）②，也就是说，特定的技术的确**刻画了**特定的劳动之强度、节奏、组织形态，但并非决定性地造就了特定的生产方式、社会结构或精神观念样式。这样来看，工艺决定论可能是将生产力窄化为技术，将劳动过程还原为劳动工具，并在流行的生产力决定论框架中将标示关系混淆为因果关系。

从这条注释进入《资本论》第十三章乃至第一卷前四篇，机器在资本主义政治经济现实中占有何种位置？围绕机器所展开的工艺学批判在政治经济学批判中又占有何种位置？学界关于《资本论》行文方

---

① 柯尔施：《卡尔·马克思——马克思主义的理论和阶级运动》，熊子云、翁廷真译，重庆出版社 1993 年版，第 150 页。关于生产力的构成及其与技术的关系，另可参见威廉斯：《马克思主义与文学》，河南大学出版社 2008 年版，第 99 页；科恩：《卡尔·马克思的历史理论——一种辩护》，段忠桥译，高等教育出版社 2008 年版，第二章；Donald MacKenzie, “Marx and the Machine”, in: *Technology and Culture*, Vol. 25, No. 3, pp. 476 - 478.

② Nathan Rosenberg, “Marx as a Student of Technology”, in: *Monthly Review*, Vol. 28, pp. 57 - 58.

法和篇章结构的讨论甚多,[①]对此话题的深究显然超越了本文的论域和笔者的能力。不过,如果暂时搁置诸多细节上的争议而对前四篇十三个章节做一概览,我们就不难发现如下结构:A. 商品作为资本主义得以运行的最简单事实成为政治经济学批判的起点,而它又呈现为使用价值与交换价值的矛盾——使用价值是商品被用于交换的动机,交换价值却抹除了使用价值的具体差异;B. 交换价值更能标示出商品的流通特征,而普遍流通真正的实现则依赖于作为一般等价物的货币,货币亦有其内在矛盾——它作为中介物只能在流通中实现,但作为代表财富的目的物却被占有和贮藏;C. 因此,需要一种既能够流通又能够创造财富的货币——这是资本的最初形式,不过,资本的内在矛盾又表现为如下悖谬,从逻辑上说货币的流通本身不创造新价值,但从事实上看资本又总是在不断自我增值;D. 其中原因在于资本购买了一种能够创造价值的特殊商品——劳动力;E. 劳动力实现价值增值需要两个条件,一方面是通过延长工人劳动时间以获得绝对剩余价值,一方面是通过提升工人劳动效率和强度以获得相对剩余价值——协作、分工、机器化生产正是后者得以实现的条件。以上概述必然失之过简,却便于我们清楚地看到:在叙述顺序上,前一环节的矛盾引出后一环节;而在认识顺序上,后一环节又被回溯为前一环节得以可能的现实条件。在此架构中,机器成为资本主义得以运作之诸多环节中的一环。

由此,我们可以看出,对马克思而言,主流政治经济学经常将本质上具体的东西当作外观上一般的东西;而政治经济学批判恰恰要考察这些看似普遍化的事实和观念得以成立的具体历史条件(它在这一点上似乎仍延续了德意志观念论传统中对"批判"的理解)——资本主义现实。工艺学批判,一方面构成了政治经济学批判的内在环节,另一方面也承继了政治经济学批判从抽象到具体的方法。正如政治经济学批判从流行的政治经济学概念和命题出发,工艺学批判也从流行的工艺学关于机器的一般认识出发。当时的工艺学论著多认为,机器只是传统工具的复杂化。而在马克思看来,这种见解因"排除历史过程"而显得抽象,相反,工艺学批判则致力于考察"社会人的生产器官的形

① 在这些讨论中,笔者特别参考了英国学者阿瑟(C. J. Arthur):《新辩证法与马克思的〈资本论〉》,高飞等译,北京师范大学出版社 2018 年版。

成史，即每一个特殊社会组织的物质基础的形成史”[①]。当然，这里所谓“考证性的工艺史”，并非以实证态度对机器在具体时空条件下发展历程的描述，而是以发生学眼光澄清机器是如何一步步嵌入资本主义整体逻辑中并实现了对工人的削弱。落实到第十三章，我们可以将这个过程概括如下：A. 机器逐渐展现出相对于活劳动的优势和对工人的去技能化；B. 发动机、传动机、工具机共同塑造了成熟机器的完整架构；C. 多种机器的相互协作发展为半自动化、自动化机器体系，人生产机器过渡为机器生产机器。这个过程的最终结果，就是机器系统和资本统治的双重确立——技术自主性愈强，工人劳动的主体性、完整性和经由世代累积所获得的手艺权威性就愈弱，工人在与资本家抗争中可依凭的优势就愈低，工人的异化程度也就愈深。对此，埃吕尔说的没错，马克思很可能是最早深入洞悉现代技术自主性并视之为资本主义基本特征的思想家之一。[②]

不过，当埃吕尔由此认定马克思是一位技术决定论者时，他并未看到技术自主性乃至整个资本主义的历史暂时性。就此，温纳曾提醒，技术自主性在马克思那里“仅是一个更庞大论证中的插曲”，对它的强调旨在揭示技术异化的严重程度，但这绝不意味着：真正的统治者居然是拟人化的技术系统，而非控制技术系统的“真实的人或阶级”。[③] 换言之，马克思对技术自主性的种种指认，其目的不是认同技术自主性所展现的虚假普遍性，更不是将机器夸大为推动历史的决定性力量，而是要表明它对历史条件的依赖和由此而生的暂时性、变异性。从这样的眼光来看，主流工艺学的问题就在于，它用“工艺学上的事实”掩盖机器的资本主义运用这一更深刻的“社会事实”，甚至试图将这种工艺学事实普遍化为超历史的一般力学化学。这种观念与机器大工业现实共同造就了文德灵（A. E. Wendling）所说的那种“机器拜物教”（machine fetishism）——机器将自己装扮成一种去情境化的力量，它“看上去是由工人自己所无法理解的神秘的超自然的属性所推动起来的”。[④] 以至

---

① 马克思、恩格斯：《马克思恩格斯文集（第五卷）》，中共中央马克思恩格斯列宁斯大林著作编译局编译，第 430 页。

② Jacques Ellul, *The Technological Society*, trans. by J. Wilkinson, p. 82.

③ 温纳：《自主性技术》，杨海燕译，第 33—34 页。

④ Amy E. Wendling, *Karl Marx on Technology and Alienation*, Palgrave Macmillan, 2009, p. 57.

于，奉行鲁德主义(Luddism)的工人运动也为这种神秘所魅惑。如果非要从技术与社会的因果关系出发，我们甚至可以从《资本论》中找到大量关于社会如何深刻影响机器之使用和改进的阐发。比如，第十五章就表明，只有当机器的成本相对于传统人工劳动的成本具有比较优势时，资本家才倾向于使用机器；反之，一些国家虽然较早出现某种机器的发明却迟迟未将之大规模用于工业部门，原因在于，某些部门对机器的运用释放出闲置劳动力继而造成其他部门的劳动过剩和工资偏低，这使得雇佣工人比运用机器更符合资本对利润的追求。另外，该章也用大量笔墨展现了工人通过斗争所实现的两班制、半日工制、女工童工禁令等法律规范的推行，这进一步倒逼资本家对机器进行改进和优化。

行文至此，我们已经看到：由《资本论》和相关手稿所集中呈现的工艺学批判不能被视为工艺决定论或技术决定论，工艺学批判不是**依据**技术内生逻辑展开的批判，而是**对**技术内生逻辑的批判。那么，进一步的问题亦随之而来：这种批判的根据究竟何在？从历史唯物主义出发，一种可以被广为接受的观点是，这种批判根植于总体历史的自否定——在此进程中，某种生产生活形态和与之相对应的技术形态具有暂时性，并在自身固有的内在矛盾中被新的形态所扬弃。笔者当然不否认这种观点，但认为它需要得到更具体深入的阐明以避免抽象化。这里，戈菲(J. Goffi)的看法或许能够提供一条线索，他指出，马克思的工艺学从属于政治经济学，“而政治经济学本身依赖于人类学”，因此，“技术与生命的联系”才是工艺学得以展开的基点。[①] 这很容易使人联想到《1844年经济学哲学手稿》依据生命化劳动(Arbeit)对人之本质的阐述。但问题在于，学界长期流行所谓“青年马克思”(人本主义)与“成熟期马克思”(历史唯物主义)之差异的主张，由此而言，早期“1844手稿”中的人类学能够作为审视后期工艺学批判的重要参照吗？在此问题上，笔者认同马尔库什(G. Márkus)的判断：第一，“1844手稿”中关于“人的本质”的理解“也呈现和延续在马克思晚期的‘成熟’作品中”，将人类学与历史唯物主义相割裂甚至对立并不符合马克思前后期思想的内在连续性；第二，马克思的“人的本质”不是某种固化的超历史的抽象价值悬设，而是实践的人在具体历史中持续实

---

① 戈菲：《技术哲学》，董茂永译，商务印书馆2000年版，第89—90页，第110页。

现（通常是以异化方式）却尚未完成的“统一过程”，它“不仅表现为技术的发展”，也表现为“社会整体所推动的能力、需求、交往形式和知识范围不断拓展和深化的发展过程”。[①]

循此线索再度进入《资本论》并结合同时期的“三大经济学手稿”，我们可以看到，劳动主体性正是工艺学批判得以展开的依据。在《1857—1858年经济学手稿》中，马克思界定了“真正自由的劳动”：它具有人类交往的“社会性”；不是通过机械刻板方式训练出的受迫于自然力的紧张活动，而是支配自然力的“作为一个主体的人的紧张活动”。[②] 而在《资本论》第五章关于劳动过程的分析中，马克思则有一句扼要陈述，“在劳动过程中，人的活动借助劳动资料使劳动对象发生预定的变化”[③]。这表明，劳动是一种自由自觉地贯彻“有目的的意志”的活动，是劳动者将自己头脑中观念化存在着的表象外化继而“在自然物中实现自己的目的”的实践——当劳动的内容和方式“不能吸引劳动者”时，劳动者就不再“把劳动当作他自己体力和智力的活动来享受”，因而造成劳动异化。[④] 应当说，虽然后期马克思意识到处于具体历史阶段的劳动总是异化劳动，但并未放弃前期关于劳动主体性和劳动者自觉自由生命的相关见解，只不过，这种劳动主体性现在是以隐匿的方式渗透在工艺学批判中。正是从劳动主体性出发，马克思才将劳动工具的本质定位为人类器官的拓展。他多次在动植物器官与人类劳动工具之间建立类比，将前者比拟为动植物的“生产工具”，将后者比拟为“社会人的生产器官”。[⑤] 即使面对大机器生产，他仍然洞察到，“机器不在劳动过程中服务就没有用”，闲置的机器会生锈腐朽，它只有“被劳动的火焰笼罩着，被劳动当作自己的躯体加以同化，被赋予活力以在劳动过程中执行与它们的概念和使命相适合的职能”，才能

---

① 马尔库什：《马克思主义与人类学：马克思哲学关于“人的本质”的概念》，李斌玉、孙建茵译，黑龙江大学出版社2011年版，第2—3页，第70—73页。从历史性出发对马克思人类学的解读，亦可参见 Thomas C. Patterson, *Karl Marx, Anthropologist*, Oxford & New York: Berg, 2009, especially Chap. 2。

② 马克思、恩格斯：《马克思恩格斯文集（第五卷）》，中共中央马克思恩格斯列宁斯大林著作编译局编译，第174页。

③ 同上，第211页。

④ 同上，第208页。

⑤ 同上，第430页。

死而复生,以有目的的方式占有自然物并从中制造出新的使用价值。[①]也是从劳动主体性出发,马克思才真正抓住机器的工艺学特性。援用"1844 手稿"摘录舒尔茨《生产运动》中的话,机器使"人们借助于机器来劳动"变为"人们作为机器来劳动"。[②] 在工场手工业阶段,一些工具即使已经展现出比较成熟的机器形态,但仍从属于劳动者、家庭或行会。与此相对照,资本主义工业生产中的机器不再是劳动者感官的延伸和劳动者意图的贯彻者,相反,劳动者沦为机器的延伸和机器程序的执行者。

三

米萨在谈及马克思与技术决定论的纠缠时提出一个观点:当马克思从"宏观层面"(macro-level)来阐发技术与社会的关系时,他更像是一位用简化的技术形态概括不同社会阶段的技术决定论者;而当他从"微观层面"(micro-level)来剖析技术时,"在历史进程中发挥作用的多种社会力量"就会溢出简化的描述。[③] 这里所谓的"宏观层面",亦即马克思对社会形态与技术形态所做的一些众所周知的笼统表述,比如,《哲学的贫困》在"手推磨"与"封建主的社会"之间、"蒸汽磨"与"工业资本家的社会"之间建立了对应图式[④];《1861—1863 年经济学手稿》则强调"机械发明"足以引发"生产方式""社会关系"乃至"工人的生活方式"的诸多改变[⑤];在其他文献中,类似表述还有不少。它们给人以

---

① 马克思、恩格斯:《马克思恩格斯文集(第五卷)》,中共中央马克思恩格斯列宁斯大林著作编译局编译,第 214 页。

② 参见马克思、恩格斯:《马克思恩格斯文集(第一卷)》,中共中央马克思恩格斯列宁斯大林著作编译局译,人民出版社 2009 年版,第 126 页。

③ Thomas J. Misa, "Retrieving Sociotechnical Change from Technological Determinism", in: Merritt R. Smith & Leo Marx (eds.), *Does Technology Drive History? The Dilemma of Technological Determinism*, p. 115, pp. 122 - 123;另参见 Thomas J. Misa, "How Machines Make History, and How Historians (and Others) Help Them to Do So", in: *Science, Technology & Human Values*, Vol. 13, No. 3 & 4, p. 308。

④ 马克思、恩格斯:《马克思恩格斯文集(第一卷)》,中共中央马克思恩格斯列宁斯大林著作编译局译,第 602 页。

⑤ 马克思、恩格斯:《马克思恩格斯文集(第八卷)》,中共中央马克思恩格斯列宁斯大林著作编译局译,人民出版社 2009 年版,第 343 页。

技术决定论的印象，并为解读者(包括批评者和误读的支持者)所频频援引。这里，真正有价值的事情与其说是将马克思“说圆”以使之免于技术决定论的批评，倒不如说是在同情地理解马克思的基础上继续追问：马克思的这种宏观叙述及其背后的思想图式是否与技术决定论存在某种关联？换言之，对马克思的决定论式理解难道仅仅是基于“误解”么？倘若这种“误解”如此之广而深，那么其中是否潜藏着不可轻易打发了的“道理”？

笔者认为，马克思的论述隐含着某种技术整体论图式，而这或许是工艺学批判与技术决定论的深层关联，也可能为工艺学批判的决定论式解读提供了空间。笔者所谓的技术整体论意味这样一种看待技术的立场：它将某种技术形态(如印刷术、蒸汽机、广播、电视)视为同质的甚至单一的整体，而忽视这种技术形态在不同社会条件下的多元性和异质性；从固定的技术形态出发审视人类生活，无论是否强调技术对后者的决定作用，都可能削弱技术与生活世界之关联方式的复杂性。在笔者有限的阅读范围内，持有技术整体论思维方式的学者并不少见，但较早明确地将这种思维方式与技术决定论勾连起来并对之予以深入透视的学者可能要属威廉斯。当然，威廉斯所立足的背景是20世纪中后期以来“新媒介”的崛起和传播学、媒介研究的勃兴。在《帝国的传播》(*Empire and Communications*)中，伊尼斯(H. A. Innis)曾将媒介类型划分为莎草纸-软笔-象形文字(埃及文明)、泥版-硬笔-楔形文字(苏美尔文明)、口头传统(希腊)、拉丁文字(罗马文明)、羊皮纸抄本(中世纪)、早期印刷术、报纸、机器印刷、电影、广播等几大形态，它们分别对应着不同的文明类型或历史分期。伊尼斯的另一部著作《传播的偏向》(*The Bias Communication*)也呈现出类似思路。正如麦克卢汉(M. Mcluhan)在给《传播的偏向》撰写序言时所说，“一旦确定了文化中占支配地位的技术，伊尼斯就可以断定：这一技术是整个文化结构的动因和塑造力量”“一旦认准了一种文化的主要技术成就，他就知道该文化的模式必然是什么，包括物质的和社会的模式”。[①] 这是对伊尼斯的评价，又何尝不是以“伊尼斯注脚”标榜的麦克卢汉的自况？于威廉斯而言，这种思维方式倾向于脱离具体社会

---

① 麦克卢汉：《麦克卢汉序言》，伊尼斯：《传播的偏向》，何道宽译，中国人民大学出版社2003年版，第5页。

场景对所谓“媒介属性”“媒介逻辑”进行抽象的认定；进一步，又将特定类型的技术或媒介视为特定文化样式、心理模式、主体性特征的“症象”(symptoms)。①

为何技术整体论会与技术决定论纠缠在一起？哪怕只是对马克思以来近代西方技术批判话语作一概观，我们也不难发现，技术之所以演变为现代性思想中如此重要的话题，缘于它对现代世界的影响已经达到了前所未有的强度。这一事实的一个突出的表现乃是“技术”一词含义的无限宽泛化——它已经超出工具、仪器、机器等物具层面，而含摄了组织、方法、技法、系统等人类生活的诸多层面，以至于这个词在埃吕尔那里几乎意等同于理性化、制度化、程序化。② 可以说，“技术”已经从一个边界相对可控的名词变成了一个极具粘附性的形容词。在这样的背景下，关于技术的几乎任何讨论都势必牵扯到整个现代性生活；尤其是当人们对“技术”一词的边界和讨论的共享前设没有明确廓清时，关于技术的讨论甚至会转变为关于现代性生活的讨论。人们指责现代性的原则是“技术”；人们指责受此原则支配的卡夫卡式城堡是“技术”；如果不可见的城堡主人开始使用 APP 时，人们又会指责 APP 这种“技术”。如此，关于技术的单一化理解非常容易转变为关于社会或技术与社会之关联方式的单一化理解。用威廉斯的话说，这种思维方式更关心“组织好的**整体人类**与**整体物理环境**的关系”，而非“整体人类”和“整体物理环境”的内在差异关系，那么，社会生活中的“所有特殊的实践就都服从于被任意制定的单一心理功能”。③

由此重审工艺学批判，我们需要特别谨慎。一方面，马克思关于机器的阐发充满了辨证性，他在控诉机器造成诸多异化的同时，也揭示了机器内涵的解放潜能。比如，机器促进了大量工人的集结和协作，提升了工人的组织性和纪律性，为新阶级力量的培育提供了条件。由此而言，机器系统绝非铁板一块。但另一方面，技术的异质性更多地展现在总体历史进程的过渡环节中，当批判的目光定位在某一特定历史阶段时，与之对应的技术形态则往往呈现为一种相对稳定的类型样式。当然，马克思在论及政治经济学批判方法时多次强调，他在充

① Williams, *Television*: *Technology and Cultural Form* (*2nd*), London: Routledge, 1990, pp. 120 - 121.

② 参见温纳:《自主性技术》，杨海燕译，第 106 页。

③ Williams, *Television*: *Technology and Cultural Form* (*2nd*), pp. 120 - 121.

分占有历史材料的前提下只能汲取其中的一般形态，并根据辩证法原则将之组织起来，与此同时，要忽略甚至排除那些特殊形态、边缘形态，倘不如此，整个批判就会被实证材料的碎片搞得杂乱无章。这样一来，我们在马克思的叙述中就经常看到一种连续的"辨证式构形"：一种技术形态脱胎于此前的技术形态并逐渐占据主导地位，而它内含的矛盾又孕生出新的技术形态并终将为之所扬弃。这种方法有益于展现资本主义机器的矛盾和历史条件性，但也面临一些问题。第一，由于缺少对机器之"非资本主义运用"的充分讨论特别是实证的直观的讨论，"（经由技术从资本主义向社会主义）过渡的必然性在《资本论》中尽管持续地得到强调，却几乎没有得到阐明"。[①] 第二，正如威廉斯所见，进入发达资本主义阶段后，"大规模的资本主义经济活动与文化生产现在已经是不可分割的了"[②]，在早期工业生产技术中表现出的某种稳定性甚至单一性无法被简单地用于今天的技术生态特别是文化与日常生活所展现的丰富媒介生态。

在笔者看来，威廉斯在《电视：技术与文化形式》以及之后的《马克思主义与文学》两部著作中提出的社会构形分析，或许在一定程度上可以作为工艺学批判的接续和拓展。所谓的构形（formation），特指技术、媒介与生活世界之间的某种关联方式，这种关联方式表现为某种正在形成中的现象或趋势，因而具有稳定的特征和在社会领域中被识别和承继的潜能；但它尚未固化或占据主导地位，因而难以被认定为马克思意义上的一般形态。我们可以进一步从正反两方面来理解构形。从正面来说，构形有赖于社会中不同行动者（agency）的意向（intention）。从反面来说，构形与占据主导地位的制度、习俗和文化之间保持着"一种多变的并且常常是间接迂回的关系"，甚至与之形成对照，它们孕生于社会实践中的"各种矛盾对立和无法解决的冲突"，很难被完全化约为资本或霸权的运作。[③]

威廉斯就社会构形分析的方法写道：

> 强调主导的、定性的状貌和特质当然十分重要，而且实际上

---

① Amy E. Wendling, *Karl Marx on Technology and Alienation*, p. 168.

② 威廉斯：《马克思主义与文学》，王尔勃、周莉译，河南大学出版社 2008 年版，第 145 页。

③ 同上，第 126—128 页。

> 也总是非常有效。但常常发生的情况却是,这种方法观念能被保留下来,是因为历史分析还有完全不同的功能,那就是通过这种方法,从那些通常被抽象为某种体系的事物中找出一种运动的意义来,这才是非常必要的(特别是当把这种运动同未来和过去联系起来的时候)。在真正可信的历史分析中,最有必要的是应当在每个阶段上都认识到那存在于特定的,有效的主导之内或之外的各种运动、各种倾向之间的复杂关系。①

——这里所谓"历史分析",实际上是将工艺学批判中的辨证式构形进一步落实到社会生活的毛细血管中。概括言之,它展现为两方面。一方面是对某种技术形态在具体社会场景中的复杂性的凸显。比如,在一般的媒介研究中,电视是一种相当稳定的"媒介",相对于其他媒介(如印刷)呈现出独特的"媒介性"。而经由威廉斯的社会构形分析,"电视"的轮廓线被"软化"了。从纵向发展看,电视是由电力、电信、摄影、电影、广播等一系列技术单元形成的复合物,这些技术单元在 19 世纪晚期即已出现且各有自己不同的目的和应用,而电视则是在特定社会意向的基础上整合这些技术单元的产物。在社会意向的复杂作用下,某种技术或媒介所展现出的主导特征可能与它的单元技术的原初意向完全不同。从横向比较看,在不同的社会条件下,广播电视在英国更倾向于承载公共服务,在美国更倾向于市场化和与之相伴随的娱乐化。需要注意,威廉斯这里所强调的社会不是一个抽象社会。在他看来,实证传播学或实证社会学研究只是通过诸如"社会化"(socialization)、"社会功能"(social function)、"互动"(interaction)等抽象概念营建起"社会性",而并未将之落实为"真实而特殊的社会文化过程",落实到技术置身于其中的"不同社会场景中",这样的所谓"社会"实际上是以某种抽象过的社会模式取代技术在不同社会场景中"无法敉平的差异"(the radical differences)。② 这也就意味着,技术之社会维度的开显从方法上要求研究者必然推进到微观层面的案例剖析并展示技术得以生长的社会组织脉络和运行轨迹。其实,这种态度恰恰是马克思式的,因为正是马克思自己宣称:真正的总体性不是

---

① 威廉斯:《马克思主义与文学》,王尔勃、周莉译,第 129—130 页。

② Williams, *Television: Technology and Cultural Form* (*2nd*), p. 113.

凌驾于甚至外在于直观和表象的总体，而是充分占有这些直观和表象并超越它的具体总体(die konkrete Totalität)。

第二个方面，技术复杂性还表现为正在形成的社会构形对主导性技术体制的脱逸趋向。也就是说，那些正在形成中的“只被当作私人性的、个人特癖的甚至是孤立的经验”，往往相对于主导性技术体制呈现出某种“新兴性”。[①] 它们固然可以被主导性技术体制不断吸纳和收编，但与此同时，新的构形仍会继续涌现。同样以电视为例，威廉斯提到他那个时代人们对电视的“非主流运用”(alternative uses)，比如，观众可以自由开关和改变收视频道，利用多重屏幕播放电视节目，通过调节器在两个电视信号之间收看别的讯息。当然，威廉斯的目标并不止于电视或某种技术领域，而是希望将这种技术实践所可能具有的效果延伸至整个社会，用他的话说，“为争取自由传播而展开的斗争必然是更广泛的社会斗争的一部分”；“所有这些都需要漫长的时间和相当的努力。斗争最终会达及社会每个角落。……现在或将来可用的技术能够被用于影响、改变或(在某些情况下)控制我们的整体社会进程。以相反的方式使用技术竟可以达到如此不同的社会效果，这看上去有些讽刺”[②]。如果说被威廉斯称为“互动式(interactive)技术”的那些“改造电视”的实践看上去还相当初步甚至根本没那么“互动”，那么，今天依托于数字技术所展开的算法抵抗、反链接、开源数据利用、外挂刷单、视频拼贴、截图存、阴阳学、文字转图片、代码文字等等策略性实践，则早已为我们所熟知。这倒不是在重复技术乌托邦的老调，而是在强调：技术不是同质性的，究其根本，是因为，我们每个人对实践的想象、我们正在缔结的社会关系样式、我们共同归属于其中的常在常新的生活世界，不是同质性的。

四

温纳敏锐地发现，进入现代社会以来，“由于人类已经变得彻底技术化，技术从而完全拟人化了”，好像施行统治的是技术本身，而非机

---

① 威廉斯：《马克思主义与文学》，王尔勃、周莉译，第141—142页。

② Williams, *Television: Technology and Cultural Form*(*2nd*), pp. 143 - 144.

构、组织、资本、权力、社群、帮会——说到底,而非各种社会要素背后活生生的人。最为夸张地呈现出此种技术观的表述,或许是纳粹分子在受审时的真诚剖白“我是自主性技术的一个卑微的牺牲品”,一个“小小齿轮”![①] 今天,当那些围绕新技术新媒介所展开的各种批判话语从相反方向重复着相同的技术观时,它们指向**什么**?他们在与**谁**战斗?如此看来,工艺学批判与社会构形分析有助于我们警惕和反思这种去社会化取向,特别是它背后隐匿的技术决定论、技术整体论图式。

回到本文开始提出的问题,经由工艺学批判和社会构形分析的对话,我们能够走出技术决定论吗?笔者对此仍持保留态度。其中复杂缘由非只言片语所能道尽,但择其要,仍有一点值得关注:正如前文已经指出,无论是马克思还是其他重要的现代思想家,他们常常将技术与社会作为统一体进行思考和论述,其动机在于,这些关于技术的阐发坐落在技术与人、生活世界乃至存在之关联的水平上;换言之,技术决定论、技术整体论所处的哲学整全视野(哪怕这种视野不同程度地背离了我们的日常经验)毕竟区别于一般的技术社会学视野。这意味着,基于后者所展开的关于技术的社会建构论、行动者使用论甚至更激进的社会决定论,或有益于弥补技术决定论的不足,甚至有助于揭示技术整体论的困境,却难于给出一种既涵纳技术异质性又达及哲学整全视野的新技术思想。对此,威廉斯早就提醒人们,技术决定论固然不可取,然而,将技术决定论颠倒过来并认为技术取决于另一种超越它的抽象力量,同样是“对人类进程的某种片面化、简单化理解”。[②] 在走出技术决定论的道路上,我们眼下所获可能只是一些路标,而远非一种方案。

【本文为教育部人文社会科学研究一般项目“当代西方多模态文学批评研究”(批准号 20YJC751047)、中国博士后科学基金第 68 批面上资助“多模态批评与文论范式转型”(批准号 2020M682320)的阶段性成果】

(作者单位:郑州大学文学院)

学术编辑:贾　洁

---

① 参见温纳:《自主性技术》,杨海燕译,第 35 页,第 12 页,第 258 页。

② 威廉斯:《马克思主义与文学》,王尔勃、周莉译,第 123 页。

电子媒介时代的后现代状况

李昕揆

内容提要 以蒸汽机为代表的“第一次机器革命”开启了资本主义自我扬弃的过程；两个多世纪后的今天，以数字媒介技术为代表的第二次自动化革命则将矛头直接指向了资本主义。对于20世纪下半叶以来资本主义发生的显著变化，美国当代新马克思主义者大卫·哈维将之称作“从现代主义向后现代主义的转变”。这一转变主要表现在：从福特主义向灵活积累的生产方式转向；从现代性向后现代性的文化形式过渡；时空体验和关系上的“时空压缩”与“历史-地理唯物主义”；无产阶级反抗结构的转变。哈维将此转变主要归因于信息技术特别是电子媒介的广泛应用和普及。当然，哈维强调的并非“电子媒介引发后现代主义”这样简单的技术决定论，而是把我们的注意力引向创造需求、调动欲望、激发娱乐的政治学，以保持资本主义生产的有利可图。

关键词 机器革命 资本主义 电子媒介时代 后现代状况

1776年，英国人詹姆斯·瓦特制造出了世界上第一台具有实用价值的蒸汽机，引发了人类物质生产方式的第一次伟大变革。借用刘方喜的研究，马克思考察了以蒸汽机为代表的“第一次机器革命”的生产工艺学所产生的重大社会影响，即它将矛头指向封建主义，不仅使资本主义战胜了封建主义，而且推动资本主义走向了成熟，同时开启了资本主义自我扬弃的过程。两个多世纪后的今天，以物联网、大数据、人工智能等数字媒介技术为代表的第二次自动化革命，显然代表了人类物质生产方式的再一次伟大变革。这次变革又将产生怎样重大的社会影响？这是刘方喜先生在新著《机器/资本二重性》中回答的问题，即以物联网、大数据、人工智能等数字技术为代表的第二次自动化革命，将矛头直接指向资本主义，这种新的媒介数字技术以全面发育成熟的生产器官、生产机体及其释放出的极致生产力正在使共产主义取代资本主义的必然趋势得到了更加清晰的展示。

对于 20 世纪下半叶以来资本主义发生的显著变化，美国当代新马克思主义重要代表人物大卫·哈维（David Harvey，1935—　）称之为“从现代主义向后现代主义的转变”，并对所谓的“后现代状况”进行了考察。如果说在弗雷德里克·詹姆逊（Fredric Jameson，1934—　）那里“现实主义”“现代主义”和“后现代主义”代表的不仅仅是文化风格，同时也作为历史分期概念使用的话，那么哈维也对“现代主义”“后现代主义”究竟应当作为审美风格还是历史分期概念甚或二者兼具进行过深入思考。哈维的问题是：“后现代主义究竟是一种审美风格，还是应当将其严格地视作一种划分时期的概念？……我们要把它的兴起与资本主义的某些彻底重组、某种‘后工业’社会的出现相联系，还是将之视作‘通货膨胀时代的艺术’或‘晚期资本主义的文化逻辑’？”[①] 在《后现代性的状况》一书中，哈维指出，后现代主义“仅仅凭借其界定社会批判和政治事件标准的方式，就可以在界定社会和政治发展轨迹方面发挥关键作用”，因而，“更深入地探究后现代主义的本质，与其说它是一套观念，不如说是一种需要阐明的历史状况”[②]。在此，与詹姆逊相类似的是，哈维同样把现代主义、后现代主义等视作历史分期概念，并将后现代主义视作资本主义发展的最新历史阶段。

在哈维看来，在后现代主义历史阶段，尽管资本主义积累这一基本逻辑依然发挥着基础性作用，但资本主义的特征却已发生显著变化，这种变化主要表现在以下方面：其一，资本主义生产方式从福特主义转向灵活积累（from Fordism to flexible accumulation）；其二，资本主义文化形式从现代性转向后现代性的过渡（from modernity to postmodernity）；其三，对时间和空间体验方面的“时空压缩”（time-space compression）体验；其四，无产阶级反抗方式的变化，即一种网络化和去中心化的反抗结构开始生成，反抗的中心场所也逐渐从工厂转向生活空间。哈维将信息技术特别是电子媒介的广泛应用和普及视作这几种转变的重要动因。他指出，资本主义进入新的发展阶段，

---

① David Harvey, *The Condition of Postmodernity*, Cambridge MA & Oxford UK: Blackwell, 1990, p. 42.

② Ibid., p. 8.

或者说，在从现代主义向后现代主义过渡的进程中，“很难不把某种形式的塑造作用归因于电视使用的激增，……这一定会导致某些后果。比如，后现代主义对表层的关注可以追溯到电视图像的必要格式。……艺术家与历史的关系发生了变化，在电视时代，人们已经出现了对表层而非根源的依恋，对拼贴而非深度作品的依恋，对引用的图像而非加工过的表层的依恋，对时空崩溃感而非牢固的文化制品的依恋。这些都是后现代条件下艺术实践最重要的方面”[①]。当然，哈维这里强调的并非“电视导致后现代主义”这样简单的技术决定论，而是要将我们的注意力集中在需求的产生、欲望的调动上，它们是在消费市场上维持足够需求弹性以确保资本主义生产获利的推动力的一部分。下面，我们转向哈维对作为资本主义最新历史阶段——后现代主义——的状况的讨论。

一、从福特主义到灵活积累的生产方式

福特主义是现代西方国家的典型形态。西方马克思主义早期重要代表人物安东尼奥·葛兰西最早使用“福特主义”以描述 20 世纪上半叶诞生于美国的一种新生产方式。这种生产方式是一种以市场为导向，以分工和专业化为基础，以较低价格为竞争手段，以泰勒制劳动组织和消费性商品大规模生产为特征的密集型资本积累战略，它对社会经济进行积极干预和调节，通过各种福利政策对社会财富实行再分配，一定程度上造就了现代资本主义社会的经济繁荣，缓和了现代资本主义社会的各种矛盾。从“二战”结束到 20 世纪 60 年代，欧美国家推行的这种密集型资本积累战略取得了良好的效果，逐渐“建立起一套劳动控制规范、技术组合、消费习惯和被称作福特主义-凯恩斯主义的政治-经济力量结构”[②]。20 世纪 60 年代末，情况开始发生变化，“延展的资本积累危机的征兆随处显露出来，首先是全球范围的经济滞涨以及诸多国家的财政危机。凯恩斯主义式的折中，作为调节资本

---

① David Harvey, *The Condition of Postmodernity*, p. 61.

② Ibid., p. 124.

积累与社会民主政治的可行性方案宣告破产”[①]，特别是“自 1973 年这种体制被打破以来，一个迅速变化、流动和不确定的时期开始了”。对于 60 年代末至 70 年代初的这种迅速转变，哈维指出，“我们需要某种方式来表达自 1973 年以来发生的战后第一次重大衰退中的全部变化和动荡”[②]。哈维将之称作“灵活积累”(flexible accumulation)体制，以区别于之前福特主义生产方式下的“密集型资本积累”体制：“现存政治-经济实践与战后繁荣期政治-经济实践之间的对比，足以提出一种从福特主义向或许可以称为‘灵活’积累体制转变的假说，这是描绘最近历史的一种富有说服力的方式。”这种“灵活”积累体制，在内涵上与后来其他学者提出的、经济学领域较为通用的“后福特主义”(post-fordism)类似。这种“灵活”积累体制以满足个性化需求为目的，以信息媒介和通信技术为基础，在生产过程、生产方式、劳动和消费关系等方面具有灵活性(弹性)特征，是“经济、政治、社会之重构的指导性策略”[③]。

哈维关于“灵活积累”的思想来源于以左派经济学面目出现的巴黎调节学派(regulation school)。米歇尔·阿格里塔(Michel Aglietta)是该学派的先驱和主要代表人物，其《资本主义调节理论：美国经验》(*A Theory of Capitalist Regulation: The U. S. Experience*)对哈维产生了较大影响。调节学派的突出贡献在于，运用调节方法的框架，对“二战”后欧美资本主义社会的主要发展形态——从福特主义向后福特主义的转变进行独特分析。[④] 哈维从调节学派的“调节模式”(mode of regulation)入手，认为在 20 世纪 70 至 80 年代“所有这些不稳定和不确定造成的社会空间里，工业组织领域以及政治与社会生活方面的一系列新的实验开始形成”，这些实验代表了“走向一种全新的积累体制的早期萌芽阶段，以及一种全然不同的政治和社会调节系统”，此即哈维所谓的“灵活积累”体制：“我姑且称

---

① 大卫·哈维：《自由主义和阶级力量的重建》，许纪霖主编：《帝国、都市与现代性》，江苏人民出版社 2006 年版，第 97 页。

② David Harvey, *The Condition of Postmodernity*, Cambridge MA & Oxford UK: Blackwell, 1990, p. 124.

③ 张一兵等：《当代国外马克思主义与激进话语中的资本主义观》，江苏人民出版社 2009 年版，第 346 页。

④ 胡海峰：《对法国调节学派及其理论的分析》，《教学与研究》2005 年第 3 期。

之的'灵活积累'，在特征上直接与福特主义的僵硬相对抗"，其特征是"全新的生产部门、金融服务提供方式、市场的出现，以及最重要的是，大大提高了商业、技术和组织创新的速度"。[①] 也就是说，在"灵活积累"阶段，消费性、标准化商品的大规模生产及与此相联系的劳动形式被"灵活"生产所取代，出现了新的生产形式，如"减肥生产""小组计划方案""统筹即时生产""灵活就业的居民""四处流动的资本"，及为小型消费集团市场进行商品调剂等。概括来说，从福特主义到"灵活积累"的转变主要体现在以下四个方面：一是劳动力市场结构发生转变。面对市场的极为反复无常，加强了的竞争和狭小的利润差额，雇主们利用了已被剥削了的工会力量和剩余的劳动力储备，力求得到更加灵活的劳动体制和劳动契约。[②] 二是工业结构的变化。有组织的分包(sub-contracting)在为小企业的形成提供机会的同时，也给传统意义上有组织的企业带来了危险，引发了破产、工厂倒闭、非工业化和重组的浪潮，进而把最强大的公司推向了危险境地。用哈维的话说："在福特主义大规模生产下所追求的规模经济，遭到了日益增强的小批量、低价格生产各种商品的能力的打击，区域经济已经超过规模经济，……小批量生产和分包当然具有绕过福特主义的僵化并满足更大范围市场需求(包括快速变化的需求)的优点。"[③]三是消费方面的变化。哈维指出，"与灵活积累相伴，在消费方面体现为人们更加关注快速变化的时尚、调动一切引诱需求的技巧和文化转变的手段"。如果说福特主义体制下人们更为追求相对稳定的"现代主义"审美消费，那么在灵活体制之下，这种相对稳定的美学就让位于与这种灵活体制相对应的以短暂和不稳定为特征的"后现代主义"审美消费，这种审美消费赞美差异化、短暂性、奇观、时尚和文化形式的商品化。四是金融体制的变化，主要表现为布雷顿森林体系向弹性汇率体系的转变。1944年7月，西方主要国家代表在美国布雷顿森林举行的联合国国际货币金融会议上确立了以美元为中心的国际货币体系，即"布雷顿森林体系"(Bretton Woods System)。由于美元危机与美国经济危机的频繁爆发，以及制度本身不可解脱的矛盾性，尼克松政府于1971年8月宣

---

① David Harvey, *The Condition of Postmodernity*, pp. 145 - 147.

② 参考宁晓江：《建筑的后现代语境》，昆明理工大学硕士学位论文，2005年。

③ David Harvey, *The Condition of Postmodernity*, 1990, pp. 155 - 156.

告"布雷顿森林体系"的结束,这标志着以美元为中心的固定汇率制度的崩溃。新的弹性汇率制度给予银行和金融机构以更大的自主权,有助于将风险扩散到更为广泛的方面,能够更为快捷地实现资金向有利可图的企业、地区和部门的转移与重新配置。

二、从现代性向后现代性的过渡的文化形式

哈维认为,在资本主义发展的最新阶段——后现代主义历史时期,不仅物质结构层面实现了从福特主义向灵活积累的转变,文化层面也发生了根本性转向,即从现代性向后现代性文化形式的过渡。由于"就理解后现代来说,唯一被认可的出发点是它与现代的关系之中",因此,要理解资本主义新阶段的文化特征,需要从对"现代性"的理解入手。哈维从波德莱尔在《现代生活的画家》(1963)中堪称经典地把"现代性"理解为短暂与永恒、流变与不变的结合出发,将现代性界定为"创造性的破坏"(creative destruction):"'创造性的破坏'是现代性的基本状况"[①],其"形象对于理解现代性非常重要,因为它源于现代主义实施过程中的各种实际困境。说到底,不破坏先前的东西,怎么可能创造一个新世界呢?有失方有得,就像从歌德到毛泽东的全部现代主义思想家们所表明的那样"[②]。不仅如此,"有足够多的现代人物——豪斯曼男爵(Baron Haussmann, 1809—1891)之于法兰西第二帝国时代的巴黎、罗伯特·摩斯(Robert Moses, 1888—1981)之于二战之后的纽约所起的作用——都创造了这种'创造性的破坏'的形象"。然而,困难在于,如何处理"现代性"的两个维度——"短暂、流变、偶然"与"永恒、不变"之间的对立?如何"表达"现代性之一切混乱之中的永恒不变?哈维认为,自然主义和现实主义已经被证明不合适,所以艺术家、建筑家和作家们必须找到表达它的某种特殊方式,这种特殊方式就是"专注于'语言'"。[③] 或者说,在现代主义那里,"个人的成就取决于在语言和表征方式的创新",比如,现代主义小说家乔伊

---

① David Harvey, *The Condition of Postmodernity*, p. 19.

② Ibid., p. 16.

③ Ibid., p. 20.

斯、普鲁斯特，现代主义诗人马拉美、阿拉贡，现代主义画家马奈、毕加索、波洛克等，他们的作品中都显示出了“对于用他们自己构建的语言去创造新代码、意指和隐喻的典故的极度专注”，他们通过词语之飞逝的、短暂的、即刻的效果去表达永恒。

哈维将1968年发生在芝加哥、巴黎、布拉格、墨西哥城、马德里、东京和柏林的反文化与反现代主义运动的失败视作“后来转向后现代主义的文化和政治上的先驱”：“在1968年至1972年之间的某个地方，我们看到一种成熟但又不那么连贯的后现代主义产生了。”[①]首先，哈维承认现代主义与后现代主义之间的连续性：“在有着悠久历史的现代主义与被称作后现代主义的运动之间，更多的是连续性而非差异。在我看来，将后现代主义视作现代主义内部的一种特定危机更为明智，它强调了波德莱尔所阐述的分裂、短暂和混乱，同时又表达了对任何特定处方的深切怀疑”[②]，当然，这并不意味着后现代主义只是现代主义的翻版，因为后现代主义“对‘欢乐’的短暂性的强调，对他者之不可渗透性的坚持，对文本而非作品的专注，对虚无主义的解构倾向，对美学而非伦理学的偏爱，都走得过远”。同时，哈维还大范围考察了西方当代思想家们对于“后现代主义”的探讨：比如，美国学者伊哈布·哈桑(Ihab Hassan)对现代主义与后现代主义之间纲要性差异的比较，弗朗索瓦·利奥塔(Jean-Francois Lyotard)提出的“对元叙事的怀疑”，米歇尔·福柯(Michel Foucault)倡导的“权力的微观政治学”，阿罗诺维茨(Stanley Aronowitz)强调的“对他者的关注”，雅克·德里达以“拼贴”和“蒙太奇”作为后现代话语的主要形式，巴尼特·纽曼(Barnett Newman)把后现代主义美学视作对晚期资本主义通货膨胀波动的回应，弗里德里克·詹姆逊认为后现代主义是晚期资本主义的文化逻辑，休伊森(Hewison)注重遗产文化(heritage culture)与后现代主义之间的联系等。尽管如此，哈维指出：“我这里建构的后现代主义画像，再有哈桑纲要的帮助，也肯定并不完整。同样肯定的是，由于包裹在快速流动与变化之谜中的文化形式的纯粹性和难以捉摸性，它一定是分裂而短暂的。”[③]

---

① David Harvey, *The Condition of Postmodernity*, p. 38.

② Ibid., p. 116.

③ Ibid., pp. 63 – 65.

哈维将文化层面从现代性向后现代性的过渡称作“情感结构”(the structure of feeling)的转变。就像他所指出的，后现代主义思想的标志是，支离破碎、不确定性，以及对一切普遍或总体的话语的强烈不信任感。哲学中实用主义的重新发现，库恩和费耶拉本德引发的科学哲学观念的转移，福柯对历史中非连续性和差异的强调以及把特权赋予“多态相关对偶然性的取代”，数学中强调不确定性的新进展(如突变理论、混沌理论、分形几何)，伦理学、政治学和人类学中对“他者”之有效性与尊严的重新出现的关注，全都表明了“情感结构”广泛而深刻的转变。①

三、时空压缩与历史-地理唯物主义

哈维将“后现代主义”同“时空压缩”相联系。他指出，“20 世纪 70 年代以来我们在空间和时间体验上发生的一些重要变化，激起了向后现代主义的转向”②，或者说，“时间和空间不断变化的体验，至少部分地推动了向后现代主义文化实践与哲学话语的转向”③。当然，哈维并不是对时间和空间作孤立的考察，而是将它们置于社会生活之中，视之为社会力量资源，目的是突出政治-经济与文化过程之间的物质联系。正如哈维所说，“在一切对利润的追求中，对空间和时间的控制始终是一个关键要素”④。对资本主义来说，“时间就是金钱”，因为生产时间加上交换时间构成了“资本的周转时间”。也就是说，进入流通的资本回收得越快，获得的利润相应就越高。同样，“空间也是金钱”，因为交易和交换需要在空间里运作，而克服空间上的障碍需要花费时间和金钱，空间组织和运作的功效因而对资本家而言也变得非常重要。由此，如何尽可能地缩短时间、压缩空间，就与资本主义紧密地联系在了一起。在时间方面，在生产技术和生产率大幅提高(即“生产时间”明显缩短)的今天，如何尽可能多地缩短“交换时间”就成为最紧要之

---

① David Harvey, *The Condition of Postmodernity*, p. 9.

② Ibid., p. 227.

③ Ibid., p. 197.

④ Ibid., p. 226.

事。而交换时间的缩短，最终又归结到克服空间障碍上来。空间上的各种障碍可以通过创造特殊的空间(铁路、公路、机场、远程运输等)来克服。由此，后现代对于时间和空间的压缩，更多的是对于空间的压缩，或者说，把历史变成非常地理化的事情——铁路和电报、汽车、无线电和电话、喷气式风机和电视，以及近来远程通信方面的技术革命，都是这方面的例子。哈维甚至指出，“这意味着在物质层面，谁能够影响运输和交通、物理和社会基础设施方面的投资的空间分配，或者说谁能够影响管理、政治和经济力量的地域分配，谁就能经常获得物质上的回馈”①。

不可否认，在现代主义的历史时期，人们即已开始了对时间和空间的利用，努力在缩短着时间、压缩着空间，文艺复兴时期出现的精确地图和精确计时器就是明证。哈维要考察回答的是，对空间与时间的利用及其含义，是如何随着从福特主义向灵活积累的转变而改变的。这种时空压缩对政治经济实践、阶级力量的平衡以及文化和社会生活产生了怎样的影响？或者说，当前，面对空间被压缩成一个远程通信的“地球村”(global village)，时间被缩短到“现存即是全部”(the present is all)的境况，我们必须学会如何应付势不可挡的时空“压缩”带给我们的感受。②

在后现代主义时期，时间上的缩短体现在商品生产、交换、消费等各个环节和领域：在生产领域，加速通过有组织地向垂直分界——分包、外购等——的转变达到。其他一些有组织的转变——如减少库存货物的及时交货机制——在与电子控制的各种新技术、小批量生产等结合时，也在很多生产部门里减少了周转时间。在交换领域，增强了交流和信息流动的各种系统，加上销售技术的合理化(包装、控制库存、集装箱化、市场反馈等)，使得有可能以更快的速度通过市场系统使商品流通。另外，电子银行和信用卡也是提高货币回流速度的创新。在消费领域，有两项发展因特别重要而显得非常突出，一是调动大众市场的时尚，提供了加快消费速度的一种手段，这不仅体现在服装、装饰品和装修方面，而且体现在整个生活风格和消遣娱乐的广泛领域之中。二是从商品消费向服务消费的转变，这种转变不仅是个

---

① David Harvey, *The Condition of Postmodernity*, p. 233.

② Ibid., p. 284.

人、企业、教育和健康领域的服务消费，而且也已进入娱乐、表演、即兴表演和消遣领域的服务消费。时间的普遍加速，对于人们思维、感受和行为方式的影响在于强调时尚、产品、生产技术、劳动过程、各种观念和意识形态、价值观和既定实践活动的易变性与短暂性。这意味着建构新的符号系统和形象，其后果是不仅广告和媒介形象在资本主义的增长动力中具有了极大的重要性，而且在文化实践中也开始发挥关键性作用。“形象的获得（靠购买一种符号系统，如名牌服装和名车）成为自我在劳动力市场中表现的一个非常重要的因素，相关地，也成了追求个人身份、自我实现和意义的一部分。”①借用鲍德里亚在《符号政治经济学批判》中的话说：当前资本主义关注的主要是符号、形象和符号系统的生产（the production of signs，images，and sign systems），而非关注商品本身。马克思对商品生产的分析已经过时了。与时间在各个领域、环节的缩短相对应的是，在后现代主义阶段，空间上的障碍也在崩溃。“当代通讯已经击溃了空间上的界限，在以场所、功能和社会利益为基础的城市与社会中产生了一种新的国际主义和强烈的内部差异化。这种‘人为的碎片化’存在于有能力以一种高度差异化的方式处理跨空间社会交流的交通和通信技术的语境中。”②但是，空间障碍的崩溃并不意味着空间意义的减少，恰恰相反，地点、场所、空间上的优势对资本主义而言反而变得更加重要，“因为消除空间障碍使资本家们能够利用细微的空间差异以获得更好的效果”③，于是，积极地创造具有空间特质的各种场所，成为不同地域、城市、地区、国家之间在空间竞争方面的重要标志。随着空间的崩溃，货币也变得“非物质化”了，人类历史上第一次依赖“账目货币”这一货币的非物质形式，今天人们已经普遍使用的“电子货币”（electronic money）乃至可能作为电子货币替代形式的“数字货币”（DIGICCY），可以说都是货币非物质化趋势在当代的进一步发展。

借助于时空压缩，大卫·哈维把马克思的历史唯物主义改造成“历史-地理唯物主义”（historical-geographical materialism）。如果说“历史”强调的是“时间”维度的话，那么“地理”强调的就是“空间”维

---

① David Harvey，*The Condition of Postmodernity*，p. 288.

② Ibid.，p. 75.

③ Ibid.，p. 294.

度。哈维指出，“历史-地理唯物主义不是一种封闭且固定的认识体系，而是一种开放且辩证的探究模式”①。如果说诞生于现代主义历史时期的“历史唯物主义”主要侧重于强调“历史/时间”之维的话，那么哈维的“历史-地理唯物主义”则将后现代时期凸显起来的“空间/地理”维度纳入马克思主义之中，并努力从时间与空间、历史与地理两个维度来对当前的社会、政治、经济和文化实践进行分析。

四、从组织化到去中心化的反抗方式

在哈维看来，无产阶级的反抗方式是与资本主义的生产方式相关联的，任何一种生产方式都会产生相应的反抗力量。因此，当资本主义生产方式从福特主义转向灵活积累时，原先那种有组织的、社团主义的、工会式的反抗结构也相应地发生变化，哈维将这种对抗称作“弹性政治策略”。20 世纪 60、70 年代以来，随着福特式产业组织形式的瓦解，资本实现了“去中心化”的配置，即资本在空间和时间上比我们想象得要更具流动性。自此，一种新的产业组织形式——以灵活剥削、即时生产为特征的后福特主义式的产业组织形式开始形成。与这种新的产业组织形式相配套，工人的主体从产业工人转向从事第三产业的员工，反抗结构开始呈现出网络化和去中心化的特点。与这种反抗结构相适应，作为反抗主体的工人阶级及其反抗场所、组织方式也相应地发生了变化。

不可否认，当今世界承担生产性功能的工厂并没有完全消失，即使欧美发达国家也是如此。但是，美国大城市中的生产方式却发生了一些显著变化，主要表现为非生产性的物流业以及餐饮、零售等服务行业的工人正在创造巨大的价值。由此，如果说 20 世纪 70 年代之前美国雇佣劳动力最多的企业是通用、福特和美国钢铁公司的话，那么今天雇佣工人最多的企业已是麦当劳、肯德基、沃尔玛等服务性行业。如果说 20 世纪 70 年代之前的工人阶级主要集中在“工厂”的话，那么今天的工人阶级则主要集中在以服务业为中心的第三产业。在此意义上，从事于第三产业的员工们正在代替经典工人阶级——产业工

① David Harvey, *The Condition of Postmodernity*, p. 355.

人——成为后福特主义时期新无产阶级的主体力量。在后福特主义时期,由于新工人阶级工作场所的分散化、流动化和现代生产组织方式的灵活化,使得今天在工作场所进行有组织的反抗变得异常困难。比如,物流业的司机遍布全国,在麦当劳快餐店工作的员工分布在世界各地,在此形势下,像先前产业工人那样在工作场所发动有组织的反抗已经变得不再可能。对此,哈维指出,当前反抗的场所和组织反抗的方式均须做出必要调整:在反抗场所上,应当从原来的工厂转到生活空间;在组织方式上,哈维建议借鉴葛兰西在 1919 年作品中提到的"社区委员会"(neighborhood councils)或英国 19 世纪 80 年代出现的、奠基于同业公会(trade council)的、在城市范围内组织工人的方式。在哈维看来,这种相对分散、灵活的组织形式的优势非常明显:它弥合了不同部门进行组织所产生的分类,包纳了所有"去辖域化"的劳动力,非常适合于当前新的社群和以人民大会为基础的组织形式。按照哈维的思路,伴随着发达国家发达的互联网、移动互联网和便捷的通讯技术,工人的反抗场所或许正在或已经向网络空间转移;在组织方式上,新媒介和通讯技术的便捷性或许不仅能够进一步强化相对分散、灵活的组织形式,而且网络世界能够因其不受地域限制的特点,在需要采取集中方式的时候实现组织形式上的重新集中。

"金融霸权时期"是哈维考察资本主义后现代主义新阶段——哈维也称之为"全球资本主义"——的另一关键术语。在《新帝国主义》(2003)一书中,哈维指出,帝国主义霸权的三大支柱是生产力、军事力量和金融。以此出发,哈维将帝国主义霸权分为生产力霸权(1870—1945)、军事力量霸权(1945—1970)和金融霸权(1970 至今)三个时期。从时间划分上看,哈维所谓的"金融霸权时期"与其"后现代主义"历史阶段基本吻合。20 世纪 70 年代能源危机以后,随着日本和欧洲的重新崛起,美国在生产领域的主导地位受到挑战,为维持其在全球的霸权地位,美国从生产领域转向金融领域,将金融触角伸向整个世界:"金融资本在这一时期进入美国霸权的核心舞台,并已经拥有足够的力量对工人阶级运动和国家行为施加决定性的影响。"[①]哈维也将"金融霸权"称作"新自由主义霸权",并以之作为对 1970 年以来帝国主义霸权金融化过程的揭示。在他看来,这种新自由主义霸权的特征有:

---

① 大卫·哈维:《新帝国主义》,初立忠译,社会科学文献出版社 2009 年版,第 15 页。

第一,金融资本的世界性是其最基本的意识形态。也就是说,金融资本伴随着经济全球化表现得愈加明显,国际货币基金组织、世界银行、达沃斯世界经济论坛等国际组织在全球范围内的影响越来越大。第二,“剥夺性积累”成为全球资本主义的核心特征。在此,哈维通过美国金融霸权对发展中国家造成巨大破坏的典型案例为我们揭示了新帝国主义以金融霸权掠夺世界资源的“剥夺性”本质。这些典型案例包括:20 世纪 80 年代美国金融资本侵入拉丁美洲引发的“拉美金融风暴”,造成拉美国家二十多年来经济发展徘徊的局面;20 世纪 80 年代末 90 年代初美国在苏联、东欧推行“华盛顿共识”和“休克疗法”,造成苏东剧变和经济体系的崩溃;1997 年美国对冲基金对泰国和印尼货币的冲击,致使整个东亚和东南亚地区陷入金融危机,成千上万人口陷入失业和贫困境地。[①] 当前,新自由主义霸权的金融力量正在将目光转向中国:“从当前来看,中国明显是一个可以吸收剩余资本的候选国,这不仅说明中国拥有为解决过度积累问题而进行临时性‘时间-空间修复’的潜力,而且这还与全球体系内霸权的转移有关。”[②]在此过程中,美国采取的主要手段是:第一,通过金融杠杆控制油价以遏制中国日益旺盛的石油需求,进而提高中国产品的生产成本,降低中国产品的市场竞争力。第二,干涉人民币汇率。特别是近两年来,人民币汇率大幅波动,这在某种程度上正是美国推行其金融霸权的重要手段之一,我们一定要对此保持高度警惕。大卫·哈维对资本主义后现代主义新阶段的相关考察论述,给我们提供了这样的警示。

【本文为国家社科基金后期资助项目“美国左翼媒介文化理论的当代发展与核心论题”(项目批准号 20FZWB024) 的阶段性成果】

(作者单位:中国人民大学文学院)

学术编辑:贾　洁

---

① 大卫·哈维:《新帝国主义》,初立忠译,社会科学文献出版社 2009 年版,第 55 页。

② 同上,第 99 页。

康德美学研究

用理智直观把握艺术形式

——赫尔曼·柯亨论美学学科的基础

姚云帆

内容提要 柯亨的论著《纯粹情感美学》长期被看作一部模仿康德《判断力批判》的著作。实际上,柯亨在对康德美学进行批评的基础上,试图重新界定美学学科的基础。柯亨认为,康德美学并未完成对美学研究对象的奠基,而只是涉及判断力在感性领域的作用机制,从而无法完成让美学彻底成为批判哲学体系一部分的任务。柯亨试图论证,作为一种文化实践活动,艺术活动和科学认识活动、道德伦理实践一起,具有一种文化意识上的统一性,并以一种独特的方式把握了后两种活动所共享的先验形式。作为统一体的艺术成为美学的对象,而超感性的知性直观和天才凭借生产性想象力将直观形式现实化的创作活动,最终让美学获得了独特的研究领域。

关键词 《纯粹情感美学》 知性直观 先验形式 节奏 比例

一、柯亨《纯粹情感美学》对康德美学的批评

赫尔曼·柯亨(Hermann Cohen)是19世纪末至20世纪初德国最重要的犹太哲学家,新康德主义马堡学派的奠基人。其犹太教哲学、新康德主义哲学和伦理学已经为国内学界所熟悉,但是,柯亨的美学思想不为国内学界所了解。早在其学术生涯的早期,他就写成《康德对美学的奠基》一书,对康德美学进行了自己的解释。而柯亨多达900页的著作《纯粹情感美学》则成为他美学思想的集大成之作,并影响了卡西尔、巴赫金和苏珊·朗格等学者。直至今日,柯亨的美学思想并未丧失其当代意义。柯亨研究专家博马(Andrea Poma)认为,柯

亨美学并非思想史上的陈年遗迹，而是具有鲜活当代价值的一种思想体系。[①] 那么，这一美学的独特之处究竟在于何处呢？我们试图从对《纯粹情感美学》开篇中柯亨对美学这一学科基础的重新审视来发现其独创性。

在《纯粹情感美学》完成的时代，现代美学最重要的两部著作——康德的《判断力批判》和黑格尔的《美学》已经完成，谢林的《艺术哲学》、叔本华的《作为意志与表象的世界》中的诸多美学命题，已经为世人所熟知。而在柯亨学术生涯的盛期，意大利哲学家克罗齐的美学思想也产生了巨大影响。应该说，如何在伟大的先驱者之后，呈现自己独特的美学思想，并将之体系化，是柯亨所面对的问题。按照哲学史的刻板印象，柯亨这部著作不过是对康德《判断力批判》的模仿，并处于康德美学体系的延长线上。实际上，柯亨的美学体系恰恰起步于对康德美学的批评，通过这种批评，柯亨对美学的对象有了全新的认识。

柯亨确实承认，康德美学对现代美学具有全新的意义。在此之前，鲍姆加登只是从温克尔曼那里借用了这个词，从而让这个词进入了哲学领域，并在这个领域中获得了一席之地（ein eigenartige Gebiet）。[②] 但是，真正让美学成为一个哲学体系不可分离的一部分的哲学家就是康德，柯亨指出："康德凭借其三大批判缔造了一个哲学体系，这样的体系构造和其内在完整性是前所未有的，而在这一完整性之中，对美学这一问题的根本解决是其根本的环节之一（eingeliedert）。"[③]因此，柯亨认为，在康德之前，美学虽然是一门哲学的分支，但是，一个哲学体系的完成并不依赖美学问题的澄清和解决；在康德之后，哲学体系的完成则必须依赖美学这门学科在这一体系之内的完成。

这也就是说，在柯亨眼里，康德以后的美学虽然是一门"自足"的学科，却必须依赖批判哲学体系这个整体，才能成就自身的完整性和自足性。他认为，康德对美学问题的澄清迈出了美学学科化的第一步，不过，这一步并不完善。这是因为，康德的美学体系只是其《判断

---

① Andrea Poma, "Introduction", *Yearning for Form and Other Essays On Hermann Cohen*, Dordrecht: Springer Netherlands, 2006, p. xii.

② Hermann Cohen, *Ästhetik des reinen Gefühls*, Berlin: Bruno Cassirer, 1912, S. 1.

③ Ebd.

力批判》的一部分，它高度依赖于判断力(Urteilskraft)在人类"感性/审美"(aesthetisch)领域的特殊作用，而整个《判断力批判》既包含审美判断力批判，也包含目的论意义上的判断力批判。柯亨指出："相较于同时代人，康德将美学问题看作一个独有而自足的问题，他也把它看作哲学必须认识到的一个体系性问题。但是，由于缺乏明晰性和确定性，美学并不能成为一个本真的批判，作为一种审美判断力，它和目的论的判断力共存而互有张力。"①在康德看来，反思判断如果只是在想象力和知性的游戏中指向一种不依赖于确定概念的目的，即实现某种"无目的的合目的性"，只能成为一种审美判断；只有指向确定的概念，并以因果律演绎的方式表象出来的合目的性，才是真正合目的性的判断力批判。在《判断力批判》中，审美判断并不能直接转化为合目的的判断力批判，后者并不存在于感性领域，而是完全依赖概念和道德因果律的演绎才得以证成。不仅如此，即便在感性领域，审美判断仍然必须依靠超感性的"崇高"(Erhaben)这一范畴才能与合目的的判断力整合起来。

正因为如此，柯亨认为，康德美学并未成为康德哲学体系的组成部分，而只是处理了反思判断力在感性领域的运作机制问题。他认为，如果将美学的研究范围和研究对象局限于这一领域，就会带来这样的结论：美学甚至不是人类"灵魂能力"(Seelsvermögen)中的特定分支②，其所关涉的整个范围只是判断力在感性领域中的作用方式。而哲学必然涉及事物的本质，并不仅仅停留于感性领域。因此，柯亨认为，康德的《判断力批判》不仅不能把握美学的研究领域，也并未真正把握美学的研究对象和理解美学所依赖的独有能力。

那么美学的独有研究对象是什么呢？柯亨提出了"文化意识"(Kulturbewusstsein)这一概念。他指出："从哲学体系的难题出发，从这一体系的历史概念与现实概念出发，我们由此可以生发出对美学任务的理解。我们从'对文化的统一意识'这一视角出发，来把握这一哲学体系。"③

在柯亨的哲学体系中，"文化"是人类一切实践活动的统称。值得

① Hermann Cohen, *Ästhetik des reinen Gefühls*, S. 8.

② Imanuel Kant, *Kritik der Urteilskraft*, Dinzingen: Reclam, 2004, S. 104.

③ Hermann Cohen, *Ästhetik des reinen Gefühls*, S. 4.

注意的是，柯亨并不觉得人对自然的认识活动是一种与实践无关的“理论认识”，而是为改造自然所依赖的价值造作（Erzeugung）活动。对这一系列造作活动的认识，即所谓“对文化的意识”（Bewusstsein der Kultur）。柯亨按照康德哲学中对经验和先验的区分，将对文化的意识区分为“不纯粹”（unreinen）的意识和纯粹意识（reine Bewusstsein），前者是经验意义上的认识，后者则是这些认识的先天基础。他认为，真正的哲学必然不会思考经验意义上不纯粹的意识，而是探索这些纯粹意识运行的规律和法则，后者才是指导人类文化活动最为基本的原则。他指出，对这种纯粹意识的发现并不来自康德的创见，而是在西方哲学的先驱者柏拉图那里就已经开始了。

那么这些先验的纯粹意识和经验层面“不纯粹”的意识之间的关系是什么呢？柯亨认为，它们之间是形式和内容的关系。这一观点虽然来自康德，却和康德的看法有很大不同。在康德心目中，在《纯粹理性批判》的范围内，先验形式和经验内容的结合成为知识的来源，而在《实践理性批判》和《判断力批判》中，纯粹理性的作用对象和自身的关系并不简单成为一种形式—内容的关系，而是在类推（analogen）的意义上，先验形式序列所构造的手段—目的关系。但是，柯亨认为，先验纯粹意识和“不纯粹”意识之间的关系不仅在人的认识活动中成立，而且在《实践理性批判》所论述的伦理道德领域，以及《判断力批判》所描述的美学领域都成立。

这种看法从实质上改造了康德哲学对人类心灵能力的界分方式。在康德那里，人的心灵能力按照不同的领域和对象被界分为知性（认识领域）、理性（伦理领域）和判断力（审美和理性神学领域）。但是，在柯亨看来，人类一切能力在先验层面都是塑造和应用形式的能力，只有与经验意义上的内容和质料相结合，这种能力才能发挥效用。因此，柯亨认为，康德对认识领域、伦理领域和审美与理性神学领域的界分，并非一种实质上存在的领域区分，而是对同一对象的不同处理方式的区分。这一对象就是形式（Form）。柯亨指出，在康德之前，柏拉图就认为一切哲学讨论的终极对象就是作为理念的纯粹形式。现代哲学的目标，是经由康德哲学的中介，用更细致的方式深化这一讨论。这种深化体现为：对文化这种人类实践活动的总合所依赖的根本形式进行三种不同方法的探索。

柯亨认为，第一种方法，就是对纯粹认识形式，即纯粹逻辑的澄清和揭示。值得注意的是，柯亨并不认为，纯粹逻辑如同康德的先验逻辑那样，只能在先验感性形式和经验材料的帮助下，才能达到对作为现象的经验世界的认识，相反，他认为，纯粹逻辑在揭示了认识形式的完整形态之后，可以成为思考一切知识（包括康德所谓的超感官领域的知识）时所依赖的规律。[①] 柯亨心目中的第二种方法，就是纯粹意志形式，即对纯粹伦理学体系的构建。与康德不同，柯亨并不认为纯粹伦理学的规范是纯粹知性在超越领域的类推，而是纯粹逻辑形式在人类欲求（Antrieb）经由历史领域中的应用。[②] 这就意味着，实际上，柯亨的纯粹逻辑和纯粹伦理学共享了同样的对象——形式，区别之处只在于，两者是按照不同的方法，对先验形式在不同经验领域中运作规律和其效果的揭示。

柯亨认为，在人类演化的进程中，纯粹逻辑形式和纯粹意志形式分别在逻辑和伦理领域中应用，从而用不同的形式显现了纯粹意识在文化领域中的作用方式。但是，这两种显现形式并不能穷尽纯粹意识作用于文化的全部面向，柯亨指出：

> 文化意识并不仅仅通过科学和习俗得以完成，从文化学历史的演化中，我们可以了解到，文化概念并不能通过科学和习俗得以被界定和创造。就其自在自为的本质而言，这一学说似乎是一个基于事实的告诫，却与科学和习俗文化一样，具有本身固有的效用和领域。[③]

因此，在柯亨看来，美学也是以文化意识的纯粹形式为自己的研究对象。但是，要论证美学具有自身独特的方法和领域，却并不如纯粹逻辑和纯粹伦理学那么简单。正如上文所述，柯亨对纯粹逻辑和纯粹伦理学的界定虽然与康德批判哲学的相应论证十分不同，却都仍然置于康德认识论和伦理学论述的延长线上。这是由于，虽然柯亨上述学说的对象都偏离了康德认识论和伦理学的设定，却仍保持了康德相应学说的作用领域，只是把这些领域在先验或超感官领域的位置转移到经

---

① Hermann Cohen, *Ästhetik des reinen Gefühls*, S. 5.

② Ebd. ,S. 5.

③ Ebd. ,S. 5.

验领域。但是,美学的研究对象一旦改变,其作用领域就无法被保留。原因在于,“美学”之字面意思就是“感性学”,一个名为“感性学”的学问却研究一个先于感性或超越感性的纯粹形式,这意味着美学这门学科必然处于一个名不符实的悖论状态。如果要改变这一状态,柯亨就必须对美学学科的对象、领域和研究目标进行重新界定。

二、艺术的统一性:柯亨对美学学科对象的界定

柯亨认为,美学不再能被界定为对反思判断力在感性领域的作用机制的描述,相反,美学的对象是先验形式。那么,在何种意义上,这种先验形式不再是逻辑学和伦理学的研究对象,而成为美学研究的对象呢?柯亨认为,只有在美学所研究的先验形式形成了一种文化意识上的统一性(Einheit),而这种统一性完全不同于纯粹逻辑和纯粹伦理学所奠基的统一性时,美学才能成为独立的学科。当纯粹逻辑能够成为一切科学认识所依赖的先验形式时,它就构造了一种基于科学的文化意识统一性,从而形成了一门独立学科。同样,当纯粹伦理能够解释人类一切习俗性(Sittlichkeit)活动的基本原则,从而能阐释历史演化过程中人作为伦理生命本身的纯粹形式,它也就建构了一种基于伦理学的文化意识统一性,从而成就了一门独特科学。显然,美学也必须依靠先验形式完成一种文化意识的统一性。柯亨把这种统一性界定为艺术的统一性(Einheit der Kunst)。[①]

那么,这种艺术的统一性何以能够成立,它与其他两种文化意识的统一性有何相同或差异之处。柯亨认为,艺术的统一性更依赖艺术史的演化显现出来,这一点和科学、伦理的统一性有一定差别:“不存在得以呈现自在自为的文化本身的艺术(Kunst),而存在着在文化史的展开中表征它的一系列艺术形态(Künste)。”[②]这与科学和伦理学呈现纯粹形式的方式并不一致,这两者往往先于经验层面的一切科学和伦理形态而产生,并为一切经验意义上的科学和伦理现象奠基。但是,我们必须经由历史中一系列具体的艺术现象,才能将艺术的统一

---

① Hermann Cohen, *Ästhetik des reinen Gefühls*, S. 5.

② Ebd., S. 5.

性完整呈现出来。这就意味着,要讨论艺术的统一性,就必须对艺术史中这一统一性的显现方式进行一种描述和归纳。

柯亨认为,就他所论及的西方艺术而言,艺术的统一性呈现在两个有差异但相互交织的层面之中。柯亨首先把艺术的开端(Anfang)(这里指西方艺术的起源)看作一种先天意义上的形式整体。他援引古希腊的艺术起源论为这一论点佐证。按照古希腊神话,一切艺术都起源于宙斯的九个女儿,即九种缪斯的创制,这九位女神各自擅长的技能结合在一起,成为艺术整体的源头,而缪斯实际上是西方"音乐"这一词在古希腊的词源。柯亨认为,这一神话暗示,无论是古代的造型艺术(bildende Kunst)还是语言艺术(redende Kunst),都起源于音乐艺术(musichen Kunst),后者先天地奠定了前两者最本源意义上的形式。① 而相对于占据特定时空位置、形成可感知形象或场景的艺术,词源上与"缪斯"同源的音乐艺术更依赖于不可直接用视觉把握、更为抽象的声音形式,从而更大地摆脱了感知材料和时空领域的限制,成为某种先验抽象形式最为准确的表征形态。柯亨由此认为,西方艺术的源头古希腊艺术,其存在就是完整统一且超越感官的先验形式,只有在具体的艺术门类层面,这种先验形式才转化为一系列可感的经验形式。

另一种统一性体现为艺术在表达形式上的统一性。柯亨仍然援引另一种古希腊时代就存在的艺术观来佐证自己的观点。古希腊人认为,艺术就是一门技术(Techne)。② 如果没有掌握制作具体艺术作品的技术,一切艺术都不能表达出来。因此,所有的艺术门类作为一种艺术得以统一在这一表达形式之中。换句话说,如果没有创制技术这种表达形式,艺术形式在先验意义上的统一和经验领域中的分化将不可能呈现出来,一切艺术作品和艺术门类都不能产生。

因此,柯亨认为,艺术这一领域在其发端之初存在两种统一性:一种是其组织形式上的先验同一性,另一种是其表达形式的同一性。前者保障了这种统一性被一种完整统一的先验形式所奠基,后者则保证了这种形式可以通过制作技术在任何一种艺术门类和任何具体的艺术作品中表达出来。在上述两种统一性的保障下,艺术成为一种自足

① Hermann Cohen, *Ästhetik des reinen Gefühls*, S. 6.

② Ebd., S. 7.

的文化实践，而对艺术的创作、鉴赏和理解，成为对这种统一文化活动的意识。但是，问题在于，其组织形式和表达形式之间似乎仍然存在某种张力，这是因为，我们如何保证在任何一个作品和一种艺术门类中，这种先验形式都能成为主宰艺术的法则，并能通过具体的艺术鉴赏和艺术创作显现出来呢？

按照柯亨的看法，在启蒙运动之前，人们无法把握这两种统一性之间到底存在何种关系，原因在于，没有一种理性反思作用于这两种先验形式之间，这使得两者处于彼此隔绝的状态之中。在启蒙运动之后，两种趋势改变了这一状况。首先是温克尔曼所首创的现代德国艺术史，“随着因温克尔曼而得名的艺术史的出现，人们对艺术的兴趣唤醒了自足的美学思维”。[①] 其次是同时期英法国家出现了关于艺术作品的一系列美学批评文章。与一般的美学原理文章不同，这些美学批评文章将诗歌艺术和造型艺术的关系作为自己的主题。这两个趋势，最终汇集到莱辛的《拉奥孔》这篇作品之中。柯亨指出，在这部作品中，莱辛在温克尔曼诗与画相区分的影响下，试图探索艺术本身的边界，从而第一次成功地将诗与画看作一种统一的艺术原则经由不同媒介的显现。由于莱辛讨论的是古希腊艺术，这一讨论又进一步将西方艺术起源时两种彼此隔绝的艺术的统一性整合为一种单一的同一性：“这种希腊艺术，仿佛是一个自为的世界，一个希腊诸神和英雄的本真世界史，在其中，一切精神完整形态的多样性和个体化被艺术神话所指涉，并在鲜明的运动中得以呈现于我们面前。”[②]因此，在《拉奥孔》中，莱辛第一次用理性反思的方式，呈现了古希腊艺术在组织形式上的先验统一性是如何通过不同的技术安排在各自的艺术门类中达到完美呈现的。在这一过程中，彼此相异的技术手段为实现先验纯粹的形式原则服务，从而后者完美地统一于具体的艺术作品之中。

但是，即便如此，从温克尔曼到莱辛的一系列美术史和艺术批评工作，只是发现具体艺术作品能够呈现一种普遍的统一性，而并不能清晰地呈现这种统一性到底是什么。在柯亨看来，即便有着莱辛的批评范例，具体的艺术创作并不能说明先验形式是如何介入创作过程并

---

① Hermann Cohen, *Ästhetik des reinen Gefühls*, S. 7.

② Ebd., S. 7.

蕴含在作品之中的。这是因为,艺术作品的制作技术依赖两个重要因素,第一个就是天才(Genie),第二个就是幻象(Phantasie)。

天才学说是被现代西方美学深入讨论的概念。在德国唯心主义美学传统中,天才必然是通过打破规范,将自己的特殊创造转化为既定艺术规范的一部分。尽管柯亨继承了康德和黑格尔关于天才和规范之间关系的讨论,但是,这种继承仍然包含着他的创新。在这两位思想家那里,艺术规范和天才之间充满了辩证张力。但在柯亨那里,这种张力逐步变小。柯亨认为,天才通过挑战既定的艺术规范来丰富和完善这一规范。他就是"法则给予者"(Gesetzgeber)①。而且,这个法则某种程度上可以被看做决定艺术作品的先验形式本身。柯亨用叔本华和莱布尼茨的例子来说明这个问题,两位思想家都将音乐作为最接近艺术根本原则的某种艺术形式,而音乐天才的创作往往更接近艺术法则本身的展示。按照莱布尼茨的看法,很多音乐法则,例如"同奏低音"②的构成法则,与数学法则完全重合,只是音乐天才在无意识之中贯彻和展示了数学原则。③

幻象也是柯亨在论述先验形式和具体艺术活动的关系中所面临的另一个问题。一方面,艺术作品由一系列可感的形象构成;另一方面,这些形象不能被证实或证伪。这就导致如下后果,如果作为幻象的艺术作品不能与特定的真理有关,主宰艺术作品的先验形式也许不一定是真理。而正如我们在上文中所述,这一先验形式既被纯粹逻辑学所分享,又是纯粹伦理学法则的根本基础,艺术作品如果不能和真理相关,美学也就不可能成为体系哲学的一部分。唯一的解释出路在于,幻象本身蕴含着真理。

为了证明这一点,柯亨再次回到了古希腊思想的语境中。他指出,在古希腊的酒神崇拜中,"神之迷狂"(gottlich Wahnsinn)总是依靠艺术活动在现实中表现出来,从而具有一种持存(fortstand)。④ 换

---

① Hermann Cohen, *Ästhetik des reinen Gefühls*, S. 14.

② 同奏低音又名"通奏低音",是西欧巴洛克时期的一种通过数字记谱和比例推算进行即兴和弦构造的作曲技法,并形成了某种高低音立体交织的风格,柯亨据莱布尼茨的说法侧重证明,音乐的音程和节奏关系与数字关系的转化体现了先验形式对艺术的作用。关于相关的音乐学知识,参见何青:《"通奏低音"的基本原理和演奏原则》,《天津音乐学院学报》2008 年第 3 期。

③ Hermann Cohen, *Ästhetik des reinen Gefühls*, S. 15.

④ Ebd., S. 14.

句话说，幻象表面上是主观任意的存在，实际上既依赖某种超越性的存在——神，又必须表现为某种客观可维持的形态。因此，在古希腊文化中，幻象是超越形式和其在经验世界中的显现之统一，而艺术就是让幻象得以转化为现实存在的某种力量。柯亨进一步认为，在哲学诞生后，幻象的本质特征出现了一次改变。这一改变体现为，合乎纯粹逻辑的理性主义因素试图消除主导生成幻象的神秘主义因素，澄清幻象生成和演化的真正法则。按照柯亨的论述，哲学的这一努力发端于柏拉图和亚里士多德，最终成型于笛卡尔和康德："在笛卡尔那里，针对知性的想象物(Imaginatio)总被知性压制，康德则尽全力通过认知运作的大网捕获想象力，他进而试图断言，认识形式总是首要的生产性存在，想象力总是第二性的、再生产性意义上的存在。"[①]

柯亨认为，康德这种努力构造认识形式和幻象之间关联的努力，最终让幻象在现代哲学中转化为了想象，从而让纯粹的认识形式即先验逻辑和想象建立联系。但是，在柯亨看来，这种联系还不够，其原因在于，康德将想象力降格为表象感性经验的一种能力，并将想象力置于知性构造的先验逻辑之下。这就意味着，大量并不依托于现实经验的幻象，就被排除在康德的体系哲学之外，并被看作一种"先验幻象"或者"迷信"。这种在哲学上的限制自然也影响到了康德美学的解释力。一系列更接近于先验形式的艺术领域，例如音乐和宗教艺术，就不能完全依托于康德美学得以被理解。因此，柯亨认为，在超感官领域，想象力仍然发挥着作用。[②] 这种想象力并非一种从属的、再现层面上的存在，而是一种与纯粹逻辑所主导的认识能力平起平坐的力量。

通过对天才和幻象问题的讨论，柯亨扫清了艺术本身作为一种文化艺术统一性的最后障碍，进而表明作为一个整体的艺术何以既能作为一种客观的先验形式，又能作为一种表达形式而存在。显然，无论是天才通过创作对艺术作品的立法行为，还是作为生产性想象力的幻象，都是一种构造和呈现先验形式的行为。柯亨认为，这种行为最终导致了美学独有的方法和领域：知性直观。

---

① Hermann Cohen, *Ästhetik des reinen Gefühls*, S. 22.

② Ebd., S. 23.

三、知性直观和先验形式:柯亨对美学核心论域的重新奠基

知性直观并非柯亨独创的概念,在柯亨之前,费希特、早期浪漫派的诸多作者和谢林已经采用了这一概念。而与柯亨哲学同时发展,并最终替代马堡学派,对后世欧陆哲学产生巨大影响的胡塞尔将这一概念转化为现象学的独有概念。但是,在《纯粹情感美学》中,知性直观对美学核心论域的奠基作用十分特别,从而体现了柯亨对这一概念的独特理解,对我们理解柯亨美学和整个新康德主义美学的特质有着重要帮助。在康德的哲学中,知性直观是一种人类不可能获得的认识能力,一旦"不合法"地使用这种能力,就会导致纯粹知性的僭越,从而陷入二律背反。但是,在柯亨看来,知性直观不仅不是一种不合法的能力,而且是美学得以成为一门哲学学科所依赖的基础能力。

柯亨对"知性直观"概念的发展史进行了特殊的梳理。他认为,知性直观产生于柏拉图的理念论。在柏拉图的理念论中,人对理念即纯粹形式的把握是两种活动的结合,一种是主观的观看行动,即所谓观看(schauen),另一种是客观的观看结果(sehen)①。这就说明,知性直观并不仅仅简单通过观看把握和认识客观事物的感性形式,而且是能够通过主体自身的观看行为,发现主体思维内部的一种先验形式。柯亨认为,这种先验形式就是摆脱了一切经验材料的思维形式。他指出,经过了笛卡尔、莱布尼茨和康德的揭示,这种思维形式最清晰的表达方式就是与数学规律紧密结合的纯粹逻辑。对此,莱布尼茨的看法最为明确而坚决。柯亨认为:"只有作为数学家的莱布尼茨因为其方法论推导出更为尖锐的结果,在后世成熟的逻辑学者和继承人看来,似乎更显得卓然不群。"②由此看来,我们可以得出这样的结论:柯亨的"知性直观"概念强调了这一看法,即一切主观感性的观看行为,都隐藏了超越普遍的思维形式的作用,而强大的知性直观能力,最终能将这种作用和其作用于感性经验的方式清晰呈现出来。

出于这种立场,柯亨对德国浪漫派和唯心主义的知性直观学说进

---

① Hermann Cohen, *Ästhetik des reinen Gefühls*, S. 24.

② Ebd., S. 25.

行了批评。在他看来,浪漫派和谢林虽仍坚持使用了知性直观这个概念,但这种坚持往往将神话(Mythologie)和启示(Offenbarung)看作知性直观所依赖的媒介。作为一个虔诚的犹太教徒和宗教哲学家,柯亨并不反对神话和理性在知性直观中的作用,但他认为,浪漫主义者和谢林对知性直观的论述颠倒了作为先验形式的纯粹逻辑形式和启示、神话所依赖的历史语境和经验领域的关系。他发现,自谢林开始,知性直观对历史演化的依赖已经胜过对纯粹逻辑的依赖。黑格尔则进一步向一种历史主义投降,用辩证法的形式放弃了纯粹逻辑对知性直观的引导和主宰。尽管黑格尔仍然使用"逻辑学"来命名"理念"或"精神"在历史运动中的进程,但在柯亨看来,这不过是一种"辩证形式主义"(dialektische Formalismus)[①],这种"形式主义"巧妙掩盖了概念运动表象下的非理性主义,后者成为浪漫派和唯心主义哲学体系中"本有的蛀虫"[②],蛀空了主宰知性直观的先验形式。

因此,在柯亨看来,自己的知性直观学说恰恰是要矫正这种历史主义和"辩证形式主义"对体系哲学,尤其是对艺术哲学的侵蚀。这种矫正必然导致他试图利用知性直观行动作为美学的核心方法,从而祛除浪漫派和德国唯心主义学说中具体的历史经验侵蚀内在于他所谓的"文化意识"整体,即人类自然和社会实践整体之中的普遍合理性的倾向。他认为,一方面,艺术整体是"想象力在其现实性(Wirklichkeit)和完整效应(Wirksamkeit)中所造就的结果",[③]这就意味着,艺术必然是依赖"生产性的想象力"的技术。另一方面,他却认为,艺术依赖于天才,天才并非任意运用想象力的行为,而是依赖知性直观把握事物先验形式之后,再依赖想象力的运作制作艺术作品的能力。这就意味着,天才对想象力的主宰表面上是多样而任意的,实际上却无时无刻不受到纯粹逻辑主宰的先验形式的限定和主导。

表面上看,这似乎是一种不符合艺术经验,尤其是现代主义以后的艺术经验的"理性主义艺术观"。我们很少看到艺术创作者有意识运用逻辑或数学思想,而浪漫主义以后的艺术创作更是强调主观情

---

① Hermann Cohen, *Ästhetik des reinen Gefühls*, S. 25.

② Ebd.

③ Ebd., S. 14.

感、特殊隐喻和创新行动为主导的艺术思想。当然，柯亨并非不懂现代主义艺术潮流的哲学家，他在《纯粹情感美学》中，涉及了当时重要的现代主义作家（例如，波德莱尔），也涉及许多现代主义艺术思潮中的音乐家。因此，他的看法并不能被简单归类为一种僵化的“理性主义艺术观”。柯亨最核心的问题在于，他试图指出，任何看似依靠想象力成为现实的“独创”艺术品，背后都依赖于合乎纯粹逻辑的先验形式。

柯亨认为，这种艺术活动和纯粹逻辑的关系最大的体现，就是艺术作品都不能离开节奏（Metrum）和标准（Kanon）。[①] 他发现，能把诸种艺术统一到一起的共有特征就是节奏和标准，例如，诗歌和音乐艺术有节奏和韵律，造型艺术有角度、比例和曲度等基本标准和尺度。这些标准和尺度最终都依赖纯粹逻辑得以成立的根本工具——数学。因此，艺术虽然是天才发乎任意的创作和构造，但每一件艺术作品的成功不能离开纯粹逻辑主导的先验形式在私下的应用。

因此，任何天才的创造都无意地激发了先验形式在艺术演化中的作用。而且，柯亨令人信服地指出，现代自然科学的发展，导致人们产生更深刻的自然认识（Naturerkenntinis），反而深化了艺术活动的发展。例如，文艺复兴时期，人们对肌肉结构、建筑科学和光学等学科的升华认识，直接催生了达芬奇、米开朗基罗和丢勒等艺术天才，从而促进了建筑和雕塑艺术的发展。在这种情况下，艺术创造并不成为科学认识的对立面，而是科学这种不断深化的自然认识在艺术中的实现。

不仅如此，在柯亨看来，完美的艺术同样是完美的自然认识。他以巴赫的音乐艺术作品作为这一论述的例子，他指出：

> （巴赫）的原创性并不体现在他最典型的赋格作品之中，而是事先蕴含在其理论能力之中，正是运用这种能力，他才让他的管风琴创作变得更为完善。正如伽利略本人造出了望远镜，以此让他所构想的宇宙体系呈现于人们面前，巴赫自己创作了他的管风琴作品，这些作品让他的对位法和赋格艺术体现出了全新的内在性，并造就了以他的和声艺术为主导的全新合唱歌。[②]

---

① Hermann Cohen, *Ästhetik des reinen Gefühls*, S. 27.

② Ebd., S. 29.

在这段话中，柯亨指出，同属于文艺复兴时期现代西方文化的代表人物，伽利略依靠自制的望远镜获得了关于天体的自然知识，这些知识符合纯粹逻辑的形式，可以被数学知识推衍出来，而巴赫的对位、和声和赋格同样符合精确的数学比例，呈现出对主导音乐的纯粹逻辑深刻的知识。因此，巴赫的艺术实践本身就是一种透过音乐呈现出的完美的自然认识，这种自然认识彻底同一于纯粹意识的形式，与伟大的科学发现无异。

至此，柯亨对美学的实质领域进行了全新的界定。他认为，美学虽然和逻辑学共享同样的研究对象——先验形式，但它并不研究先验形式对知识产生的作用机制，而是研究先验形式如何在艺术创作中获得现实性的方式和条件。艺术天才的知性直观，既在客观层面激发了对先验形式的直接把握，又依赖主观的生产性想象力，在艺术中实现了这种先验形式。而依靠知性直观的把握对艺术创作进程和艺术范畴的分析和理解，成为美学研究的独特方法和特有领域。

结论：重构真理与艺术的关系，柯亨“过时”美学思想的当代意义

柯亨美学思想的重大特点在于，中断了美学和“感性”之间的关系，将美学的研究对象置于超越感性经验的先验形式之中。但是，柯亨并不试图在宗教和历史进程中调和先验形式和艺术作品现实发展之间的关系，而是将前者看作后者在任何境遇中都能显示出的某种“永恒”的纯粹认识形式。与现代艺术潮流背离理性主义和科学认识论的趋势不同，柯亨认为，科学普遍真理所依赖的纯粹逻辑形式和主宰艺术的先验形式本来就是一体两面的。这就意味着，艺术本来具备呈现普遍真理的能力。

显然，在整个20世纪，这一看法似乎“过时”，却仍有其潜在的影响力。柯亨的弟子卡西尔在《人文科学的逻辑》（*Zur Logik Der Kulturwissenschaften*）中虽然不再坚持柯亨立足先验形式学说统一自然哲学和艺术哲学的立场，却仍将形式概念看作人文科学体系化所依

赖的核心范畴。[1] 而处于柯亨对立阵营的海德格尔也始终将艺术看作真理最核心的显现方式之一。虽然,海德格尔所谓的真理是去-蔽(a-lethia)意义上的真理,和柯亨依托柏拉图理念论和康德先验方法所界定的普遍真理形式有所不同。[2] 但是,柯亨却开启了美学和感性之间的脱钩历程,从而成为抛开感觉中介、讨论艺术与真理关系的先驱之一。在当代艺术活动,尤其科技—人文观念在技术和理念层面高度整合的时代,柯亨在先验形式中统一科学和艺术的构想似乎有更强大的当代意义和解释力。因此,重新拾起柯亨"过时"的论断,对疗愈科学文化和人文文化的割裂,思考艺术哲学的当代价值,具有深刻的意义。

【本文为国家社科基金"赫尔曼·柯亨美学思想研究"(批准号 22BZX126)、中央高校基本业务费华东师范大学人文社会科学青年跨学科团队创新项目(批准号 2021QK005)的阶段性成果】

(作者单位:华东师范大学中国语言文学系)

学术编辑:何兰芳

① 参阅 Ernst Cassirer, *Zur Logik Der Kulturwissenschaften*, Berlin: Felix Meiner, 2011。

② 参阅 Martin Heidegger, *Sein und Zeit*, Tuebingen: Max Niemeyer, 1976, S. 29–33。

论克尔凯郭尔对康德审美自由论的批判

杜宁馨

内容提要 克尔凯郭尔对以德国浪漫派为核心的审美自由论的批判构成了其研究的重点之一，而他对康德审美自由论的批判是其审美自由论批判隐含的逻辑起点。克尔凯郭尔将康德自足的理性道德主体转变为一个非道德的、尚处在生存可能性中的生存主体，同时通过对“审美无利害”概念的批评，克尔凯郭尔又构想出了一个与道德共同体分离的、在现实中生成的生存个体。克尔凯郭尔对康德审美自由的批判也是对康德道德神学思想批判的产物。在这一过程中，克尔凯郭尔实际上否定了由康德开启、经德国浪漫派发扬的借由审美达至个体自由的超越之路，重新强调了在道成肉身的悖谬性结构下，个体实存的有限自由问题。

关键词 克尔凯郭尔 沉沦 审美自由论 生存主体 审美无利害

启蒙运动以后，对审美自由问题的讨论构成了不同思想家反思主体自由问题的重要一极，以康德的审美自由论为始，经过席勒、费希特和谢林等人，审美自由论最终在德国浪漫派那里发展到极致。在德国浪漫派思想家看来，审美自由实际上反映出了感性主体通过艺术创造进而企及绝对真理的设想，他们放弃通过主体的反思能力认识终极真理的可能，一定程度上将自我创造等同于真理自身的开展。总的来说，以德国浪漫派为核心的审美自由论，其核心在于对一种通过感性解放而达至主体自由的路径的构想，目的在于对启蒙理性的重新反思和对人主体性地位的重新界定。审美自由论者向内构建出了一个具有无限意识的“自我”，向外又将这一自我同外在世界统一于“神圣意志”中，从而以“想象力”为媒介，将人的主体地位发展到了前所未有的高度，使原先笼罩在信仰的权威以及因果必然性阴影下的被动主体彻底转变为一个自足的无限主体。克尔凯郭尔严厉批评了德国浪漫派这一“诗意创生”的自由观，重新将德国浪漫派蕴含着无限创造的积极主体拉回到个体实存的有限性中，重提了信仰对个体形成的重要意义。

格雷戈尔·马兰丘克(Gregor Malantschuk)在《克尔凯郭尔的生存概念》一书中将克尔凯郭尔的存在主义哲学概括为三个要素：自我、自由和作为行动的伦理，在他看来，克尔凯郭尔存在主义哲学的要旨在于探究个体在生存运动中获得内在自我的过程，而使得克尔凯郭尔的生存运动得以可能的前提就是预示主体生存之可能性的自由。克尔凯郭尔虽然否定了德国浪漫派无限自由的积极主体，但他同时表明，德国浪漫派在有限、僵化的社会现实中发现了个体的内在生存维度，虽然这一个体最终跌入了审美的幻象。① 因此，在克尔凯郭尔看来，为什么德国浪漫派的审美个体无法成为在“生存运动”(existential movement)中得以“现实化”的“生存个体”，对这一问题的解决不能仅仅局限在克尔凯郭尔对德国浪漫派的批判上，实际上，克尔凯郭尔对康德审美自由思想的反思构成了这一问题隐含的逻辑起点：正是在对康德审美自由论的反思中，克尔凯郭尔放弃了通过主体的感性解放和道德培育实现自由的路径，重新廓清了主体的感性生存基点，同时将一个自律的一般道德主体还原为一个非道德的感性生存个体。那么，克尔凯郭尔从哪些角度入手批判了康德的审美自由论思想，对现代审美自由的发展进行了哪些反思，将是本文讨论的重点。

一、康德审美自由论中的“超感性”向度及其影响

在《判断力批判》的导言中，康德认为，主体的认识能力通过“自然概念的领地”和“自由概念的领地”先天立法，这两种立法能力能够在

---

① Gregor Malantschuk, *Kierkegaards Concept of Existence*, trans. by Howard V. Hong and Edna H. Hong, Milwaukee: Marquette University Press, 2003, pp. 11 - 26.

主体内部被无矛盾地思维，因而可以共存，但问题在于，超感官的自由领域应当要对自然领域有所影响，只有这样才能使主体在感官世界中对理性目的有所意识，这是康德以“自由”为拱顶石所形成的道德理性体系的必然要求，而对自然和自由、知性和理性之间所提出的统一性要求，康德在不从属于任何先天立法领域的反思判断力那里找到了。在康德看来，反思判断力虽然与主体经验相关，但根本上来说是一种“自己给予自己”，并为经验的统一性提供根据的先验原则，这一先验原则虽然不构成知识，却代表了主体在经验中表现出的自然趋向超感性理念的能力，甚至构成了知性在经验中不断调整自己的先天条件。从康德对反思判断力的这一基本论述出发，作为其重要构成部分的审美判断也具有了这一向度的意义。对康德来说，如果说知性代表了主体对经验世界的一种构成性认识，理性代表了主体对摆脱因果必然关系的自由的需要，那么反思判断力就代表了主体对感性自我所具有的理性潜能的认识，而审美判断所内含的与审美表象结合的主观合目的性的愉快、不愉快的情感，作为主体自由的“生命感”①的体现就成为人的特殊性的重要界定。在康德对审美判断的论述中，他一方面从主体感受出发，认为审美判断代表了一种“无利害”、自由的愉悦，这一愉悦是以主观普遍性为前提条件的；另一方面，从主体反思能力出发，这一普遍、自由的愉悦的来源在于“知性”和“想象力”的协调一致。通过审美判断力，康德将实践理性领域不可被认识的自由以“象征”的方式类比为主体审美过程的自由感，并且通过以主观普遍性为前提的审美愉悦，使作为经验个体的审美主体成为一个道德共同体的有机组成，从而表达了自己的群治理想。

主体在审美判断中形成的自由感的根据，在《判断力批判》对“超感性基底”的阐释中得到了间接的说明。在审美判断力的辨证论中，康德认为，如果要使审美判断区别于一般的感官判断，就必须提出先天普遍性的要求，而要使先天普遍性要求同审美判断内在的个体判断相协调，就必须对审美判断进行辨证论的说明，这就需要解决由鉴赏带来的二律背反问题：正题表明鉴赏判断应该是区别于认识判断与主体情感相关联的私人判断，因此不能建立在概念上，一旦建立在概念上，就表明要通过证明来决定这一私人判断；反题表明，鉴赏判断内含

① 康德：《判断力批判》，邓晓芒译，杨祖陶校，人民出版社 2017 年版，第 29 页。

有一种普遍认同的需要,因此必须建立在一个概念上,否则就不可能达成这一普遍认同的目的。康德解决鉴赏判断二律背反的方式是以某一"不确定的概念"为基础的,亦即,鉴赏判断虽然不以对确定概念的认识为基础,但有通过一个不确定的概念达成由私人判断导向普遍认同的审美判断的需要,而这一"不确定的概念"是不可能通过直观所认识的、有关纯粹理性概念的超感官之物,即可被视为"人性的超感官基底的东西的概念"①。在随后的注释二中,康德对这一"超感性基底"的内涵做了进一步说明:(1)作为自然的基底,亦即作为物自体没有进一步规定的超感性基底;(2)作为主体认识能力的自然的主观合目的性原则;(3)作为自由的目的的原则,并作为自由与道德中的目的的协和一致的原则。但康德认为,这三种超感性基底的概念只是同一种东西的不同领域的运用。因此,康德运用"超感性基底"作为解决鉴赏判断的二律背反问题的途径,实际上表明,只有将超越感性认识的"自由"引入审美的维度,才能有效解决这一问题。康德的这一思路在随后审美判断和道德判断的象征结构中再度得到了运用,他认为,审美判断之所以能同道德判断形成一种象征结构,其核心要素就在于:审美判断所依托的主观合目的性的理念指向的超感性之物与道德实践中的超感性之物实际是同一的。同样因为康德对"超感性基底"的引入,在审美判断的先验逻辑中就必定要设立一个与理性近似功能的审美理念,而这一审美理念是无法依靠想象力和知性的和谐一致达到的,因此,康德将其称为"想象力(在其自由游戏中)的一个不可阐明的表象"。② 正是康德在此通过审美理念开启的蕴含着无限意味的超越性向度,为后来德国早期浪漫派审美自由的理论实践展开了广阔图景。

但与此同时,康德对这一问题的解决也引发了很多争论。其中德勒兹对康德审美自由论的批判相当具有代表性。他认为,康德审美判断力的核心在于证明主体所有功能的一种超验的统一,并且这种超验统一能够产生各种功能的形式上的自由一致或者主观和谐。这一超感性统一是由一个道德存在预先决定的。在康德那里,审美判断的重要性就在于使主体对道德的存在有所准备。"只有在人的超感性的存

① 康德:《判断力批判》,邓晓芒译,杨祖陶校,第 143 页。

② 同上,第 146 页。

在中，以及作为本体（Noumenon）的人”[①]，也是被视为“道德存在的人”才是审美自由的保证。然而，在道德目的论下，始终由超感性基质所引导的审美判断面临一个悖论：“感性自然的最后终极是这种自然本身不足以实现的终极。”[②]因为这个终极自身是超感性的，但感性自然总是服从它自身的规律。早在德勒兹之前，黑格尔在《美学讲演录》中也认为，康德通过审美判断对自然与自由、理性与感性的调和是失败的，其内部先天蕴含着无法弥合的分裂，造成这一分裂的根源在于康德所坚守的二元论立场。[③]

康德在审美自由论中所坚持的这一立场最终被谢林及同时期的德国早期浪漫派打破了。他们率先将美学视为关于真理的新的构想，从而使康德的二元论转变为以艺术为核心的一元论理性，使康德审美判断中无法被清晰说明的审美理念转变为不能通过反思探求的最高统一的真理的象征。在此，美学上升到哲学的最高点。而以康德的审美自由论引发的问题为核心，德国早期浪漫派沿着康德审美判断力的超感性维度找到自我意识所必需的绝对统一的根据，克尔凯郭尔却放弃了以审美调和自然与自由的理想，在他看来，审美对主体来说首先不是一个超感性自由的统一命题，而是一个生存命题。虽然康德在《判断力批判》中频繁提及“生命力”“生命情感”等有关主体生存问题的表述，但从根本上来说，康德首先将审美判断视为主体主观合目的性的调节能力，其论述的前提也并非立足于个体实存，而是一般具有自律能力的理性主体。而克尔凯郭尔通过对主体审美能力的构建要做的工作是，将其同真正意义上的个体生存实质联系在一起，这就必然要求放弃通过一般道德自律主体的审美活动企及绝对真理的做法，在克尔凯郭尔那里，这一生存意义上的审美主体甚至无法通过审美达到对感官现实的超越，因为审美预示的正是“绝对悖谬”[④]表征的断裂结构所开启的个体生存的可能性向度。

---

① Gilles Deleuze, *Kant's Critical Philosophy: The Doctrine of the Faculties*, trans. by Hugh Tomlinson and Barbara Habberjam, London: The Athlone Press, 1984, p. 72.

② Ibid., p. 71.

③ Georg Wilhelm Friedrich Hegel, *Aesthetics: Lectures on Fine Art*, Vol. 1, Oxford: Oxford University Press on Demand, 1998, pp. 56 - 60.

④ 克尔凯郭尔宗教思想的核心是上帝“道成肉身”的绝对悖谬（absolute paradox），他认为人只有通过激情才能通达真正的信仰。对他来说，所谓“绝对悖谬”一方面指的是上帝之子以人的形象存在，另一方面指的是上帝之于人的绝对差别。

具体来说，克尔凯郭尔同康德的关系并没有与黑格尔的关系那么清晰，在克尔凯郭尔的作品中也很少能见出康德思想的直接影响。这其中的主要原因在于，在克尔凯郭尔生活的时代，康德思想影响的鼎盛时期已经过去，随之而来的是黑格尔及德国浪漫派带来的巨大影响。但因为克尔凯郭尔的父亲对伍尔夫理性主义和康德哲学的浓厚兴趣，克尔凯郭尔耳濡目染仍受到了康德思想的一些影响，并且，在哥本哈根大学就读期间，克尔凯郭尔也参加了马滕森"从康德到黑格尔的现代哲学史"课程，并做了一些有关康德哲学的笔记。克尔凯郭尔对康德的《什么是启蒙》《判断力批判》《纯粹理性批判》以及《学科之争》等文本都有过直接引用，除此之外，一些研究者将《非此即彼》下卷中的威廉大法官视为康德式伦理的践行者，将《恐惧与战栗》中塑造出的亚伯拉罕视为针对康德在《学科之争》中对亚伯拉罕献祭的批评所做的辩护。① 以往对克尔凯郭尔与康德思想关系的研究主要集中在伦理思想和神学批评上，有少数研究者也会探究二者在认识论上的异同，值得注意的是，乌尔里希·纳普(Ulrich Knappe)系统性地重构了克尔凯郭尔的思想，并将其同康德的认识论做了对比。在他看来，康德与克尔凯郭尔都为主体预设了一个生存情境：前者表明，只有满足范畴和先验意识条件的自我，才能够使连贯和客观的经验成为可能，而只有当主体生活在符合定言式法则的情境中，主体才有能力以合理的方式规范自我的行为；后者从对某一生存原则的设定出发，即只有遵循"效仿基督"这一原则，在绝对悖谬中主体才能触及自我的"内在化的实存"②。但纳普认为，与康德哲学不同的是，对克尔凯郭尔思想的理解不能忽视文学或者修辞性的分析。③ 因此，在宗教、伦理等方面的研究视角之外，从克尔凯郭尔的审美自由批判问题出发，我们仍能透过康德和克尔凯郭尔关于审美主体的不同主张窥见二者思想的根本分歧，尤其是他们对现代主体构想的根本分歧。在《最后的、非科学的附言》中，克尔凯郭尔说："于是我下定决心要开始了。为了从根本

---

① Roe Fremstedal, *Kierkegaard and Kant on Radical Evil and the Highest Good*, New York: Palgrave Macmillan, 2014, p. 156.

② 瓦尔特·舒尔茨：《德国观念论的终结》，韩隽译，中国人民大学出版社 2019 年版，第 383 页。

③ Ulrich Knappe, *Theory and Practice in Kant and Kierkegaard*, Berlin: Walter de Gruyter, 2008, p. 154.

出发，我首先要做的便是，让审美和伦理的生存条件进入生存个体之中。”[①]在此，克尔凯郭尔的审美(感性)是作为基本的生存条件而进入个体实际的生存经验的。审美(感性)作为构成主体生存必要条件的意义，在于开启了个体在实际的生存经验中生成的动态过程，也就是克尔凯郭尔所说的，预示着一种生存的可能性。对这一“可能性”的论述，一方面要从克尔凯郭尔通过“沉沦”的表述对康德意义上道德的定言命令的解构入手，另一方面则要从以此为基础的对主观普遍性的审美判断的批评入手，而这一方面的工作主要集中在克尔凯郭尔对康德审美判断中的无利害概念的批评与转化中。前者将康德自足的审美主体转化为一个内在匮乏的主体，后者则表明了这一主体同道德共同体的分离。下文将从这两方面论述克尔凯郭尔对康德审美自由论的批判及意义。

二、感性即“沉沦”

在审美判断力的辩证论中，康德提出了“美是德性—善的象征”的说法。[②] 在他那里，象征就代表了本质上不同的事物之间的类比关系，是一种理性概念直观化的方式。而审美判断之所以能同道德判断形成一种象征结构，在康德看来主要体现在三个方面：首先，道德判断和审美判断都能够在各自的应用范围内自律，前者通过理性对欲求能力进行规定，使理性法则与感性偏好相和谐，后者通过主观合目的性原则调节想象力和知性的关系，使其和谐一致；其次，这两种能力的自律在各自的领域里都体现为某种自由，虽然在审美领域仅仅体现为一种自由感；最后，审美判断和道德判断都体现出一种超越性指向，即在审美中主观合目的性原则的理念所揭示的超感性的东西与道德实践中同时是规律的合目的性的原则的理念所揭示出来的超感性之物是同一的。[③] 在这一象征结构中，起到核心作用的是不同应用范围内主体

---

① 克尔凯郭尔：《最后的、非科学的附言》，王齐译，中国社会科学出版社 2017 年版，第 197 页。

② 康德：《判断力批判》，邓晓芒译，杨祖陶校，第 154 页。

③ 参见周黄正蜜：《康德共通感理论研究》，上海商务印书馆 2018 年版，第 142 页。

的自律能力，这一自律能力必须是先天趋向理性的。换言之，康德的审美主体必须是一个趋向于理性自觉的主体，只有这样这一象征结构才会成立。康德认为，“鉴赏根本上说是一种对道德理念的感性化（借助于对这两者作反思的某种类比）的评判能力”[①]，因此，审美判断的真正入门就是发展道德理念和培育道德情感，只有使感性与道德情感趋向一致，审美判断才能成为主观合目的的形式判断。康德的这一设想最后由席勒的审美教育思想进一步发挥，在席勒看来，只有通过审美培育，才能使主体的感性冲动同理性相一致。与此不同的是，克尔凯郭尔认为，康德所预设的内在趋向于道德的审美主体于个体的实际生存而言是无益的，生存个体面临的首先不是如何进行道德培育和理性自律的问题，而是如何在时间进程中，从“非存在”切实地走向“存在”的问题。

在《论反讽的概念》中，克尔凯郭尔通过将苏格拉底式的反讽和德国浪漫派的反讽对立起来的方式，将批判的矛头指向了德国浪漫派的“诗意生存观”，而容易被忽略的是克尔凯郭尔在《费希特之后的反讽》这一节中对康德的论述：

> 众所周知，在康德那里现代思辨觉得自己长大了，成了人，对迄今教条主义对他的管教和支配甚为不满，就像那个浪子一样，到父亲那里要求把他应得的家业分给他……在批判主义之中，自我越是沉迷于对自我的观照，这个自我也就变得越来越瘦，直到最后他变成了一个幽灵……哲学恰是一个戴着眼镜去寻找眼镜的人，他寻找近在眼前的东西，但不到眼前去找，因此永远找不到它。[②]

克尔凯郭尔认为，由康德开启的德国观念论的思辨传统将思维带离了生存本质，康德在划定了知性认知的合法领地的同时，却反而造成了知性思维本身的傲慢——无法通过思辨认识到的东西就永远不被人所认识，正如戴着眼镜去寻找眼镜的人一样。由此，依托于生存的思辨最终却转变为思辨的“生存”，“生存”本身却被隐没在思辨认知的结构中而得不到认识。克尔凯郭尔认为康德所设定的“物自体”有

---

① 康德：《判断力批判》，邓晓芒译，杨祖陶校，第 156 页。

② 克尔凯郭尔：《论反讽的概念》，汤晨溪译，中国社会科学出版社 2005 年版，第 235 页。

其理论局限,因为在对可认识的经验世界和不可认识的物自体的世界的划分中,康德对"自我本身是否也是个物自体"这一问题未作有效回答,后来的费希特虽然通过将自我置于思维之内使之"无限化"的方式解决了这一问题,但在克尔凯郭尔看来仍是无效的,因为费希特由此得到的不是真理,而是"自我的无限的自身同一这一消极的无限性"。所谓的"消极的无限性"指的是绝对同一的自我在无限的思维运动中不断重复自身,在这一过程中自我虽然拥有无限创造的能力,但这一创造悬空在思辨的运动中而无任何实际的立足点,正如克尔凯郭尔所说:"像上帝一样强大,可以举起整个世界,但没有任何地方可以立脚。"[①]相较于费希特,康德却被认为缺乏一种"消极的无限性",结合对费希特"消极无限性"的论述,克尔凯郭尔在此是想表明,在康德那里实际上正缺乏一种自我的"创生"结构,而自我的这种新生对个体的生存现实来说是不可或缺的。

紧接着,克尔凯郭尔说:

> 哲学问题的起点成了一个值得注意的问题。起始之处是毫无前提的东西……为了取得充实内容和真理,**思维、主观性必须让自己生出来,必须陷入实质性生活的深处**……必须——既惧怕又充满同感地,既毛骨悚然又把一切置之度外地——让实质性生活的海洋淹没自己……**凡要救自己灵魂的,必丧掉灵魂。**[②]

克尔凯郭尔在此提到了哲学的开端问题,这一主题在《哲学片段》和《最后的、非科学的附言》中得到了重新讨论,在此不做详述,大致来说,克尔凯郭尔对哲学开端问题的讨论是想说明,如何在"思辨真理"的开端外建立起个体的生存起点,这一起点指向的并非是个体的自然出生,而代表了个体同永恒福祉的联系。换言之,思辨真理不言自明的前提对"主体真理"而言并不适用,主体的真理必须自己"生出来",主体必须陷入"实质性生活的深处"才能把握到生存本身。因此,自我的创生在克尔凯郭尔那里就代表着"质的飞跃",而这一飞跃的前提就必然表征了一个由"沉沦"到"救赎"的转变,这也即是克尔凯郭尔在此

---

① 克尔凯郭尔:《论反讽的概念》,汤晨溪译,第 237 页。

② 同上。

所言的,"凡要救自己灵魂的,必丧掉灵魂",以及随后所引用的陶勒的诗句,"Doch dieses Verlieren, dies Entschwinden; Ist eben das echte und rechte Finden."(可这种丧失、这种消逝,才是真正的发现。)[①]回到审美的问题上来,克尔凯郭尔与康德美学思想的分歧就在于,前者将审美视为蕴含着觉醒的"感性沉沦"状态,后者却将审美主体预设为一个先天具有道德认知能力的理性自律主体。一旦承认康德预设的道德主体为生存主体,那么,最终迎来的就是一个仅仅作为绝对道德律令之保障的上帝,这在克尔凯郭尔看来是无法容忍的。

在《最后的、非科学的附言》中,克尔凯郭尔说:"在《人生道路诸阶段》中,'感性的人'更确定地在生存中出场,因此,作品本身潜在地表明……感性生存是沉沦。"[②]如何理解克尔凯郭尔所说的"沉沦"呢?在丹麦语中,"沉沦"(fortsbelse)是一个宗教词汇,指的是《圣经》中人因堕落而招致的精神败坏这一主题,具体到克尔凯郭尔的论述,他既将感性生存同"沉沦"联系在一起,也将"恐惧"(angest)同"沉沦"联系在一起,然而从根本上来说,"感性生存"同"恐惧"都只是"沉沦"的表现,其根源来自"罪"本身。

在《恐惧的概念》中,克尔凯郭尔着重论述了由"罪"引起的沉沦问题,"在怎样的意义上受造物在亚当的罪中沉沦败坏;自由(由于它是通过对'自由的滥用'而被设定的)是怎样把可能性的反射和'兔死狐悲'的战栗投向那受造物的"。[③] 此处的受造物,指的是亚当之后出生的有罪的人类,克尔凯郭尔在此是想说明,由亚当对自由的滥用所导致的"沉沦"如何造就了之后所有人类的沉沦状态,实际上在《恐惧的概念》中,克尔凯郭尔对罪的讨论也是基于从"传承之罪"到"个体之罪"的过渡,继而讨论人的恐惧生存状态的。他认为,亚当禁不住感官的诱惑,滥用上帝赋予他的自由,由此所造成的传承之罪并不是造成亚当之后每一个个体苦难的根源,个体之罪直接来源于个体背离上帝的可能。在基督教教义中,"传承之罪"或者"原罪"是一个核心命题,但克尔凯郭尔对该问题讨论的特殊性在于,他并非将原罪问题视为一个不证自明的前提,由亚当开启的"传承之罪"并不必然造成后来每一

---

① 克尔凯郭尔:《论反讽的概念》,汤晨溪译,第 237 页。

② 克尔凯郭尔:《最后的、非科学的附言》,王齐译,第 240 页。

③ 克尔凯郭尔:《畏惧与颤栗　恐惧的概念　致死的疾病》,京不特译,中国社会科学出版社 2013 版,第 238 页。

个个体担负的罪责，个体的罪责始终由自身所开启，换言之，当上帝将自由赋予亚当的时候，就表明在这一“自由”中生存的人始终面临着在“恐惧”中背弃上帝的这一罪的可能，而人却必须要在这一可能性中生存，主体此一生存的可能性向度不能由康德所说的主体的先天道德定言命令所替换。

从这一角度出发，当克尔凯郭尔说“感性（审美）即沉沦”，实际上他想说的是，审美生存的人同信仰的断裂是其不幸的根源。“审美生存”的极端体现就是《非此即彼》以及随后的《人生道路诸阶段》的审美者。克尔凯郭尔将《非此即彼》中审美者的生存状态视为一种可能性：“《非此即彼》中的感性的人是一种生存的可能性……他归根到底不是现实性，而是一切可能性。”[①]克尔凯郭尔反复强调，《非此即彼》中的感性的人只是一种生存的可能性，这一生存的可能性当然不具有作出生存决断的能力，而实际的生存者是一个“由无限性和有限性组成，被置于时间性之中”[②]的生存者，处于极端审美状态的人[③]不具备在现实生存中做决断的能力，然而在实际生存中，生存者所具有的“审美生存”构成了其朝向信仰“生成”的条件，而“沉沦”所表征的个体之罪也预示了个体的救赎。因此，正如克尔凯郭尔所说：“审美—感性（aesthetic-sensual）是作为某种失去的东西被压抑着的……它当然不可能变成空无一物。”[④]对他来说，这一审美—感性状态虽然带给人无穷无尽的可能性，面对这种可能性，只具有审美—感性的人是无法进行选择的，但毕竟“一个人在自己身上有着某种永恒的东西”，所以他能够“失去”“那永恒的”，处于极端审美生存状态的人虽然不具有选择信仰的能力，但毕竟信仰于他而言，也只是沉睡着的。实际上，克尔凯郭尔将现实生存的人视为伦理生存和感性生存的综合体，因此，以主体基本的感性能力为基础，在时间中主体被给予定性的行动伦理，那么最后在罪的意识的觉醒和对绝对悖谬的认识中最终做出生存决断，从而实现

---

① 克尔凯郭尔：《最后的、非科学的附言》，王齐译，第 240 页。

② 同上，第 177 页。

③ 在此要区分的是克尔凯郭尔所说的审美者的审美生存状态和生存个体的审美生存问题，前者在克尔凯郭尔看来并不是现实的生存状态，而后者构成了主体必要的生存要素，是个体感性生存的反映。

④ *Kierkegaard's Journals and Notebooks*, *Volume 2*, *Journals EE-KK*, ed. by Bruce H. Kirmmse, Princeton: Princeton University Press, 2015, p. 224.

自由,这是克尔凯郭尔构想出的个体自由的实现路径。

由此可以看出康德构想出的审美主体与克尔凯郭尔构想出的审美主体所凸显的根本差异。如果说前者藉审美对主体感性进行道德培育,那么后者就通过审美表达了个体与信仰的断裂进而带来的与存在的断裂。前者所设定的审美主体本质上仍是一个自律主体,而后者所设定的审美主体是在一片混沌中迷茫无依的感性生存个体。在康德提出的启蒙命题里,他认为批判哲学的主要目的就是将主体从不成熟的迷信盲从中解脱出来,让人意识到自身所具有的理性自律能力,因此,克尔凯郭尔意义上的感性生存个体就不可能成为康德所构想的现代主体的主要特质,但这却构成了克尔凯郭尔探求的生存问题的必要起点。克尔凯郭尔对康德审美主体的反对提出了一系列值得思考的问题:主体的感性能力是否都应当通过培育、引导而走向一种以理性原则为基础的道德情感?主体生存带来的混沌不清、与道德毫无关联的生存体认,有没有存在的必要?我们应当如何确立人的感性生存基点?克尔凯郭尔的"感性即沉沦"实际上是在"救赎真理"的前提下,对信仰者基本的感性生存能力予以确认的做法,也许人相较于上帝有着本质的差异和无法跨越的鸿沟,但毕竟对人来说,这一"绝对差异"所表征出的被动无依的生存场景是每一个个体无法逃避并且应当予以正视的现实。克尔凯郭尔在《日记》说:"那种沉沦的可悲的光彩——个体在同代人当中蒸发……结果个体不属于肉体欲望意义上的沉湎于感性享受的人,而是在轻率的愚蠢当中从精神上被毁。"①对克尔凯郭尔来说,感性的泛滥并不导致个体的消亡,个体消亡的根源在于精神的绝对同一。

三、从"无利害"到"生存关切"

"审美无利害"(Ästhetische Desinteresse)一词指的是审美鉴赏在主体的审美活动中表现出来的对审美对象纯粹形式、无依赖的特征,是审美自律问题的关键所在,也是现代美学的关键问题。"审美无利

---

① *Kierkegaard's Journals and Notebooks, Volume 2, Journals EE-KK*, ed. by Bruce H. Kirmmse, p. 250.

害"自夏夫兹博里起获得了关键发展,到康德那里逐步发展成熟,成为现代美学的核心概念之一。在《判断力批判》中,康德将"无利害"问题列为审美判断的第一个契机,在康德以前,18 世纪英国经验派美学家们对这一问题的论述大多停留在心理层面,而康德从先验的角度阐发了这一问题。康德将审美无利害同感官快适和对善的愉悦区分开来,从而确立了审美鉴赏在感性认识和理性认识之间的位置。在康德看来,审美鉴赏虽然同感官快适一样,只适用于主观情感,但二者的区别在于,"对美的东西的愉悦必须依赖于引向任何某个概念(不定是哪一个)的、对一个对象的反思"。[①] 即审美鉴赏带来的不仅仅是主体的感官享受,还有基于主体合目的性的反思。而善作为一种"意志(即某种通过理性规定的欲求能力)的客体"[②]也能够为主体带来一种愉悦感,这一愉悦感与审美愉悦的区别在受制于理性原则,而康德之所以将审美鉴赏视为无利害的评判能力,就是因为它既不受制于感官快适的胁迫,也不受制于理性原则的影响,是一种"自由的愉悦"。

值得注意的是,在论述了审美无利害作为审美判断的第一契机之后,康德认为,"美是无概念地作为一个普遍愉悦的客体被设想"[③]的第二契机正可以从第一契机中推导出来,亦即,审美无利害的论断中内在包含着将美作为普遍愉悦的客体这一要素。审美愉悦既然不是建立在单个主体的偏好之上,那么他就必然以"每个人期望一种类似的愉悦"[④]为基础,正如康德所说,"只有通过他不考虑到享受而在完全的自由中,甚至不依赖于自然有可能带来让他领受的东西所做的事,他才能赋予他的存有作为一个人格的生存以某种绝对的价值"。[⑤] 康德所设想的以"普遍可传达的愉悦"为基础的审美判断内含"主观普遍性"的要求。主观普遍性并不表示一个表象对认识能力的关系的有效性,而指涉的是对每个主体的愉快和不愉快的情感的关系的有效性。在审美判断中,主观普遍性要求是作为一个先行假定的理念起作用的,即任何一个作出审美判断的审美主体,都要求和他具有一样认知结构的主体的普遍赞同。在对鉴赏判断的演绎中,康德认为主观普遍

---

① 康德:《判断力批判》,邓晓芒译,杨祖陶校,第 32 页。
② 同上,第 34 页。
③ 同上,第 35 页。
④ 同上,第 36 页。
⑤ 同上,第 33 页。

性的要求能够在审美判断中得以假定的原因在于,主体的诸认识能力内在包含普遍可传达的要求,否则人类就无法形成知识的传递,并且,与主观普遍性相联系的并非主体规定性的认识能力,而只是主体对自身的反思能力进行调节的能力。在实际经验中,构成主观普遍性之所以实现的可能性之条件在于康德所说的"共通感"。在知性认识领域中,这一被称为健全知性或者普通感觉(sensus communis)的逻辑共通感是应该受到批判和限制的,但在审美判断中,"共通感"被视为审美主体应该具有的社交属性。只有通过审美共通感不断促进的鉴赏力,才能最终形成从感官享受通向道德情感的过渡。

综上所述,康德所提出的审美无利害的契机应被视为以主观普遍性为前提的审美判断的社交属性的一种反映,由此构建出的审美主体实际上是属于一个更大范围内的道德共同体的一员。与康德审美鉴赏的"无利害"相反,克尔凯郭尔在主体的审美过程中谋求的不是道德自律下同外部共同体的连接,而是一种个体的"生存关切",换言之,康德通过无关对象实存的审美表象走向了无利害的审美愉悦,这一审美愉悦隐含的是道德主体的有机联结,而克尔凯郭尔突破了审美幻象,走向了个体的生存实际,他所说的"生存关切"针对的是绝对个体的生存现实。克尔凯郭尔由此提出的生存的"现实性"成为理解这一问题的关键。

在《恐惧的概念》的一则注释中,克尔凯郭尔说道:

> "重复是形而上学的兴趣(利害)",并且也是"形而上学在之上搁浅"的兴趣(利害)……第一种包含一种对于"形而上学是无兴趣的"这一命题的暗示,**正如康德关于美学的说法。一旦"兴趣(利害)"出现,形而上学就到一边去了……在"现实性"之中,整个主体性的"兴趣"出场**,而这时,形而上学就搁浅。[①]

在这一段落中,克尔凯郭尔并未区分形而上学的无兴趣(利害)和康德美学的无兴趣(利害),而是将这二者都同"现实性"中主体的"无兴趣"相对立。在克尔凯郭尔那里,"可能性"(Mulighed)与"现实性"(Virkelighed)是一组对立的概念,而在阐明克尔凯郭尔的"可能性"与"现实性"之前,我们需要从黑格尔对"现实性"概念的阐发入手,只有

---

① 克尔凯郭尔:《畏惧与颤栗　恐惧的概念　致死的疾病》,京不特译,第 157 页。

这样，我们才能明白，在何种意义上克尔凯郭尔将黑格尔意义上的“现实性”改造为个体实存的“现实性”。

在《精神现象学》中，黑格尔说：“关于‘绝对者即主体’的揣测不仅不是这个概念的现实性，而且甚至使得它的现实性成为不可能的。因为所谓揣测就是把概念设定为一个静止的点，但现实性却是一种自身的运动。”[①]黑格尔在此将“现实性”视为一种运动而并非凝固不变的某一属性。在《逻辑学》中，黑格尔建立了一个纯粹范畴辩证运动的体系，包括“存在论”“本质论”和“概念论”三个阶段，而“现实性”是作为统摄“存在论”与“本质论”的辩证发展过程，代表了“本质与实存的统一体”[②]，表明了概念以实存事物为内容，从抽象到具体的活动过程。总之，黑格尔的“现实性”范畴把“内在”与“外在”、“内容”与“形式”、“现象”与“本质”、“潜在”与“实在”、“思想”与“现实”、“理想”与“现存”等看起来对立的概念，转变为相互依存、相互渗透的关系。[③] 因此，黑格尔的“现实性”范畴实际上一方面并不纯然指的是“实存”(Existenz)，更重要的是“概念”本身的展开和外化，另一方面包含着一种动态生成的发展过程。而克尔凯郭尔“现实性”的概念在保留了其生成、发展的含义之外，更重要的是指向了个体的有限生存。

那么，克尔凯郭尔的“现实性”是谁在生成，并且如何生成？克尔凯郭尔表明，“‘个体自身’的伦理现实性是唯一的现实性”[④]，据此而言，克尔凯郭尔所说的“现实性”的生成就不是黑格尔式的“概念的生成”或者“真理的生成”，而是个体在“伦理”[⑤]中的生成，代表着由非存在进入存在。因此，与其说“可能性”与“现实性”、“审美(感性)”与“伦理”是相对立的概念，不如说“现实性”与“伦理”在克尔凯郭尔那里内

---

① 黑格尔：《精神现象学》，先刚译，人民出版社 2013 年版，第 15 页。

② 黑格尔：《逻辑学》，杨一之译，上海商务印书馆 2001 年版，第 177 页。

③ 赵敦华：《黑格尔“现实性”范畴的多种意义和中心意义》，《中国高校社会科学》2015 年第 5 期。

④ 克尔凯郭尔：《最后的、非科学的附言》，王齐译，第 275 页。

⑤ 克尔凯郭尔经常将“审美”与“伦理”相对峙，在他看来，审美是一种幻想，其代表为德国浪漫派的诗意想象，“伦理”则是一种现实的行动。如在《非此即彼》下卷中，克尔凯郭尔透过威廉大法官之口说：“而‘那伦理的’就是这样一种状态，处于这状态时，这个人去成为他将成为的人。”因此，克尔凯郭尔所说的“伦理”在其理论建构中实际上是区别于“Sittlichkeit”这一社会规范层面的伦理，是“Ethic”，即一种行动的伦理。克尔凯郭尔的这一伦理观构成了他批评黑格尔伦理思想的基点，其内涵形成的部分原因在于受到了施莱尔马赫基督教伦理思想的影响，在此不作详述。

在包含着“可能性”与“审美(感性)”在个体实存中的“生存转化”。克尔凯郭尔在《附言》中反复强调,“现实性”和“伦理”代表的不是一种化约差异的思辨的趋同活动,其内在实质是个体生存的关切(Interesse),实际上,Interesse一词自产生之日起,指向的就是个体自我采取的活动,并继而由该活动引起的对自我本身的影响。[①]克尔凯郭尔将其运用到对个体生存的讨论中是想表明,康德意义上的审美无利害,以及由此而构建出来的以道德目的为核心的审美共同体,根本来说与个体生存无关,生存只能是一种个体关切,这一个体关切不能被“普遍可传达”的愉悦取消掉。正因如此克尔凯郭尔宣称,审美上的无利害代表了个体为获得某种伟大的东西而抛弃自身,伦理意义上的生存关切却意味着个体为了拯救自身而放弃一切。[②]个体如何在同对象的关系中达成这一生存关切呢,在克尔凯郭尔看来必须通过行动,并且是通过认识到神(基督)在生存意义上的“现实性”[③]之后,采取的朝向信仰的行动。由此,我们就明白,克尔凯郭尔所说的“生存关切”并不是由任何审美表象所引起的个体的生存关切,而是只有将目光聚焦到一个神作为一个个体的人是如何在现实生存中出场,处于生存可能性的个体才能真正建立起改变自身全部生存的本真的“生存关切”。

结语

在克尔凯郭尔同康德审美自由论的分歧中,我们最终发现了两种不同的现代主体:以理性自律为核心的一般主体,和非道德的绝对个体,前者构想了一个以道德为核心的普遍联结的现代共同体的形成,后者则重新回到了路德的新教传统,寻求感性个体同信仰建立直接联结。实际上,克尔凯郭尔对康德审美自由论的批判的根源,的确在于他同康德构想的道德神学的根本分歧。在《致死的疾病》中,克尔凯郭

① Jerome Stolnitz, "On the Origins of Aesthetic Disinterestedness", *The Journal of Aesthetics and Art Criticism*, 20.2(1961): pp. 131 - 143.

② 克尔凯郭尔:《最后的、非科学的附言》,王齐译,第 330 页。

③ 克尔凯郭尔认为,所谓神在生存中的现实性,是指神作为一个具体的人,也就是说,神作为一个个体的人存在。参见索伦·克尔凯郭尔:《最后的、非科学的附言》,王齐译,第 331 页。

尔反复重申:“罪”的对立面绝不是“美德”,而是“信仰”,因为一旦以“美德”代替“信仰”,那么就会使以“上帝”为衡量尺度替换为以普遍人性为核心的衡量尺度,在这一情况下,原应由信仰开启的独属个体的生存现实最终会被替换为一般主体的思辨生存,也因此克尔凯郭尔始终反对康德的“德福一致”说。在克尔凯郭尔看来,康德的这一理论设想其实是将道德律令同来自上帝的神圣诫命同一化了,上帝无须在人的生存中“临在”,人通过对道德律令的践行就能达到信仰的真谛,在此,康德的道德精神成为人生存的终极追求。在启蒙以后现代宗教世俗化的浪潮中,克尔凯郭尔的这一呼唤显得如此不合时宜,但正如汉斯·G.乌瑞希(Hans G. Ulrich)所说,“‘与神同活’不能被化约为一些有普遍法则的道德,因为它也包括一种生活方式和实践——在其中对神的信心和信任被激发出来……实际上它们是群体生活下的一种宗教生活形式的特色”。[①] 对克尔凯郭尔来说,信仰经验既不能被康德的道德律令磨灭掉,也不能轻易被黑格尔的绝对精神吞并掉,它展示出了一种个体自由的脆弱性和一种避无可避的生存现实,而只有认识到这一自由的脆弱性,我们才会认识到人作为有死的、灵肉合一的生物,是怎样在生存的斗争中彰显出其伟大的人格,并继而保护这一脆弱的自由。克尔凯郭尔的这一呼唤在深受二战之殇的列维纳斯那里得到了再度回应,正如列维纳斯所言,“在上帝的观念中,思之现实性的破裂是一种比所有的被动都更加被动的被动,这被动就好像是一种创伤”[②]。在列维纳斯那里,上帝作为纯然异在的他者,表明了人作为被创造物的被动生存状态,当现代理性把绝对的权力赋予了人本身,当人被这一“非人化权力”[③]所戕害,对人被动生存状态的认识,或许可以成为避免现代理性暴力的一种途径。

(作者单位:中国人民大学文学院)

学术编辑:何兰芳

① 汉斯·G.乌瑞希:《公共宗教、宗教价值和公共论坛——东西方的对话》,关启文译,江丕盛、杨思言、梁媛媛编:《宗教价值与公共领域:公共宗教的中西文化对话》,中国社会科学出版社 2008 年版,第 7 页。

② 列维纳斯:《论来到观念的上帝》,王恒、王士盛译,上海商务印书馆 2019 年版,第 107 页。

③ 同上,第 83 页。

美的趣味与生命的利害

——论尼采对审美无利害观念的批评

何兰芳

内容提要 尼采对审美无利害观念的批评，并不像海德格尔所说的那样，混淆了叔本华和康德。实际上，尼采区分了叔本华和康德，区分的关键在于非个体性和普遍有效性。叔本华出于摆脱意志奴役的个人利害利用了审美无利害观念，因而没有遵循康德对非个体性和普遍有效性的强调。尼采尽管区分了叔本华和康德，但在他看来，二者都将非个体性、普遍有效性与无利害紧密捆绑在一起，且都在审美状态中突出强调了认识的属性。对尼采而言，如何理解非个体性和普遍有效性，代表了不同生命类型透视的视角，包含了生命的区分意识，可以成为衡量生命高低差别的标尺。相应地，美的趣味也具有区分生命等级的意义，因此是对生命利害攸关之事。而尼采区分康德和叔本华的目的，是要以叔本华作为反例，来反对康德：既反对康德的审美无利害观念，也反对康德不加区分的普遍有效性。

关键词 无利害　审美愉悦　非个体性　普遍有效性　区分意识

康德在《判断力批判》中提出诸多对现代美学影响深远的观点，其中一个至为重要的观点是：鉴赏判断的愉悦是一种无利害的愉悦。作为对美的四个契机分析中的第一个契机分析，这可以说是康德美学的奠基性观点，比厄斯利就将康德这一改造自经验主义者的观点作为康德美学体系的基石。[①] 审美愉悦的无利害性，连同康德关于审美判断的其他观点，决定性地促成了现代美学的一些重要原则，尤其是审美自律、为艺术而艺术的观念。而作为对这些现代美学原则的严厉批判

---

① 参见门罗·C.比厄斯利：《美学史：从古希腊到当代》，高建平译，高等教育出版社2018年版，第351页。

者，尼采曾驳斥关于审美愉悦的无利害性观点，在他看来，美恰恰关涉利害。对此，海德格尔认为，尼采的批评基于对康德的误解，这一误解又绕道曲折地来自叔本华。由于叔本华“严重地”误解了康德，而尼采“一味地依赖叔本华的引导”，未曾“追问康德本人”，他也就同样误解了康德。[①] 对海德格尔的这一观点，波森部分地表示反对，他认为尼采对叔本华和康德的差异有清晰的意识，不过，波森认为，尼采在他思想的早期，在《悲剧的诞生》中，曾区分开叔本华和康德，但在他思想的后期，在《道德的谱系》中，出于一种谱系学的解读，将康德的“无利害”与叔本华的“无意志”混为一谈，就像海德格尔所批评的那样。[②] 本文试图进一步分辨尼采是否真的混淆了叔本华和康德的审美无利害观点，以及他批评审美无利害的基本意图，以便为探讨他和康德在关于美的理解上的异同做一些必要的准备。

一、无利害与非个体性

尼采对审美愉悦无利害的批评散见于他的著述，而《道德的谱系》第 3 章“禁欲主义理念意味着什么”中的第 6 节可以说是最为集中、鲜明的一次。在这一节中，尼采把“美是无利害而令人愉悦的”这一关于美的定义比作一条肥大的蠕虫——甚至连蠕虫也不是，只是徒有其形的躯壳，由于缺乏任何细致的自我体验而彻头彻尾地就是一个错误。[③] 不仅如此，在这一节不长的文字中，尼采将叔本华作为一个负面的例证，用以驳斥康德的审美无利害观点，并提出司汤达关于美的定义，作为审美无利害观点的直接对立面。

---

① 参见马丁 · 海德格尔：《尼采》上卷，孙周兴译，商务印书馆 2002 年版，第 121 页。

② 参见 Philip Pothen, *Nietzsche and the Fate of Art*, Hampshire: Ashgate Publishing Limited, p. 146, p. 157。

③ 参见尼采：《道德的谱系》，梁锡江译，华东师范大学出版社 2015 年版，第 165 页。尼采这里的比喻，立刻让我们想起他对“为艺术而艺术”观念的批评：“一条咬住自己尾巴的蠕虫。”参见尼采：《偶像的黄昏》，卫茂平译，华东师范大学出版社 2007 年版，第 139 页。译文有改动。尼采也曾用“蠕虫”来讽刺那些“纯粹的认知者”“静观者”，参见尼采：《扎拉图斯特拉如是说》，娄林译，华东师范大学出版社 2022 年版，第 241 页。

按照海德格尔的说法，叔本华将康德的无利害曲解为无意志，将审美状态曲解为意志的脱落，尼采则延续了叔本华的曲解，从而批判无利害观念。在《道德的谱系》第 3 章第 6 节中，尼采引用了一大段叔本华描述审美状态的文字，在这段文字中，正如海德格尔所说，叔本华将审美状态解释为一种摆脱了意志的状态。看上去尼采的确将康德的无利害等同于叔本华的理解，然而，值得注意的是，在这一节的开头，尼采对叔本华和康德作了一个区分，并且将之贯穿全节。尼采说道：

> 叔本华利用了康德对美学问题的阐述——尽管叔本华肯定没有用康德的眼光看问题。康德意图向艺术表达一种尊敬，而他的做法就是在美的那些谓词（或属性）当中偏爱那些使认识变得荣耀的谓词（或属性），并且将它们放在显要位置：即非个体性和普遍有效性（Unpersönlichkeit und Allgemeingültigkeit）。我们在这里姑且不论，这在根本上是不是一个错误选择……
>
> 他以完全不同于康德的方式接触艺术，却没有摆脱康德定义的束缚：这是怎么回事？叔本华用最为私人的方式，而且从某种对他而言一定是最为日常的经验出发，来诠释"无利害"这一词汇。
>
> 有人或许会专门反驳叔本华本人，说他在这里非常错误地把自己看作是康德主义者，而他根本就没有用康德的方式来理解康德关于美的定义——说美带给他的愉悦也是因为一种"利害"，甚至是出于最强烈、最私人的利害：那就是饱受折磨的人想要摆脱折磨的利害……①

在这里，尼采实际上同时涉及了康德关于美的分析中的第一契机和第二契机，并在这两个契机之间作出了区分。在同一章的第 12 节，尼采再次重复了这一区分，"'客观性'不能理解为'无利害的直观'（后者乃是愚蠢与荒谬的）"。② 而在康德那里，第一契机和第二契机原本

① 参见尼采：《道德的谱系》，梁锡江译，第 165 页、第 166 页、第 168 页。译文有改动。

② 尼采：《道德的谱系》，梁锡江译，第 185 页。译文有改动。既然尼采认为"非个体性和普遍有效性"在康德那里是"使认识变得荣耀的谓词（或属性）"，则他在这里就是将"客观性"作为"非个体性和普遍有效性"的另一种表达，尽管在康德那里，审美愉悦的普遍有效性是一种主观的普遍有效性，而不是基于概念的客观的普遍有效性。

是紧密关联着的：从质上看，审美判断的愉悦是不带任何利害的，从量上看，审美判断的愉悦是普遍有效的，康德明确说，第二契机正可由第一契机推出来，也就是说，审美愉悦的普遍有效性正可由其无利害性推出来。[①] 摆脱了个人利害的审美判断，被认为包含了使每个人都感到愉悦的先天根据，因此有理由预设其普遍有效性，要求得到每个人的赞同。甚至可以说，无利害是我们能够要求审美愉悦普遍有效性的前提和保障。尼采认为，叔本华接受了康德的无利害观点，但叔本华看待美和艺术的方式并未遵循康德对非个体性、普遍有效性的强调，因为叔本华恰恰从他最个人化的经验出发、服务于他最个人化的需要、以最个人化的方式"利用"了美的愉悦的无利害性。看来，尼采在此区分康德和叔本华观点的关键，在于"非个体性和普遍有效性"。不过尼采的这一观点不免引人质疑：出于个人利害而"利用""无利害"，这看上去多么矛盾。正是这位被尼采判定为出于摆脱折磨的个人需要而主张审美无利害的叔本华，特别强调"审美静观"时对个体化原理的悬置，尼采本人就曾在《悲剧的诞生》中借用叔本华的"个体化原理"概念来解说日神，并认为个体化原理的崩溃才使人得以洞见自然的酒神本质。既然叔本华主张审美状态打破了个体化原理，尼采为何说叔本华"没有用康德的眼光看问题"，叔本华"最强烈、最私人的利害"究竟指的是什么？

要回答上述疑问，如何看待非个体性和普遍有效性就显得颇为重要。尽管尼采说，在此姑且不论康德在定义美时把非个体性和普遍有效性放在显要位置是不是一个正确选择，但我们还是试图沿着尼采的思路，对此问题稍作探究。

康德通过将美的愉悦与快适和善的愉悦相比较，来突显美的愉悦的无利害性。快适和善的愉悦都与欲求能力有关，都关联于对象的实存，因此都是有利害的，或是感官的利害，或是理性的利害。与之相反，美的愉悦不与欲求相关，不涉及对象的实存，鉴赏判断是不与利害相结合的，如果混杂了丝毫个人利害，"就会是很有偏心的，而不是纯粹的鉴赏判断了"。[②] 排除了个人利害，不依赖于对象的实存，就有理由认为鉴赏判断的愉悦是非个体性的，并不建立在任何私人条件之

① 参见康德：《判断力批判》，邓晓芒译，杨祖陶校，人民出版社 2017 年版，第 35 页。
② 康德：《判断力批判》，邓晓芒译，杨祖陶校，第 31 页。

上，进而有理由期望每个人都产生类似的愉悦。康德再三强调审美愉悦的普遍有效性是一种主观上的普遍有效性，它的先天根据是人的自由游戏的情感状态，而这一情感状态，就是想象力和知性协调一致的内心状态。由此，康德就把审美判断和人的认识能力关联在一起，审美愉悦就是诸认识能力的协调运动，审美愉悦的普遍有效性也正是来自人在认识能力的内心状态上的普遍有效性。康德明确说，“在想象力和知性的自由游戏中的内心状态”，“这种适合于某个一般认识的主观关系正和每一种确定的认识的情况一样必定对于每个人都有效，因而必定是普遍可传达的”。[①] 由于人的认识能力的协调是普遍可传达的，因此，基于认识能力的协调的那种内心状态即愉悦也是普遍可传达的。这无非是说，审美愉悦的情感与在认知活动中的内心状态是一个东西，它们的差别仅仅在于，后者关联于对象的概念，而前者不涉及概念，只与主体的情感相关，因此后者是一条客观原则，有其客观的根据，而前者指向主观原则。

概括来说，康德把非个体性紧密关联于无利害，把利害、欲求、需要等等从鉴赏判断中完全排除出去，使鉴赏判断成为“纯粹的”；同时，他将普遍有效性的先天根据诉诸认识能力的协调，从而将美的愉悦的情感与认识活动关联起来。正如尼采所说，康德对美的理解和定义突出了认识的属性，“非个体性和普遍有效性”在康德那里本质上就是认识的属性。康德的这一做法是不是错误选择？尼采在此只是提出这一疑问，并未直接给出明确的回答，但他随后立刻说，康德不是从艺术家、从创造者的经验出发，而是从观察者的角度看待艺术和美的问题。

就非个体性和普遍有效性问题而言，叔本华的悬置个体化原理又是何种情形呢？在叔本华看来，个体的人是欲求的主体，他的认识是为意志服务的，着眼于事物对自己的欲求的关系，这样的认识服从根据律，只能认识个体化的杂多事物在空间、时间和因果性中的相互关系，而无法认识理念。如果要超出根据律之外，超出对杂多事物的认识，达到对意志的直接客体化——理念的认识，主体就要发生转变，不再作为个体，而是取消个性，成为纯粹的认识主体。这个纯粹的认识主体由于暂时摆脱了对意志的关系，不再为满足意志的目的服务，因

① 康德：《判断力批判》，邓晓芒译，杨祖陶校，第 41 页。

而同时也是“无意志的、无痛苦的、无时间的主体”①。而正是在艺术的认识方式中，也即在美感的认识方式中，主体实现了这一转变。美感的认识方式“是纯粹的观审，是在直观中浸沉，是在客体中自失，是一切个体性的忘怀，是遵循根据律的和只把握关系的那种认识方式之取消”，也就是“不关利害，没有主观性，纯粹客观地观察事物”。在审美的直观中，主体“从意志的驱使中解放出来。由于这一解放，个性的一切区别就完全消失了”，“完全不在自己的兴趣、意欲和目的上着眼，从而一时完全撤销了自己的人格，以便（在撤销人格后）剩了为认识着的纯粹主体，明亮的世界眼”。②

从叔本华的描述中，我们看到了一个核心的对立：欲求主体与纯粹认识主体的对立。前者遵循个体化原理，后者忘却了个体的差别、忘却了自我；前者的认识服从根据律，只能认识杂多事物，后者上升到对理念的认识；前者时刻躁动于对象的存在与自我的利害关系，后者则平静地沉浸于对眼前对象的直观之中；前者为意志所驱使，后者摆脱了意志的奴役。

然而，在叔本华所设定的对立中，我们又看到了关键的等同：叔本华在非个体性、无利害、无意志这三者之间画上了等号，打破个体性、摆脱主观性，即是无利害，同时也就是摆脱意志。一方面，欲求的主体转变为纯粹认识主体的过程既是个体性的撤销、忘却，也是兴趣、欲求、利害的悬置。叔本华把非个体性与无利害紧密黏合在一起，将二者当作一回事，用尼采的话来说，就是把客观性理解为无利害。另一方面，在叔本华的论述中，无利害就意味着意志的脱落，意味着无意志。将无利害等同于无意志，这一点可以说是叔本华对康德无利害观念的改写，海德格尔视之为对康德最严重的误解。但是，从尼采的视角来看，无论叔本华是怎样出自他个人的利害利用了康德的无利害概念，二者至少有两点共同之处：一是都将非个体性与无利害紧密捆绑在一起；二是都在审美状态中突出了认识的属性，康德把美的愉悦等同于认识活动的内心状态，把鉴赏判断视为单纯的静观，叔本华则把审美主体称之为“纯粹认识的主体”，把审美活动看做是对理念的认识

---

① 叔本华：《作为意志和表象的世界》，石冲白译，杨一之校，商务印书馆 1982 年版，第 250 页。

② 同上，第 274 页、第 276 页、第 259—260 页。

活动。一个是“纯粹的鉴赏判断”,一个是”纯粹的认识”,其间的亲缘性是显而易见的。

如果尼采拒绝将非个体性和普遍有效性理解为无利害,并拒绝将之单纯看作是认识的属性,那么,他又是如何理解非个体性和普遍有效性的呢?

早在《悲剧的诞生》中讨论抒情诗人时,尼采就涉及了非个体性的问题。波森认为,尼采在他的这一早期文本中,对康德的无利害观念是持赞同态度的,甚至整个受惠于康德,只不过借用了叔本华的表述;不仅如此,尼采在康德和叔本华之间拉开了距离,并没有将无利害与叔本华的无意志相等同,事实上,那时候的尼采很清楚康德和叔本华各自的观念及其区别,而不是像海德格尔所说的那样受到叔本华的误导。[①] 波森用来作为例证的,就是《悲剧的诞生》第 5 节关于抒情诗人的内容。为了讨论的方便,我们在此也引用波森所曾引用过的两段内容:

> 我们认为,主观艺术家不过是坏艺术家,在每个艺术种类和高度上,首先要求克服主观,摆脱“自我”,让个人的一切意愿和欲望保持缄默。没有客观性,没有纯粹超然的静观,就不能想象有哪怕最起码的真正的艺术创作。
>
> 我们宁可主张,叔本华依然用来当作价值尺度并据以划分艺术的那个对立,即主观艺术与客观艺术的对立,在美学中是根本不适用的。在这里,主体,即愿望着的和追求着一己目的的个人,只能看作艺术的敌人,不能看作艺术的泉源。但是,在下述意义上艺术家是主体:他已经摆脱他个人的意志,好像变成了中介,通过这中介,一个真正的主体庆祝自己在外观中获得解脱。……他既是主体,又是客体;既是诗人和演员,又是观众。[②]

波森认为这是尼采第一次论及审美无利害的重要文本,“无利害的静观被提出来作为真正艺术创作的条件”,而且尼采试图将无利害

---

① 参见 Philip Pothen, *Nietzsche and the Fate of Art*, pp. 144 - 146.

② 尼采:《悲剧的诞生》,周国平译,北京十月文艺出版社 2019 年版,第 73—74 页、第 79—80 页。这里“纯粹超然的静观”原文为“reines interesseloses Anschauen”,中译虽达意,但未能直接体现出尼采的表述与审美无利害观念的关联。

与酒神状态中主观性的丧失相等同，个人主观性的丧失使得抒情诗人达到了客观性，由此确保了这一无利害性。[①] 尼采在此确实提到了无利害，也正如波森所说，尼采借用了叔本华的语言，使得我们看到了诸多与叔本华类似的表述，如"让个人的一切意愿和欲望保持缄默""摆脱他个人的意志"，从而使得这段文字看上去模棱两可。但是，与这种表述上的模棱两可不同，《悲剧的诞生》第 5 节的主题显而易见是在讨论抒情诗人的主观性和客观性，或者根本而言，是在讨论艺术家的主观性和客观性。尽管尼采的表述极具迷惑性，以致不免令人怀疑，他把艺术家的客观性或者说非个体性和无利害黏合在一起了，就像他后来在《道德的谱系》中所批评的那样，但他的目的始终侧重在客观性，而不是无利害性，更重要的是，酒神状态中由于个人主观性的丧失所达到的客观性，远不像波森所说的那样确保了无利害性。从尼采对抒情诗人的个体性在酒神状态中自弃的描述，我们可以把捉到这一点：

> 作为酒神艺术家，他完全同太一及其痛苦和冲突打成一片……艺术家在酒神过程中业已放弃他的主观性。……抒情诗人的"自我"就这样从存在的深渊里呼叫；现代美学家所谓抒情诗人的"主观性"只是一个错觉。
>
> 这自我不是清醒的、经验现实的人的自我，而是根本上唯一真正存在的、永恒的、立足于万物之基础的自我。……阿尔基洛科斯这个热情燃烧着、爱着和恨着的人，只是创造力的一个幻影，此时此刻他已不再是阿尔基洛科斯，而是世界创造力借阿尔基洛科斯其人象征性地说出自己的原始痛苦。相反，那位主观地愿望着、渴求着的人阿尔基洛科斯绝不可能是诗人。[②]

抒情诗人在酒神状态中放弃个人的主观性，并不意味着摆脱个人的意志、抛开个人的利害，而是意味着打破个体的界限，从确定的、有限的、与万物分隔的个体生存中超拔出来，投身于"世界创造力"，成为这"世界创造力"的一个通道，传达"太一"的涌动。抒情诗人不是作为

---

① Philip Pothen, *Nietzsche and the Fate of Art*, p. 144, p. 145.

② 尼采：《悲剧的诞生》，周国平译，第 75 页、第 76—77 页。

个体的自我，而是作为“世界创作力”的中介，歌唱、诉说自然本身至深的痛苦和欢乐。事实上，这“世界创造力”就是个体生存所从出的源头，因此，从个体生存中超拔出来，投入世界创造力的怀抱，就是回到万物之间的界限尚未划定、个体化生存尚未凸显的自然之源头。在《悲剧的诞生》语境中，“世界创造力”“太一”也就是尼采用“自然的酒神本质”“自然的原始生命力”所表达的，即自然永不停息的生成流变过程。这一生成流变的过程既创造一切个体之物，又不断地毁灭个体，任何确定的界限在这一过程中都终将被打破，无法持存。在后期文本中，尼采则更多地用强力意志来指称这一不断生成创造、流逝毁灭的过程，“求强力的意志”(der Wille zur Macht)这一语词结构，是对生成的主动性、意愿化的表达，即主动地创造与毁灭。强力意志概念不仅保留了早期酒神概念的“生成”、创造，对持存界限的打破等意涵，而且尤其强调了生命的方向，着眼于生命的高度，即对个体界限的跨越是一种向上的跨越，生命不断向上提升。① 在尼采那里，非个体性就意味着主动地超出个体自我的界限，与自然的创造、毁灭的过程合一，或者说，个体自我主动地融入自然大生命。对个体来说，尤其是对艺术家来说，不固守个体界限，而是主动地不断跨越界限，从狭小的空间超拔出来，他的有限自我就投入了更大的生命，积极地参与到自然的创造过程中，由此获得了丰沛的力量来源，他的个体生命自身也就处在不断增长提升的过程之中。自然的生成之流流经他，强力意志贯穿他，通过他而展现出来，通过他发出召唤，通过他去创造，他既成为通道和中介，又由于主动地顺应自然的生成，与之同频共振，而获得了生命的丰沛感、力量感、提高感，极大地实现了他的个体生命的最大利益。如此，与自然生成过程合一而获得的非个体性，就与叔本华等同于无利害乃至无意志的非个体性截然不同：不是纯粹的无意志的认识主体，而是生机勃勃的创造主体；不是意志的脱落，而恰恰是意志的更大激发；不是无利害，而恰恰是最大的利害。

---

① 关于“自然的酒神本质”和“强力意志”都是对自然生成过程的把握和表达，以及这两种表达方式之间的侧重，参见何兰芳：《古典的再生——论尼采的艺术形而上学》，第 147 页、第 182—183 页，中国社会科学出版社 2016 年版。

二、普遍有效性还是区分意识?

就叔本华和尼采对非个体性理解的差别而言,同样是实现非个体性,一个是急切地想要从意志的冲突争斗中摆脱出来,远离痛苦,乞求平静;一个是返回创造力的源泉,从中获得源源不断的生命力,顺应强力意志的运作,实现生命的不断增长、提升。非个体性的面貌如此不同,关键在于二者的意志概念有着巨大的不同。从字面的描述上看,它们如此相似,都充满了争斗、冲突、痛苦,盲目的冲动,不断地生生灭灭,无穷无尽地涌动奔流,但是,叔本华通过否定主观性、弃绝个体的意愿所要极力摆脱的意志,是一个饥饿的意志,而尼采通过跨越个体界限所要返回的意志,是一个丰盈满溢的意志。叔本华从对人世欲求的观察出发,将意志设想为欲求,而欲求,在他看来,正是源自匮乏:"一切欲求皆出于需要,所以也就是出于缺乏,所以也就是出于痛苦。"由此,他称这意志为"饥饿的意志"。[①] 由于饥饿,欲求的主体便像乞丐一样,向外四处寻求,以接受外在的施舍来满足需要,填补缺失,所以叔本华的意志概念本质上是匮乏的、不断向外寻求的、反应性的意志。而艺术和审美活动中的愉悦,是这饥饿意志的暂时停息、一种无痛苦的平静状态。尼采的意志概念则来自对自然创造力的领悟,早期的酒神自然所代表的,就是自然丰产的原始生命力,极度富足、丰盈,乃至向外满溢而出,它的需要不是向外抓取用以填补内在的空洞,而是出于内在过剩的力量的逼迫,不得不生产创造、不得不向外给予的需要,所以尼采的意志概念本质上是丰饶的、向外创造的、主动性的意志。相应地,在尼采那里,艺术活动中的愉悦,是创造的愉悦,是生命力的提高感和丰盈感,而非欲求满足后的暂时平静。

尼采和叔本华不同的意志概念、对非个体性的不同理解,所蕴含的是对世界图景的不同领悟,而不同的领悟出自面对世界的不同生命态度,本质上意味着生命状态的差别。这世界图景,一为生机勃勃的,一为充满劳役和苦难的;相应地,对这世界图景的态度,一为肯定,一为否定,一为满怀激情地投身其中,一为因恐惧而迫不及待地逃避、摆

---

① 叔本华:《作为意志和表象的世界》,石冲白译,杨一之校,第273页、第222页。

脱;面对这世界的主体,一为创造的主体,一为欲求的主体,前者出于内在的富足,像自然孕育生殖的永恒过程一样不断地创造,后者出于匮乏而一味地向外追索。由于这些关键的对立,对尼采而言,对意志、对非个体性的不同理解,就紧密地关联于不同的生命状态,从而成为衡量、判定不同生命类型的标尺,用以区分生命的丰饶和匮乏、强健和衰败、上升和下降,在它们之间拉开距离。由此,尼采的强力意志概念包含着生命的区分意识,区分了生命的高低差别,作为一种"距离的激情"①,"权力意志界定、规定了各种等级、权力差异"②。根据强力意志的区分意识,尼采就把叔本华这类对生命、世界、意志的否定诊断为衰落生命的表征。

与强力意志的区分意识相应,何种意义上的非个体性或者客观性,就是性命攸关之事。从尼采的角度看,无论是康德还是叔本华,都错把无利害当成非个体性,而尼采所要做的,是试图解除非个体性、普遍有效性与无利害的捆绑。在他看来,无利害不是非个体性、普遍有效性的保障,例如叔本华,他的无利害是摆脱意志,他的打破个体化原理,是将个人从意志的痛苦中解脱出来,在尼采看来,这是出于摆脱痛苦的个人需要,而不是非个体化和普遍有效性。反过来,非个体化、普遍有效性不是无关利害的,而恰恰是生命最大的利害。在前引《道德的谱系》第 3 章第 12 节那句"'客观性'不能理解为'无利害的直观'"之后,紧接着,尼采说,客观性是:

> 有能力支配自己的赞成与反对意见,有能力公开或搁置自己的意见:这样一来,人们就知道如何将视角与情绪解释的多样性应用于认识领域。③

结合上文对尼采非个体性主张的分析,我们可以大致得出他关于客观性的几个要点。第一,客观性是打破个体现有的界限,与自然的生成本质合一,与强力意志同频共振,着力于生命的自我超越、自我提升,是非现成化、非固定化的。第二,客观性是有视角、有立场、有方向

① 尼采:《偶像的黄昏》,卫茂平译,第 158 页。

② 尼采:《权力意志》上卷,孙周兴译,第 164 页。

③ 尼采:《道德的谱系》,梁锡江译,第 185 页。

的，概而言之是有区分的，标志着生命的距离感。第三，客观性不仅仅有视角、有观点，而且有能力主动地支配、控制、解释这些视角和观点，标志着充沛的生命力。第四，客观性不单单是认识领域的事情，不单单是“认识的谓词”，它还包含着感觉、情绪、意志，意味着生命全方位的运作。

以这样的客观性概念，尼采就否定了纯粹的认识主体，以及所谓“无瑕疵的认识”[①]，这种认识从生命中抽离出来，与生命的其他领域区分、隔绝，因而是贫瘠的、无能于创造的，也就并不是真正的认识，不具有真正的普遍性。对尼采而言，无论康德还是叔本华，都突出地强调了审美状态中的认识属性，因而都是从观察者角度看待美，甚至这样的观察者并不是真正的观察者。真正的观察者，不是排除了个人利害的纯粹认识主体，相反，“乃是一种伟大的、具有个人色彩的事实与经验，乃是在美的领域内最自我的强烈体验、欲望、惊奇和陶醉的一种集合”，出自深刻、丰富的内在个人经验向外透视，包含了认识、情绪、意志，总之，是从整个生命出发去观察，这样的观察是有方向的，包含“主动性的和解释性的力量”，[②]因此同时也是创造性的，而不是单纯的静观。

相应而来的问题是，作为区分生命类型的客观性或者说非个体性，还能要求一种普遍有效性吗？尼采是否赞同康德，也把普遍有效性作为美的一个谓词？

假设尼采赞同康德，将普遍有效性作为审美愉悦的一个特性，那么在尼采那里，它将由什么来实现呢？康德预设人的认知能力的状态作为审美判断可普遍传达的先验前提，借用康德的词语，我们也许可以说，尼采会将生命的状态作为审美判断可普遍传达的“先验”前提。不过，尼采更愿意强调的，大概不是其普遍性，而是其作为区分不同生命类型的前提，作为衡量、确认生命的“距离感”的标准。就此而言，并不存在敉平距离、消除差别、适用于一切人的普遍性，即便有一种普遍性，那也是相对的普遍性，是在特定范围内、在同一生命类型内部的普遍可传达性。而由于丰沛的、不断提升的生命类型更贴近强力意志的实质，它的判断也就比匮乏的、衰落的生命的判断更具普遍性，后者由

---

① 参见尼采：《扎拉图斯特拉如是说》，娄林译，第 2 卷第 15 节“论没有瑕疵的知识”。

② 尼采：《道德的谱系》，梁锡江译，第 165 页、第 186 页。

于急迫地逃避强力意志所赋予的重任，只能成为强力意志的一种扭曲了的表达。只有成为强力意志的传达者、承担者、彰显者，在最性命攸关之事上表达最大的利害，才可能具有普遍有效性。在这个意义上，持有何种审美判断、审美标准便同样具有了分辨、区别生命类型的意义，“品味：亦即砝码、刻度和衡量者；意欲无需砝码、刻度和衡量者的争议而生活，一切如此的生者何其不幸”。① 美的趣味事关何种生命类型的价值、标准成为主导，因此对生命的利害不能不说是至关重要的。

在上文一再提及并引用的《道德的谱系》第 3 章第 6 节中，尼采对举了两类关于美的不同理解。一类是康德的观点：美是无利害而令人愉悦的，以及叔本华改写康德之后得到的观点：美平息意志。另一类是司汤达的观点：美应许幸福。前一类将生命的利害乃至意志排除在美之外，后一类则认为事实恰恰是：美激发了“意志（利害）”，在这里，尼采把意志和利害看作一回事。② 我们可以认为，尼采正是用这两类截然相反的理解来表示两类对立的生命状态，强调了美的趣味作为区分生命等级差别的意义。与这两类相反理解对应的，是一系列在尼采那里最为常见的对立和区分公式：创造者与观察者，主动者与被动者，肯定者与否定者，富足者与匮乏者，上升的生命与衰落的生命。

尼采虽然把康德和叔本华对美的定义归入了同一类，但正如上文所说，他根据非个体性和普遍有效性对康德和叔本华作了区分。而他之所以区分二者，主要不是为了说明康德和叔本华在非个体性和普遍有效性问题上的观念的不同，事实上，对尼采来说，由于康德和叔本华都把非个体性紧密关联于无利害，都从认识的角度看待美，因此他们在观念上的差别并不那么重要。尼采区分康德和叔本华的目的，是要以叔本华作为例证，反对康德的无利害，从而表明，并不存在所谓无利害的审美判断。叔本华这位美的无利害观念的支持者、主张者，通过否弃利害、否弃意志而达到一种非个体性，然而在其自我放弃的背后有着最内在、最隐秘、最具迷惑性的至深需要，包含了最强烈的私利，即摆脱意志的奴役，根本而言，是通过自我放弃而摆脱折磨。在这个

---

① 尼采：《扎拉图斯特拉如是说》，娄林译，第 227 页。

② 参见尼采：《道德的谱系》，梁锡江译，第 168 页。

意义上，他没有遵循康德对非个体性和普遍有效性的强调，叔本华的"美平息意志"的主张，作为对美的功用的强调，恰恰由于对无利害观念的利用，构成了对无利害观念的反对。此外，他"欲求摆脱某种折磨"的个人需要，是出于某一种生命类型，也就是匮乏的、衰落的生命的利害考虑，代表了一种禁欲主义的理念，因此不具有普遍有效性。如此，尼采就以叔本华来反对康德：既反对康德的审美无利害——因为叔本华恰恰是出于个人利害而利用了无利害观念；也反对康德的审美愉悦的普遍有效性——因为叔本华的无利害主张是衰落生命的判断，是禁欲主义的理念，不具有普遍性。

"美平息意志"和"美许诺幸福"，这两类对美的判断，一个从否定的方面说，美无关利害，一个从肯定的方面说，美关涉利害，而无论是否定的陈述还是肯定的陈述，它们都着眼于美的功用，它们的主张者也都是出自各自生命最深刻的经验作出对美的判断。这两种对美的判断，无论所代表的是哪一种生命类型，无论是怎样地截然对立，它们都表明美与生命的利害密切相关，因此，尼采就同时以这两类相反的美的判断作为例证，既反对了美的无利害观念，也反对了不加区别的所谓普遍有效性，也就是说，它们一并反对了康德美的分析中的第一、第二契机。

"口味高雅而挑剔的人、每个上等人认为有利害（interessirt）和着迷的东西，往往是那些个平平之辈完全'不感兴趣的'（uninteressant）"，在《善恶的彼岸》中，尼采这样强调了趣味的"利害"问题对生命等级差别的区分意义。不仅如此，尼采接着还说，平平之辈对上等人投入到那些他们不感兴趣的事情上会感到惊奇，而有些哲人，"他们以神秘超然的诱人方式表达了大众的这种惊奇"，这不能不令人联想，尼采在这里是不是在影射康德。果然，尼采立刻证实了我们的联想，他继续"指出一个赤裸裸的、再简单不过的事实"：

> 所谓"无利害的"（uninteressirte）行为是一种非常有趣的（interessante）、有利害的（interessirte）行为……①

① 尼采：《善恶的彼岸》，魏育青等译，华东师范大学出版社 2016 年版，第 177 页。译文有改动。

尼采所指出的这一“再简单不过的事实”,其针对性是“赤裸裸”的,而不再借道叔本华。康德在谈到鉴赏判断中的愉悦是“纯粹的、无利害的愉悦”时,特别加了一个注释,区分道德判断和鉴赏判断:

> 对于一个愉悦的对象所作的判断可以完全是无利害的(uninteressiert),但却是非常有兴趣的(interessant),就是说,它并非建立在任何利害之上,但它却产生某种兴趣;一切纯粹的道德判断就是这类判断。但鉴赏判断本身甚至也完全不建立任何兴趣。①

康德通过“有利害的”(interessiert)和“有兴趣的”(interessant)二词非常微妙的区别,分辨道德判断和鉴赏判断的不同,认为道德判断是无利害而有兴趣的,鉴赏判断则既无利害,也无兴趣。② 尼采显然是针锋相对,同样利用了这两个词的细小差异,从而指出那一拉开了上等人和平平之辈之间距离的鉴赏判断既是有利害的,也是有兴趣的。

回到《道德的谱系》第 3 章第 6 节开头尼采所留下的一个伏笔:康德在美的谓词中突出那些“使认识变得荣耀”的谓词,即非个体性和普遍有效性,“在根本上是不是一个错误选择”? 对此,尼采或许会给出一个同样具有鲜明区分性的答案,因为如何理解非个体性和普遍有效性,就是一个具有鲜明区分性的选择或者说解释,代表了不同生命类型透视的视角。尼采可能会说:假如非个体性、普遍有效性是康德、叔本华意义上的,那么这是一个错误的选择,因为他们仅仅从所谓“纯粹认识”的角度理解这些谓词,这使得他们仅仅从虚假的观察者、从反应性的立场解释美,把美视作所谓纯粹的静观;假如非个体性和普遍有效性是强力意志意义上的,涉及生命的全方位运作,那么,它是正确的选择,因为,这是从创造者、从主动性的角度解释美。这里的普遍性,不是所谓纯粹认识的普遍性,而是强力意志的有差别的普遍性,它决定了是何种类型的生命将它的砝码放在了称量美、称量生命的天

---

① 康德:《判断力批判》,邓晓芒译,杨祖陶校,第 31 页注 1。

② 邓晓芒指出了这两个词的细微差别,参见邓晓芒:《康德〈判断力批判〉释义》,三联书店 2018 年版,第 212—213 页。

平上。

如此一来，尽管尼采对叔本华和康德作出了区分，但他最终仍将康德和叔本华的审美无利害主张一并归入禁欲主义理念，也即归入生命的衰败倾向。对此海德格尔是不赞同的，在他看来，康德通过“无利害”只是否定性地规定了美绝不能是什么，而并非他关于美的肯定性陈述。否定性的规定是为肯定性的、建设性的规定做准备的，康德通过“无利害”的否定性规定所开放出来的关于美、关于审美判断的本质性陈述，与尼采本人关于美所说出的内容之间有其内在的一致性，二者是“合拍的”。[①] 海德格尔的观点不免让人产生疑问，在思想风格乃至个人气质上如此不同的两位思想家，他们对审美愉悦是否关涉利害的论断如此截然相反，那么他们就美的本质性内容所说出的东西真的合拍吗？二者在多大程度上是合拍的？他们所说出的相似内容究竟是什么？其间又有怎样的差异？如果二者对于美的言说在根本上是相似的，那么尼采为何对康德的审美无利害主张提出批评，更进一步，这种批评是否仍然有效？在何种意义上有效？在此，我们暂且先提出这些问题，留待另文集中探讨。

（作者单位：中国社会科学院文学研究所）

学术编辑：刘　卓

① 参见马丁·海德格尔：《尼采》上卷，孙周兴译，第120页、第121页。

英国美学思想研究

威廉·莫里斯装饰艺术思想中的生态社会主义理论

吴舒婷

内容提要 19世纪英国社会主义先驱威廉·莫里斯批判性地重构艺术与社会的关系，从历史维度阐明艺术家的社会责任，是生态社会主义的远见者之一。莫里斯在装饰艺术实践和社会主义演讲中回应了“如何才能在当代生活”“当代生活如何才算理想”等人类生存发展面临的现实问题。他指出资本主义不可避免地导致生态破坏，这也为激进生态学奠定了理论基调。除了马克思生产劳动理论，中世纪运动、拉斐尔前派与唯美主义也深刻影响着莫里斯生态社会主义愿景的生成和发展。受拉斐尔前派纯粹自然主义影响，莫里斯以热恋自然的姿态，提出装饰最重要的功能是联结自然，将纯粹自然秩序和规则恰如其分地运用到一般生活方式中去。莫里斯批判资本主义竞争环境下的异化劳动、艺术消亡和文明衰退，希冀社会主义制度下合理而愉悦的劳动能使艺术重生且繁荣，人们的审美意识得到更新，恢复对大地自然之美的欣赏和敬畏。莫里斯的生态社会主义理论源于对装饰艺术的发展历史、审美价值和社会意义的深入探究，并非生态社会主义的直接产物。他的艺术见解有助于我们进一步理解生态社会主义的发展轨迹，以及生态社会主义如何在当代形成富有成效的话语与行动。

关键词 威廉·莫里斯 装饰艺术 愉悦劳动 生态社会主义

威廉·莫里斯（William Morris，1834—1896）是维多利亚时代英国杰出的文化和政治偶像，著名的设计师、诗人、散文家、小说家和翻译家，也参与了古建筑保护运动，是工艺美术运动领袖和社会主义者。在阅读马克思《资本论》后，莫里斯开始重新思考艺术与社会的关系。论及莫里斯思想，吸引政治理论家的通常是他对社会主义愿景的描绘与阐述。布拉德利·J·麦克唐纳(Bradley J. MacDonald)认为莫里斯的生态社会主义是对马克思主义传统的延续。① 约翰·贝拉米·福斯特(John Bellamy Foster)在说明马克思隐含的生态立场时,曾引用莫里斯清晰而一致的生态视野作为例证。② 从《乌有乡消息》到1884年至1896年间发表的演讲,莫里斯对未来社会主义世界进行了细致描绘,不仅能看出马克思对其政治思想的影响,也凸显了莫里斯装饰艺术思想批判性和革命性的一面。随着日益加深的生态危机,越来越多的生态理论家意识到莫里斯代表着西方传统中第一个始终如一的生态社会主义立场。

延续约翰·罗斯金(John Ruskin)在《哥特的本质》(*The Nature of Gothic*)中阐述的艺术与劳动观念,莫里斯将英国装饰艺术的衰落与资本主义大生产联系起来,发表了一系列深入人心的演讲,直指艺术的消亡不仅与社会环境相关,也与封闭的艺术家群体相关:"现代欧洲的艺术,……注定要消亡;这是很严重的,而且是可怕的;所有的艺术家,即使是最有思想的艺术家,都拒绝面对这个事实。我无法想象任何一个热爱美的人,换句话说,戴着充实而高贵人生冠冕的人能够正视它,除非他完全相信社会主义的宗教。"③单纯追逐利润的环境催生了更多无处安身的穷人,莫里斯谴责道:"正是利益把人们吸引到称为城镇的庞大而难以管理的集合体中去;当他们住在没有花园或空地的居所,就会聚集在那里(城镇);不采取任何预防措施,放任利润横行,以至于整个地区笼罩在硫黄烟雾中;把美丽的河流变成肮脏的下水道,使除了富人以外的所有人都住在愚蠢、狭窄的房子里,……住在没有人知道其悲惨的房子里。"④从1883年直至去世,莫里斯反复重申生态社会主义观念。值得注意的是,莫里斯的生态社会主义立场与他对美和自然的情感密不可分,这里的"生态"并不是"生态社会主义"的直接产物,而是从艺术到生态再到社会主义的自然而然发展的结果。

---

① Bradley J. MacDonald, *Performing Marx: Contemporary Negotiations of a Living Tradition*, New York: State University of New York Press, 2006, pp. 47 - 66.

② Ibid., p. 49.

③ William Morris, "The Exhibition of the Royal Academy", in May Morris, ed., *William Morris: Artist, Writer, Socialist*, Vol. I, London: Basil Blackwell, 1936, p. 240.

④ William Morris, "How We Live and How We Might Live", *The Collected Works of William Morris*, London: Longmans, Green and Co., vol. 23, p. 22.

一、装饰艺术最重要的功能是联结自然

英国人生机勃勃的自然主义在莫里斯装饰艺术思想中得到彰显。他是大自然的观察者、爱好者和崇拜者，森林、花园、平原、小溪、泰晤士河构成童年生活的大环境，居住地伍德福德府的乔治亚风格深深印在他的脑海中。首部莫里斯传记作者 J. W. 麦凯尔(J. W. Mackail)对伍德福德府做了如下描述："这是一座乔治王时代风格的宽敞大宅，坐落在从伦敦到埃平森林的高速公路上，占地约五十英亩。花园和森林之间只隔着一道篱笆。庄园包括大约一百英亩的农田，一直延伸到罗定小河，后面是原始的林间空地。尽管角木和山毛榉的灌木丛后来受到各种侵袭和改变，样貌越来越接近伦敦，但这些地方仍然是原始英格兰的一部分，在几百年，甚至几千年的进程中几乎没有变化。从庄园出发，可以看到泰晤士河蜿蜒曲折地穿过沼泽地，白色和红褐色的风帆沿河道在玉米地和牧场间穿梭。"①幼年时期的莫里斯在自然风物的陶冶下敏锐察觉到自然与社会的同频变化：当角木和山毛榉被破坏，当乡村越来越像城市，当小镇中出现库房和看门人住的小棚屋，包括家庭财富来自铜矿投机生意的事实，都让莫里斯清晰认识到人类的贪婪和进击带来的是自然的暗淡。自然环境的优劣是莫里斯评判社会文明程度的主要依据，他曾给奥地利社会主义者安得利亚斯·苏(Andreas Scheu)写过一封信，里面提到："我去马尔堡学院学习，这是一所新的有点粗俗的学校。关于学校教育，我可以公平地说在那里几乎什么也没学到，因为实际上几乎什么也没教过。但那地方非常美丽，到处都有厚重的历史古迹，只要与历史相关我就会迫切地研究，所以也许学到了很多。"②对莫里斯而言，昂贵的私立学校因为"新"而显得粗俗，历史古迹才是激发研究热情与学习动力的不竭源泉，自然与历史的美丽厚重远超课堂教育带来的意义和价值。

---

① J. W. Mackail, *The Life of William Morris* (2 vols.), London: Longman and Green and Co., 1922, p. 17.

② William Morris, in Norman Kelvin ed., *The Collected Letters of William Morris* (vol. Ⅰ), Princeton: Princeton University Press, 1984, pp. 184–186.

莫里斯称自己有两位老师，一位是自然，另一位是历史："关于第一点，你必须学习它为何如此自然，现在我不需要解释：当涉及更多关于自然的细节时，我会告诉你们应该对自然持有一种怎样的学习态度。至于第二点，我认为只有极少数高超的天才而不是大多数人能不通过学习古代艺术而做好任何事情，甚至可以说，如果缺乏古代艺术的学习会形成许多阻碍。你们回想我所说的古代艺术已消亡的矛盾，以及所呼吁的今日艺术应有的特性，我只能说，这个时代充斥着泛滥的知识和贫乏的表现，如果我们不再直接学习古代作品和努力理解它，会发现自身被无力的产品影响和包围，然后在稍微好点的抄写员处复制这些产品而完全不理解，但是没有理解就不可能产生智识性艺术。因此让我们智慧地学习吧，接受古代艺术和作品的教育，接受它们的启示；下决心不再模仿或重复；要不就再也不要艺术，要不我们就要创造自己的艺术。"[①]对莫里斯来说，装饰艺术等艺术事业的根本在于一种用途和意义，而这种用途和意义是基于对自然和经典的研习。装饰艺术作为审美范畴指具有美学价值的有用对象，包括交替使用的"工业艺术""应用艺术"等术语所涵盖的范围，又或者是建筑与个体之间广阔的人工制品领域。[②] 莫里斯更为强调装饰艺术的自然元素、历史传统与创新潜力，与罗斯金、马克思的辨析方向一致，他重点分析装饰艺术生产过程、指涉对象与使用者的关系，预见了装饰艺术与伟大艺术逐渐分裂，人类在劳动中异化的情境，希望以装饰艺术的自然智慧、历史感和创新性打破工业大规模生产的机械模式，恢复人们的劳动愉悦和审美满足。

莫里斯指出装饰艺术的具体用途和意义在于联结自然。他说："的确，在很多情况下，我们已经习惯了这种装饰，就好像它是自己长出来的，就像我们生火用的干树枝上的苔藓一样。一种装饰，或装饰的某种角色，有或应该有一种用途和意义。因为，这是整个问题的根本，一切由人类的手创造的东西都有一个形式，它要么是美丽的，要么是丑陋的；如果它符合自然，并且有助于自然，那么它就是美的；如果它与自然不协调，妨碍自然，那它就是丑陋。"[③]日常生活中，我们对装

---

① William Morris, "The Lesser Arts", *Works* 22, pp. 15 - 16.

② Michael Kelly, ed., "Decorative Arts", *in Encyclopedia of Aesthetics* (online version 2 ed.), London: Oxford University Press, 2014, p. 1.

③ William Morris, "The Lesser Arts", *Works* 22, p. 4.

饰习以为常,甚至漠视,因为未曾将装饰视作艺术作品。可能是因为某些装饰制作粗糙、缺乏创意、毫无艺术吸引力,也有可能是受众的艺术敏感性降低,只能在博物馆、美术馆或画廊等场所被告知艺术的存在,既发现不了装饰艺术的美,也不去探究它与自然的关系。莫里斯指出,好的装饰首先看起来要自然,在环境中自然而然、不经意"长"出来;其次,装饰应依照自然的规律或有助于自然,如果不符合自然甚至阻碍自然,那么就走向丑陋。在这里莫里斯将平庸的装饰比喻为"像是引火用的木柴上的苔藓",他接着说"无论我们是忙碌还是懒惰,是愉悦还是不开心,我们的眼睛习惯性地对目力所及的物品的平静形式感到厌倦"①。机械的、无动于衷的设计令装饰只剩下实用性,丧失了作为艺术作品的价值。

莫里斯鄙弃大规模机械复制的俗套形式,反对浮华、累赘、庸俗的维多利亚风格,在装饰设计中凸显勃勃生机的自然美,达到实用与美观的结合。这里的实用包含了赫伯特·斯宾塞所说的有效而经济地使用各部分使之成为整体的功能,也包括作品媒介的特性与潜能被完全激发和呈现的时刻,即艺术作品圆满与美的焕发瞬间。《乌有乡消息》的汉默史密斯区域之所以显出"宏伟、充满生机"②的理想风格,是因为美丽古老的建筑被收拾得很干净,市场、小房子和剧院合理地穿插其间,每个居室的内部空间布置得敞亮、整洁、和谐。在皮卡迪利大街,所有商店都意识到门庭是展示的重点,同时街道的每一面应为步行者设置优雅、可供休息的拱廊。霍尔本与皮卡迪利大街一样,有许多户外公共建筑,"绿色宽广空间没有任何形式的栏杆和墙"③,河流沿线"一个小村庄有着古雅和漂亮的房子,一些是新的,一些是旧的",但主体是一座古老的大型建筑,"在明朗的阳光和美丽的环境下融合了起来,看上去有一种奇特的魅力"④。在潘伯尼市,眼前有"五所大房子,非常精心地设计不至于损坏乡村的特点"⑤,所有肮脏和贫困的迹

---

① William Morris, "The Lesser Arts", *Works* 22, pp. 4 – 5.

② William Morris, "News from Nowhere", in *The Collected Works of William Morris*, London: Longmans, Green and Co., ed. May Morris, vol. 16, p. 24.

③ Ibid., p. 49.

④ Ibid., pp. 144 – 145.

⑤ William Morris, "News from Nowhere", *Works* 16, p. 170.

象已经从沃林福德消失,“丑陋的建筑被拆除,漂亮的建筑被修建起来”[①]。莫里斯说事物的本质显现、自然可观正是实用的特性,比如当桥坚固的时候自然而然显得壮美,高大的桥拱让船只毫不费力地自由进出,欣赏河道的自由、和谐以及优雅的拱门都使人愉快。

自然的概念在历史语境中不断变迁。在近代,自然不仅意味着没有被人类触及的部分,而且也包括城市、城镇、乡村、农房、田地、野兽等日常生活的整体环境。莫里斯谈到了自然,但并未深入下去,一直到 1881 年《建筑的前景》(*The Prospects of Architecture*)才有具体阐释。“地球自然的公平”[②]指的是地球上每一寸的变化都应该是美的,一旦损毁就很难回到原初无瑕之时:“最有可能的事实是,任何一点地球表面被文明的迟缓和随意所损坏,都需要沉重的工作去弥补,……大自然植入我们体内的生存意愿,外加人口迅速增长,把所有其他的希望都从人们的头脑中驱逐出去了,有一堵铁墙挡住我们前方的道路:任何力量都无法弥补那些被毁坏的地方,或使那些被毁坏的地方恢复希望与文明。”[③]莫里斯对历史的研究令他确信,从中世纪的地位社会到现代的契约社会,巨大变化引发了悲惨和衰败,“但是它有善行的功能需要实施;即便期间夹杂着它带来的丑陋和困惑”[④]。资本主义经过四百年的发展,莫里斯说时机到了,洁净、秩序、合适、有用、简洁、体面与完整将有意识地代替悲惨、衰败、丑陋、肮脏和卑劣。时代呼唤更为智性和有机的建筑风格:教堂或行会大厅是小范围的中心,稳定的结构、确切的周长让人们有安全感;城市逐渐开放,建筑没有边际地“长”出来与周围景致融为一体。中世纪提供了理想城市典范,但近代“中世纪的城市被教堂化了,充满了围墙”[⑤],莫里斯认为这是不自然的,他转而在《乌有乡消息》中描绘理想的兴克塞山景——已经有“两到三所新长出来的非常漂亮的石头房子”,“泰晤士河沿岸,有为了各种各样目的而建造的充足的磨坊;没有任何一座是显眼的,但看上去很美丽;它们周围的花园显得奇迹般的可爱”[⑥],人工设计融入自然并

① William Morris, "News from Nowhere", *Works* 16, p. 176.
② Ibid., p. 148.
③ Ibid., p. 120.
④ May Morris, *William Morris: Artist Writer Socialist*, pp. 280 - 281.
⑤ J. W. Mackail, *The Life of William Morris* (vol 1), p. 12.
⑥ William Morris, "News from Nowhere", *Works* 16, p. 195.

与自然一道成为美丽奇迹，这正是莫里斯笔下所言地球自然的公平与地球自然之美。

莫里斯提出，艺术与人是文明中的两个关键元素，两者相互依赖、共生共荣。艺术的消亡伴随着人类活力的减弱，"让我们回忆过去日子中的艺术是多么有价值，这要归因于我们没有忘记人类在地球上的生活；类同的现象是，艺术也报复这种忽视，传递到我们手上的艺术开始受到重创"[①]。随着艺术进入自然循环，人和艺术并肩反对"商业竞争所诉求的完美和进步"[②]。如果艺术和人都回到自然状态，那么艺术就成为人类的必需品而不是奢侈品："艺术有一个必需的位置，一个自然的所在，艺术将是自然的精华，自然也会将自身秩序的规则恰如其分应用到一般的生活方式中去。"[③]

二、拉斐尔前派的纯粹自然主义

从牛津大学埃塞克斯学院毕业后，莫里斯与大学好友、画家伯恩-琼斯，以及拉斐尔前派的领袖但丁·加布里埃尔·罗塞蒂(Dante Gabriel Rossetti)一起闲散地学习了一阵时间绘画，发现自己既成不了画家，也不适合做牧师，但对装饰艺术的兴趣却在习画交流的过程中慢慢产生。

莫里斯在1892年参加了伯明翰拉斐尔前派展览，在《装饰和家具商》(*The Decorator and Furnisher*)杂志上发表了文章《拉斐尔前派》(The Pre-Raphaelite School)[④]。根据莫里斯的介绍，拉斐尔前派兄弟会(The Pre-Raphaelite Brotherhood)是一群画家，他们的绘画守则和信条给现代英国人留下深刻印象，也影响了法国艺术界。拉斐尔前派的特点为：一是成员精简，秉持忠实自然的创作理念。兄弟会主要成员为但丁·加布里埃尔·罗塞蒂、埃弗里特·米莱斯(Everett Millais)和霍尔曼·亨特(Holman Hunt)，著名的拉斐尔前派画家福

---

① William Morris, "The Prospect of Architecture", *Works* 22, p. 151.

② William Morris, "Art, Wealth, and Riches", *Works* 23, p. 161.

③ William Morris, "The Beauty of Life", *Works* 22, p. 54.

④ William Morris, "The Pre-Raphaelite School", *The Decorator and Furnisher*, Jan., 1892, Vol. 19, No. 4, pp. 141-144.

特·马多克斯·布朗(Ford Madox Brown)属于学派而非兄弟会。事实上,莫里斯与拉斐尔前派的关系与布朗相似,虽然与罗塞蒂等交往密切,但被归入这个学派则是因为共同倡导和实践忠实自然的艺术理念。以莫里斯的壁纸设计为例,他摒弃了维多利亚时代华而不实的装饰,选取自然中的花鸟作为创作元素,灵动自然的线条和经典质朴的配色赏心悦目、流行至今。二是兄弟会的成员年轻有为,言行坦率无畏,是当时文艺界的一股逆流。他们的目标很明确,就是在绘画领域反对居于统治地位的学院艺术和学院主义。文学上反对古典主义的声音早于绘画,相较文学,绘画更偏重技法也更依赖传统。无论这个传统多么贫乏,从较高地位衰落后依然有强大影响力,左右着人们对绘画的认知。1848年,拉斐尔前派第一次出现在公众面前,他们信仰的最大原则是自然主义(naturalism)。自然主义跟当时主宰整个欧洲的古典主义传统对抗,令这个宣言显得意味深长。莫里斯回忆初次接触欧洲古典绘画时的疑虑,“在图画中应该有一些什么,但毫无疑问这些图画里什么也没有”①,依赖技术性说明去理解绘画使之变得晦涩难懂。时至今日,如果不具备艺术史专门知识,大多数观众见到古代大师的作品时也不一定会产生激动难抑的心情。三是拉斐尔前派的纯粹自然主义风格令大众耳目一新。欣赏他们的画作,观众并没有产生熟悉的感觉,事实上他们的反应恰恰相反——为什么这些东西都不像自然的?这里表达的意思是,拉斐尔前派与古典主义呈现自然的手法迥异,在现存审美教育下大多数人已经把古典主义的表现手法视为“自然的”,而真正基于自然主义创作的拉斐尔前派画作却是“不自然的”,需要二度阐释。尽管如此,维多利亚时代“过时的”绘画大师J. D.哈丁先生(J. D. Harding)依然表示欣赏拉斐尔前派兄弟会的创作。对他们青眼有加的还有罗斯金,后者认为他们形成了学派,并成为他们的代言人。

维多利亚时期的美学家、艺术家和批评家更关注艺术的本质、功能与价值等问题,美学思想、创作经验与社会、政治、道德之间的互动也更为紧密。拉斐尔前派的自然主义与同时期湖畔诗人的诗意自然不同,也与科学实验般机械的自然主义相异,他们以观察为方法,以事实作为绘画基础,凸显对事件陈述的意识。拉斐尔前派认为,好的画

---

① William Morris, “The Pre-Raphaelite School”, p. 141.

作应该是好的绘制,热诚的内心、精准的执行加上细心的技巧,向受众暗示某种故事的载体。无论是模仿还是建设性的艺术作品,中后期的拉斐尔前派在与传统专制对抗中建立了反叛的标准,他们超越对事件表象的展现,有意识地思考应有的和恰当的事件对创造一件艺术作品的必要性,尤为着力表现可能发生的事。

莫里斯宣称罗塞蒂和伯恩-琼斯是学派的代表人物,他们都领会到艺术中装饰性的一面。学派创作原则的第三个方面"细心的技巧"谈的正是装饰。装饰性依赖于精妙绘制,花草枝叶弯曲的细微结构、斑斓复杂的色彩、天上流云的形态、人物表情阴影的细节等。拉斐尔前派与博物学家、进化论者以相似的热情试图赋予这种情感以精神性,画面中无所不在的生命活力象征上帝神奇的化育能力。学派中罗塞蒂首先提出完整的图画应该是精确、和谐、规则和有意识的美,即具有强烈的装饰性。关于装饰必要性的观念与学派中的伯恩-琼斯密切相关,他认为纯粹自然主义不仅在于故事叙述,也在于自然形式的展现,尤其是围绕人物生活场景的装饰性构建。伯恩-琼斯代表画作《荆棘蔷薇》的题材是耳熟能详的睡美人童话故事,他并没有选择勾勒王子亲吻公主的经典瞬间,而是细致描绘了宫殿内外人间与人类时间静止、自然(蔷薇)时间持续的场景,大量繁复细腻的写实具象杂糅着时空错位的理念,居室中公主的头发、首饰盒、织物、蔷薇等细致入微地展现在观众眼前,也展现在王子眼前。在工业世界中延续与创新文艺复兴的风格是他对古典题材的理解和表现具有强烈现代性的原因。罗塞蒂、霍尔曼·亨特、福特·马多克斯·布朗都逐渐在创作中有意识地体现事件,欣赏其画作的时候,能想象他们非常努力地展示什么事情正在发生、什么正在完成。他们做到了所有伟大艺术家致力达成的目标,即在一幅静止的二维画作中展现戏剧艺术或叙事艺术的动态特征,似乎事件只会按照图画中所示的发生,绘画的生动性和生命力最大限度得到呈现。

罗斯金认为,现代艺术的低劣、艺术文化的没落、公众的低俗是一个根源更深、影响更大的灾难征兆。莫里斯则更进一步指出,如果社会状况不改变,就无法改善艺术及人们的审美趣味。拉斐尔前派始终在艺术传统和美学框架下讨论艺术与自然的关系,莫里斯则另辟蹊径,从前面提到的"为什么这些东西看上去都不像是自然的"入手,在新的语境下得出如下结论:一是他认为美的艺术与装饰艺术的社会功能不同。美的艺术有了新的历程,源于孕育它们的世界产生了巨大的变化。装饰艺术则不同,人们仍然使用椅子、勺子、桌子和碗装饰他们的住所,装饰他们的身体和周围的环境,谈论他们的家庭装饰。相较美的艺术,装饰艺术更为中立。二是过去的艺术等级制度赋予了装饰艺术次等地位,但装饰艺术在日常审美和使用中的必要性满足着我们复杂的需求,提供多元的审美乐趣,带给生活愉悦和意义。三是莫里斯意识到艺术发展和社会进程都具有阶级斗争形式,更重要的是让无产阶级产生这种意识——为了获得更美好的生活必须彻底改革社会条件,因此他提出"造就社会主义者"比"创造好的艺术"更为紧要。无论是美的艺术还是装饰艺术都应该是健康的,而健康的艺术需要健康的社会去创造。直接影响艺术及接受者的效果有限,人们唯一能做的是创造有助于提高艺术理解力的社会环境,但这并不意味着他看低艺术,这个想法更多地体现了他为机器大生产时代的艺术与劳动担忧。

三、社会主义制度下的愉悦劳动

包括《威廉·莫里斯:从浪漫到革命》(*William Morris*: *Romantic to Revolutionary*)[①]等专著都试图阐明莫里斯走上社会主义道路的非凡轨迹,其中有两点需要说明。第一点是莫里斯的艺术实践与社会主义运动之间的关系。有研究者将这两者的关系割裂,认为他不过是无害的资产阶级绅士,这种认识是非常片面的。人们以 19 世纪 70 年代的诗歌《人间天堂》(*The Early Paradise*)为例,将他视为"虚空时光的闲散歌手"[②],是古董商、艺术家、诗人、室内装潢师和富有同情心的远古时代故事的兜售者,没有对社会统治秩序构成任何真正的政治威胁。要考察莫里斯社会主义信念的坚定性,就要回到他对马克思思想的接受上来,而这种接受也反映在他的乌托邦小说和社会主义演讲之中。

① E. P. Thompson, *William Morris*: *Romantic to Revolutionary*, London: Merlin Press, 1977.

② Owen Holland, "Morris and Marxist Theory", in Florence S. Boos, ed., *The Routledge companion to William Morris*, New York: Routledge, 2021, p. 465.

19 世纪 80 年代初，莫里斯被新生的社会主义运动所吸引，在阅读了马克思的《资本论》后，以“社会主义者”作为自己最响亮和自豪的称谓。1884 年 7 月 1 日，他为古建筑保护协会作了一场关于建筑和历史的演讲，揭示了自身社会主义思想的来源：“工作的紧迫性驱使我深入挖掘 18 世纪参与作坊制度的各个阶层，可以清楚地看到与今天通常混淆的工厂制度有多么不同；因此，当我阅读了一个人的著作中对变化及其趋势的完整解释时，我怀着一种欣慰的心情，说一个伟人……他厘清了劳动及其产品这一主题的相关看法。”[①]莫里斯钦佩的这个“伟人”正是马克思。1867 年 9 月，《资本论》第一卷在德国汉堡正式出版，集中论述资本的生产过程，莫里斯在 1883 年阅读了约瑟夫·罗伊(Joseph Roy)翻译的法语译本《资本论》，当年就宣称自己为社会主义者。在《我如何成为一名社会主义者》(*How I Became a Socialist*)中，莫里斯重新定义了“社会主义者”：“我说的社会主义者是要在这样一个社会，在这里没有富裕也没有贫穷，没有主人也没有奴隶，没有游手好闲也没有过度劳作，没有脑力贫瘠的脑力劳动者，也没有心灵贫瘠的手工劳动者，总之一句话，在这个社会里所有的人都能在平等条件下生活，能够掌控自己，不虚度人生，而且能意识到损害一个人就是损害所有人，认识到共同体的意义。”[②]根据莫里斯自述，此前他没有看过亚当·斯密，也没听说过李嘉图或卡尔·马克思，只是通过阅读傅立叶主义者创办的报纸对社会主义有些许了解，随后加入社会民主联盟。

阅读《资本论》对莫里斯意义非凡，首先是引起了他对历史考察的兴趣，其次是发现经济学知识是理解这本书的钥匙，并推导出经济因素在创造社会公平正义中所起的作用。莫里斯承认马克思在欧洲社会主义运动中的重要作用，在演讲和评论中支持马克思的立场，尤其认同《资本论》对制造业分工的批判：“就分工在自动工厂里重新出现而言，这种分工首先是把工人分配到各种专门化机器上去，以及把大群并不形成有组织的小组的工人分配到工厂的各个部门，在那里，他们在并列着的同种工作机上劳动，因此，在他们之间只有简单的协作。

---

① William Morris, “Architecture and History”, *Works* 22, p. 311.

② Ibid., p. 277.

工场手工业的有组织的小组被一个主要工人同少数助手的联系代替了。”[①]工业改变了生产性质，尤其在引进非熟练工人和廉价劳动力方面。莫里斯在《有用的工作与无用的辛劳》(*Useful Work v. Useless Toil*)中明显借鉴了马克思在《资本论》中对维多利亚时代非人化工作条件的表述。融合马克思和罗斯金的双重影响，莫里斯评论道：“一个人一生都在绝望地从事一项令人厌恶且永无止境的任务，与神学家想象的地狱不相上下。”[②]在1883年的演讲《富豪统治下的艺术》(*Art under Plutocracy*)中，他说无趣的劳动将工人变成“或多或少意识到自己是不幸的机器”[③]。他在《艺术，财富和富人们》(*Art*, *Wealth and Riches*)中指出：“机械劳动已经吞噬了智慧劳动和想象力劳动”，很快“机械劳动将席卷(人类)所有手工劳动，艺术将消失”[④]。

需要说明的第二点是莫里斯与无政府主义者的关系。有评论家指出莫里斯政治思想深受无政府主义影响，暗示他“更像是一个无政府主义理论家，无政府主义可能比他意识到的还要多”[⑤]。一些无政府共产主义思想家将无国籍、无阶级社会的最终目标设置为自身政治目标，代表人物之一彼得·克鲁泡特金(Peter Kropotkin)就在莫里斯的政治圈子里，并多次在哈默史密斯社会主义联盟分支发表讲话。一方面，莫里斯与社会主义联盟中的一些无政府共产主义者共事，却从未完全属于这个派系，并被无政府主义者驱逐出一手创办的《福利》(*Commonweal*)杂志。另一方面，莫里斯明确反对无政府主义，在《我如何成为一名社会主义者》(*How I Became a Socialist*)中坦然谈道：“我有一些无政府主义的朋友，从他们身上学到但与他们意图非常不同的是，无政府主义是不会奏效的。”[⑥]莫里斯自称“建构型社会主义者”以区别其他社会主义者。[⑦] 正如约翰·贝拉米·福斯特(John

---

① 《资本论》第一卷，人民出版社2004年版，第482页。

② William Morris, “Useful Work V. Useless Toil”, *Works* 23, p. 118.

③ William Morris, “Art under Plutocracy”, *Works* 23, p. 175.

④ William Morris, “Art, Wealth and Riches”, *Works* 22, p. 147.

⑤ Lyman Tower Sargent, “William Morris and the Anarchist Tradition”, in Florence S. Boos and Carole G. Silver eds., *Socialism and the Literary Artistry of William Morris*, Columbia: University of Missouri Press, 1990, pp. 61 - 73.

⑥ William Morris, “How I Became a Socialist”, *Works* 23, p. 317.

⑦ William Morris, “The Society of the Future”, in A. L. Morton, ed., *Political Writings of William Morris*, New York: International Publishers, 1979, p. 190.

Bellamy Foster)所说:“即使恩格斯还在世,马克思的共产主义愿景与生态可持续性之间的密切联系在威廉·莫里斯的乌托邦马克思主义观念中已经很明显了……他还因强调生产仅用于艺术用途而不是为了利润而被铭记。”[①]E. P. 汤普森用“从浪漫到革命”总结莫里斯的思想历程,他说:“莫里斯从一开始就反对丑陋、肮脏的商业主义潮流。”[②]保罗·迈耶(Paul Meier)的著作《威廉·莫里斯:马克思主义梦想家》(*William Morris: The Marxist Dreamer*)对马克思著作与莫里斯乌托邦主义之间的关联和重叠领域进行了广泛的阐释说明,尤其是劳动价值论、资产阶级国家及其制度的异化和消亡。[③] 作为艺术家和思想家的莫里斯在演讲和乌托邦小说中发展出“批判性的美的概念”(critical notion of beauty)[④],他对生态问题的探讨并不是就事论事,而是将艺术、自然与美的观念整合进成熟的政治思想后而形成独特的生态视野。

四、生态在艺术中重生

莫里斯早期的审美教育和艺术实践对他的社会主义立场影响深远。梅耶认为莫里斯受中世纪运动、拉斐尔前派和唯美主义影响,他在对艺术本质的探索中发展出建构型社会主义思想,为我们今天理解生态社会主义倡导的美学理念提供了早期图景。[⑤] 中世纪运动引起了人们对社会经济中普通人日常生活的关注,也引发了对诗歌、绘画、雕塑等智识性艺术和装饰性艺术的兴趣。对莫里斯来说,首先,中世纪提供了美好的社会生活图景:手工业者没有受到明显的社会压迫,亲

---

① John Bellamy Foster, *Marx's Ecology: Materialism and Nature*, New York: Monthly Review Press, 2000, p. 236.

② E. P. Thompson, *William Morris: Romantic to Revolutionary*, London: Merlin Press, 1977, p. 35.

③ Paul Meier, William Morris: *The Marxist Dreamer*, trans. by Frank Gubb, Hassocks: The Harvester Press, 1978.

④ Bradley J. MacDonald, *Performing Marx: Contemporary Negotiations of a Living Tradition*, p. 50.

⑤ Bradley J. MacDonald, *William Morris and the Aesthetic Constitution of Politics*, Lanham: Lexington Books, 1999, pp. 75 - 122.

近自然，生活俭朴，劳作愉悦，制作出美的产品成为理所当然的日常事务。莫里斯在中世纪这个新的语境中找到了理想世界："不仅可以作为避难所，而且可以站在那里，用陌生人或来访者的眼光看待自己的时代，用非个体化的标准来判断自己所处的时代。"[①]在与中世纪社会及其艺术的比对观照中，莫里斯对传统思维和认知模式持审慎态度，客观全面地反思着历史、时代与自身。其次，中世纪的骑士冒险、少女困境等传奇故事使他的艺术想象充满生动形象，这些形象出现在他的绘画作品及第一本诗集《为圭内维尔的辩护》(*The Defense of Guenevere*)中。最后，他被约翰·罗斯金笔下中世纪哥特式建筑的微妙之美所吸引，并将此视为工匠愉悦劳动的表现。

尽管中世纪运动对莫里斯政治思想发展的影响已为学界公认，但他对拉斐尔前派和唯美主义的依恋却引发了争议。唯美主义明确提出、拉斐尔前派含蓄认同的主张是艺术除了唤起快乐与逃避之外不应该有其他功能。按照E. P. 汤普森的说法，以上对艺术的看法成为20世纪先锋运动"为艺术而艺术"观念的来源。布莱德利·J. 麦克唐纳认为，莫里斯对唯美主义的眷恋代表着他在社会主义前进中倒退的一步。[②] 我们也要意识到拉斐尔前派和唯美主义对莫里斯生态社会主义理论的形成具有重要意义，它们延续并加深着莫里斯对自然的狂恋：一方面表现在莫里斯的壁纸设计和文学创作自然意象中；另一方面，批判性的美的观念持续对抗着机器大生产催生的庸俗和衰败，并提供了未来美好生活的愿景。前文提到，拉斐尔前派画家的主流思想是"回归自然"，他们的精神领袖罗斯金在《现代画家》中倡导艺术家们与自然同行。[③] 丹马克·希尔(Danmark Hill)在《前拉斐尔主义》前言中为年轻艺术家提出了建议："他们应该全心全意地走进自然，勤劳和信任地与自然同行，一心只想着如何才能最好地参透她的意义，什么也不拒绝，什么也不选择，什么也不轻视。"[④]唯美主义纯粹以美的理想去改变世界，为莫里斯的审美自我注入了强烈的自然主义，这种自然主

① E. P. Thompson, *William Morris: Romantic to Revolutionary*, pp. 28 - 29.

② Bradley J. MacDonald, *William Morris and the Aesthetic Constitution of Politics*, pp. 84 - 96.

③ 约翰·罗斯金:《前拉斐尔主义》，张翔译，上海人民出版社2008年版，"前言"，第2页。

④ 同上，第13页。

义与美的批判性观念联系在一起，既反对商业竞争社会对美的扭曲与诋毁，又希望美在日常生活中繁荣。

在前社会主义史诗《人间天堂》中，莫里斯痛斥竞争性商业破坏了艺术和劳动，美的存在不能仅依靠少数艺术家的勤恳创作，更需要改变维多利亚时代工人日常工作方式。在1877至1883年的早期演讲中，莫里斯始终如一阐述着以下问题：一、艺术和美在19世纪处于衰退状态；二、艺术和美在中世纪蓬勃发展，因为大量手工业者普遍从事着愉悦劳动；三、艺术和美重生的唯一途径是改变维多利亚时代工人的生存状况，让人们再次感受劳动与创造的乐趣。对莫里斯来说，“艺术”不仅指“大写的艺术”或智识性艺术，更重要的是它所代表的全新生活方式，这种生活方式与愉悦、美丽、尊严和良好的物质生活息息相关。莫里斯的艺术观念建立在早期审美教育和装饰艺术研究基础上，在演讲中他指出：首先美必须是活生生的，是个人日常生活密不可分的组成部分；其次，美的生活与社会阶级状况有关。对资产阶级而言，艺术只是华而不实的外衣，是阶层区隔的手段，是充当消费培训与消费驯化的中间环节，至于艺术的本质和价值他们并不关注，“喜欢”扭曲为贪婪和利益的代名词，繁荣的艺术市场也只是商业买卖的另一种方式。

莫里斯的社会主义思想伴随艺术创造同步发生，对美和自然的坚守令他的社会主义愿景走向了生态社会主义方向。当莫里斯意识到只有社会主义制度才能带来愉悦劳动、艺术和美时，便全心全意为这一伟大事业奉献才能。1883年，莫里斯加入了英国第一个公开成立的社会主义组织“民主联盟”(Democratic Federation)即后来的“社会民主联盟”(Social Democratic Federation)，不久与领导人H.M.海德曼(H·M·Hydman)意见不合，遂与社会民主联盟决裂。接着，他与马克思的女儿埃莉诺·马克思-阿维林(Eleanor Marx-Aveling)等一起成立了“社会主义联盟”(Socialist League)，致力于革命的社会主义。莫里斯认为革命的社会主义的关键任务是教育民众知晓社会主义的原则，为此创办了报纸《公益》。除了向中产阶级和工人阶级宣讲社会主义理念，莫里斯还积极为各种社会主义报纸撰写政治文章，三部与此相关的文学作品《清教徒的希望》(*The Pilgrims of Hope*, 1885)、《约翰·鲍尔的梦想》(*A Dream of John Ball*, 1886)和《乌有乡消息》(*News From Nowhere*, 1890)都连载于《公益》。由于与无政府主义意见相左,莫里斯离开了社会主义联盟并在1890年成立了"哈默史密斯社会主义协会"(Hammersmith Socialist Society),直到1896年去世,他始终是一名坚定的社会主义者。

莫里斯认为资本主义不可避免地导致生态破坏。一方面,资本主义将大多数人抛给越来越多与机器联系在一起的苦差事,逐步摧毁真正人类生活的可能性;另一方面,资本主义导致的社会问题从伦敦和曼切斯特等城市延伸至乡村,使自由自在的乡村美景被不断开发和人工化,空旷自由之地逐年在卑鄙的商业主义浪潮中消失。此外,整个资本主义生活世界不断激增的消费品完全为了利润,当它仅与富人的欲望相关时,莫里斯称之为"奢侈"或"浪费"。莫里斯指出,资本主义兴起后产生了巨大的"垃圾山":"每个人都知道没有用;资本家们很清楚,对它们没有真正健康的需求,他们被迫通过挑起一种奇怪的、狂热的小兴奋来把它们强加给公众,这种欲望的外在象征就是时尚的传统名称 ——一个奇怪的怪物,源于富人生活的空虚,以及竞争性商业渴望充分利用庞大的工人群体,最终将他们形塑为被忽视的工具,这就是所谓的'赚钱'。"[①]欲望,尤其是富人的欲望令资本主义生活世界充斥大量不必要的物品,这些商品被生产出来注定为了淘汰,莫里斯称之为"掺假",由此产生资本主义所疯狂追逐的利润。[②] 资本主义从根本上是反生态的,在"垃圾山"的堆积中大量消耗资源,烟尘和污染物弥漫在大型城市中心,轻而易举地摧毁了对人类和其他生物而言非常珍贵的野生自然。莫里斯对资本主义无节制发展导致生态失衡具有惊人的先见之明,20世纪和21世纪的生态社会主义学者在分析社会病灶时都会论及莫里斯在19世纪曾明确提出的观点和内容。莫里斯并不是唯一一个感受到工业革命之后人类生活和自然环境发生灾难性变化的人,但他显然是较早看到人与自然境况的改善可以随着社会主义发展而实现的人。

莫里斯的可持续发展生态观在两个方面有预期:一是在资本主义制度下成为个人悲惨生活根源的劳动将变得合理且愉快;二是随着愉悦劳动的兴起和繁荣,审美意识得到更新,人们将恢复对大地自然之美的欣赏和敬畏。社会主义社会充满了真正的"财富":"财富是大自

---

① William Morris, "Art and Socialism", *Works* 23, pp. 113 - 114.

② William Morris, "How We Live and How We Might Live", *Works*23, p. 139.

然赋予我们的东西，是一个理性的人可以从大自然的馈赠中合理利用的东西。阳光、新鲜的空气、未被破坏的大地、食物、衣服和住房是必需的，也是体面的；各种知识的积累和传播能力；人与人之间自由交流的途径；艺术作品，是人在最成熟、最有抱负、最富有创造力的时候所创造出来的美——所有这一切为人的愉悦所服务的东西，是自由的、有男子气概的、未腐化的。这就是财富。我也想不出有其他什么值得拥有的东西不属于这两个类别中的任何一个。但是，我恳求你，想想英国的产品，世界工厂，你难道不会像我一样感到困惑吗？那些没有理智的人想得到的东西，恰恰是被我们无用且辛劳的劳动所制造和出售的。"[①]"世界工厂"的确立与扩张，1851 年水晶宫世界博览会的举行，众人眼中"日不落帝国"的繁荣强大，这一切令资产阶级充满自信、沾沾自喜，而"世界工厂"所生产的财富对莫里斯没有吸引力，他对财富的看法与当时大多数人迥异：财富是对自然馈赠的理性运用，是人与人之间的平等自由交流，是人民的艺术及其创造力带来的美，这些美为人类的愉悦服务，而不是反过来制衡、奴役人类。莫里斯社会主义思想和批判性美的观念在生态马克思主义的脉络中启动了一个重要的解构逻辑，为我们描绘出一个不受资本主义竞争社会浸染的生态马克思主义前景。他企图消除我们对世界的根本幻觉，时刻提醒艺术家和民众，如果不反思、不警惕就会参与到资本主义竞争社会无意义的完美罪行中。

（作者单位：中国社科院大学）

学术编辑：刘　卓

① William Morris, "Useful Work V. Useless Toil", *Works* 23, p. 103.

工业化与自然、美、善之隐喻：论罗斯金《金河王》的美学意蕴

刘雅典　石琪琪

内容提要　不同于理论性的表述方式，罗斯金的童话作品《金河王》以隐喻性的表述方式揭示了资本主义工业化的种种问题，包含着丰富、具体而深刻的美学意蕴。自然的隐喻揭示了工业化造成的生态环境污染、人与自然的冲突等问题，造物之美的隐喻揭示了工业化劳动的机械性导致自然造物和劳动者固有的生命活力的丧失等问题；资本主义生产还造成人与人的社会冲突，善的隐喻揭示了由此产生的种种经济和伦理等问题。这一系列问题在当今时代变得更加严峻，回到罗斯金、超越美学学科过度专业化的狭隘性，对此加以全面、深入探讨，有助于推动美学范式当代转型。

关键词　《金河王》　工业化　自然　美　善

一、没有被足够重视的罗斯金及其童话作品《金河王》的美学意蕴

英国作家、艺术家、艺术评论家、哲学家乃至业余地质学家约翰·罗斯金(1819—1900)是西方现代文化思想史上像文艺复兴时的巨人一样的百科全书式的人物。由于康德审美无功利范式一度占主导地位及由此造成的美学越来越专业化的狭隘性，罗斯金及对其艺术美学思想的研究没有被足够重视。被提及，也往往被作为批评的对象，如在 19 世纪 30 年代，朱光潜《谈美》(1932)和《文艺心理学》(1936)等著作就已多次提到罗斯金，不过主要以批评为主。与无功利化和越来越专业化相伴随的，是美学研究在表述方式上越来

越采用抽象的理论语言，而罗斯金在写作中则高度重视语言的反讽、寓意、隐喻等非逻辑性的表达，这或许是朱光潜等专业美学家批评罗斯金的原因之一。[①] 罗斯金的一些非文学类的著作如《芝麻与百合》《野橄榄花冠》等，从其书名上就可以看出较强的隐喻性。他的童话文学作品《金河王》(*The King of The Golden River*)更是一部隐喻之作，将它含有的丰富、具体而深刻的美学意蕴置于当时英国的工业化进程中，能够获得较为清晰的揭示和阐释。

《金河王》是规模庞大、主题丰富的《罗斯金全集》中的唯一一部童话作品。童话作为一种文艺题材，与神话传说、民间故事紧密相连，其人物塑造往往允许夸张、奇异、魔幻等非现实性元素的存在，尤其重视形式之外的话语张力与题材隐喻。从故事的整体情节结构来看，"童话展示的正是一个从冲突走向和谐的过程。从局部的冲突导向整体的和谐，是童话最为突出的一个审美特征"[②]。因此，童话具有以超现实性的话语表述现实性事物的特性，有突出的教化功能，这使"隐喻"成为童话的重要表现方式。与此相关，在 19 世纪以安徒生、格林兄弟、王尔德等人为代表的童话叙事中，故事的"言外之意"成为艺术创作的重要追求——罗斯金《金河王》艺术表现方式的特点应该放在这条河流中来理解。究其美学意蕴，还需注意以下几个方面：

其一，不能局限于罗斯金本人的相关说法。对罗斯金而言，《金河王》的构思与创作具有极强的偶发性，他本人甚至一度不情愿承认是这部作品的作者。该书初版写于 1841 年，直至 1851 年才被允许匿名出版，出版商在解释匿名的原因时谈到，这个故事最初是应一位女孩的请求而写的，只是为了让她高兴，作者并未打算出版。[③] 罗斯金在晚年的自传《往昔》(*Praeterita*)中承认了这一说法："《金河王》是写来逗一个小女孩开心的。这部作品较好地模仿了格林和狄更斯的作品，并融入了我个人对阿尔卑斯山的真情实感，能够很好地

---

① 参见高瑾：《语言功能与美学理论：朱光潜对罗斯金的误读》，《文学评论》2020 年第 6 期。

② 沈琪芳：《论童话的和谐美》，《浙江学刊》2007 年第 6 期。

③ John Ruskin, *The Complete Works of John Ruskin* (*Vol. I*), eds. E. T. Cook and Alexander Wedderburn, London: George Allen, 1903, p. 310. 图书馆版(Library Edition)的《罗斯金全集》的编纂，从 1903 年持续到 1912 年，本文对原文的引用皆出于该版本。

令孩子们感到愉悦，对他们也有好处。虽然如此，但它依然没有什么价值。”[①]罗斯金似乎否定了这部作品的价值，但同时也表明这个故事是对传统童话叙事的模仿，《金河王》所勾画的“宝藏谷”（Treasure Valley）的自然景观是以阿尔卑斯山为蓝本的，蕴含着他的情感表达，尤其是面向自然时的直观情感。

其二，还要注意罗斯金对表达的不同媒介符号及其功能的基本认知。马乔里·伯恩斯（Marjorie Burns）认为《金河王》匿名出版的原因，是作者对作品的“歧视”：“罗斯金不愿意承认自己是这部童话故事的作者并不奇怪。在很大程度上这是由于他这个年龄普遍存在的对童话的矛盾心理造成的，而且很可能是因为他认为这样的作品并不符合他的性格。”[②]伯恩斯否定了这部童话的故事主题与罗斯金的核心价值理念之间的关联，这种看法仅仅局限于对故事叙事表层的简单理解，忽视了文本语言与思想主题之间深层的隐喻性关联。罗斯金既是重要的画家，也是重要的作家，重视视觉符号与文字符号表现功能的相互贯通，比如有论者就用“绘画诗学观”来描述其相关思想，指出：18世纪欧洲的许多画家往往把自己与诗人相提并论，认为绘画是一种人文艺术，同时也是一种手艺或行业，但19世纪中叶这种观念被逐渐淡化了（应该与艺术越来越纯化，各类艺术体裁越来越分化、独立化等趋势有关）。而罗斯金1865年出版的《近代绘画》则强调：绘画与言说或写作尽管在媒质（颜料和文字）上有所不同，但在表现功能上却是相通的，诗歌可以借用绘画的表现功能，绘画也可以借用诗歌的表现功能，《近代绘画》里就有多处不加区别地使用诗人与画家这两个名称，[③]在罗斯金看来，文学也可视作一种“文字绘画”。与此相关，罗斯金还特别重视和欣赏寓言艺术，这与柯勒律治等对寓言的轻视形成反差，比如他对斯宾塞（Edmund Spenser）《仙后》中的“七宗罪”寓言就极为推崇，而“寓言涉及哲学、宗教、修辞、文学话语，其中基督教神学对《圣经》的解释让寓言成为基本的思维方式和阐释策略，并影响了文学”[④]。

---

① John Ruskin, *Works* (*Vol. XXXV*), 1908, pp. 303 - 304.

② Marjorie J. Burns, “The Anonymous Fairy Tale: Ruskin's King of the Golden River”, *Mythlore*, Spring 1988, Vol. 14, No. 3 (53), p. 38.

③ 参见王柯平：《罗斯金的绘画诗学观》，《美术观察》2009年第7期。

④ 参见陈辉：《罗斯金的寓言之辩：以斯宾塞的“七罪”为例》，《外国文学》2020年第6期。

童话也往往具有寓言艺术的特性,《金河王》寄寓着罗斯金与美学、宗教伦理等相关的重要观念。

其三,只有置于19世纪下半叶英国资本主义工业化的进程中,才能揭示《金河王》深层的美学意蕴,进而把握罗斯金艺术美学思想的独特内涵。国内外学界已开始从经济与生态等方面对《金河王》所隐喻的意蕴进行阐释,[①]但大多依然还局限于对故事的表层阐述,只有结合英国当时的工业化状况,才能进行更深入、全面的阐释。英国是19世纪工业化完成度最高的国家,也是工业化弊端暴露最为充分的国家——这是罗斯金美学思想的主要对话对象和语境。工业化造成了一系列的割裂、对立,上面所说的艺术与哲学、作为艺术不同体裁的文学(诗歌等)与绘画等之间的分立、独立化就与此相关。工业化首先造成了机器劳动与手工劳动的对立,与此相关又形成了艺术创作与传统手工艺劳动的分离、对立,从本来同时包括手工艺和艺术在内的小写的art中分离出了大写的Art,即所谓的"美的艺术"或"纯艺术"。与此相关,19世纪下半叶英国兴起了一场工艺美术运动(The Arts and Crafts Movement),一般认为,其发动者是威廉·莫里斯,而莫里斯则受到了罗斯金的直接影响,罗斯金堪称这场工艺美术运动的精神领袖,他反对作为造型艺术的Art和作为手工劳动的art的割裂、对立。艺术纯化运动受康德美学影响,针对资本主义物质劳动越来越功利化的趋势,然而这种思路把艺术创作与物质劳动、审美活动与经济活动、美与善等相互割裂,在一定程度上也弱化了艺术和美学对资本主义及其生产方式的批判和平衡力量。而工艺美术运动,强调不割裂艺术与手工艺,则对资本主义工业化大机器生产所造成的劳动机械性等弊端具有更强的批判性和针对性——这是罗斯金思考的一个重要问题。相较于机器劳动的产品,艺术、手工艺产品更接近或者更能展现自然造物之美及其生命活力——《金河王》以隐喻的方式表达了这一理念。资本主义工业化还造成了人与自然的冲突以及由此产生的自然环境

---

① 参见 Northrop Frye, *Anatomy of Criticism*, Penguin Books, 1990; Clive Wilmer, ed. *Unto the Last and Other Writings*, Penguin Books, 1997; Marjorie Burns, The Anonymous Fairy Tale: Ruskin's King of the Golden River, *Mythlore*, 1988; Graham Macdonald, The Politics of the Golden River: Ruskin on Environment and the Stationary State, *Environment and History*, 2012. 殷企平:《〈金河王〉的经济学寓意》,《外国文学研究》(2008);殷企平、陈姗姗:《〈金河王〉的生态批评解读》,《英美文学研究论丛》(2010)等。

污染等问题,同时也加剧了人与人的社会冲突,冲击着传统宗教和道德伦理,而这些问题在当时工业化程度最高的英国有最突出、集中的体现,也是《金河王》以隐喻性方式表现的重要主题。

从思想渊源上看,罗斯金对于资本主义工业化弊端的批判,多受浪漫主义思想影响。浪漫主义往往重视工业化国家之外的异域情调和儿童的纯真,这也是《金河王》的一个重要视角:它以童话的主题和隐喻方式,揭示了资本垄断与工业化生产所造成的人性与传统价值的撕裂现象,以及财富与人性、工业与田园、劳动与价值等之间的种种对立状况。总之,只有从反思资本主义工业化弊端的角度,才能揭示罗斯金美学思想的独特性,与此同时,也只有不局限于康德式的美学范式及其理论性的表述方式,才能揭示《金河王》的美学意蕴。19 世纪环境污染问题还主要在英国有突出的表现,随着工业化向全球的极速扩张,日益成为越来越严峻的全球问题,自然环境问题已成为当代生态美学所探讨的重要主题,康德美学不太关注这一主题,而身处当时工业化程度较高的英国的罗斯金则已开始关注这个问题。传统所谓"美学"是在把"美"与"善"、美学与伦理学割裂的基础上确立其学科专业特性的,罗斯金艺术美学批评则重视道德伦理和经济问题,而当代西方美学也出现了所谓伦理学转向——可以说《金河王》早已以隐喻的方式表达了这些当代美学的主题。

二、自然的隐喻:对工业化造成的生态环境问题的反思

《金河王》中有两个核心场景"宝藏谷"与谷外城市,显然都是对阿尔卑斯山与工业城市的侧面描写,揭示了资本主义工业化所造成的人与自然的冲突,以及农业生产与工业生产、手工劳动与机器劳动之间的对立;对三兄弟中的哥哥施瓦茨(Schwartz)、汉斯(Hans)和弟弟格鲁克(Gluck)的性格塑造,则揭示了资本主义生产方式所造成的人与人之间的社会冲突即资产者与劳动者之间的对立;"西南风"的惩罚和"金河王"的救赎,表现的是通过再次"发现"自然而复归自然的理想,可视作罗斯金化解资本主义工业化种种弊端的一种理想性的方案。罗斯金受宗教家庭的影响比较深切,他将源自《圣经》"上帝"的宗教精神付诸《金河王》中的具体自然造物与人类活动,再加上对狄更斯

风格[①]的效仿,审视、感知与批判等也就成为罗斯金《金河王》表达隐喻的重要方式。下面首先讨论有关自然的隐喻及其所揭示的资本主义工业化所造成的人与自然之间的对立和冲突。

其一,自然的隐喻是英国近代文学的一个重要主题。自幼就开始的阿尔卑斯山之旅形塑了罗斯金的"自然"观念,并成为他在理解、解读自然时的不竭之源,《金河王》中"宝藏谷"的描述就是以此为原型的。《金河王》所描述的自然环境恶化,暗指的是英国的社会现实,而所描述的与阿尔卑斯山相关的自然风貌,则成为揭示工业污染现实状况重要的参照点。"花园"的隐喻在英国近代文学中常被使用,比如莎士比亚曾在《理查二世》中将英国称为"英格兰花园",拜厄特也曾在《花园里的少女》中将英格兰比喻为一个大花园,艾略特在《米德尔马契》中同样将英格兰中部的平原称为草甸花园,华兹华斯、丁尼生、莫里斯等人对"花园"的隐喻就更加不胜枚举了。[②]《金河王》所描绘的"宝藏谷"的非自然化,或者说反自然的过程,隐喻了英国工业化进程中的真实状况,发生在该山谷中的诸如掠夺、贪婪、欺诈等方面的事情,也就是对英国社会现实境况的隐喻。自然造物的纯粹美成为核心审美对象,自然之美的隐喻寄寓着罗斯金对工业与机械"进步"的理性反思,以警醒人们重新发现自然的重要意义。

其二,对描绘自然所采用的隐喻表现方式,罗斯金多有分析。1884年2月,罗斯金在伦敦学院发表两次演讲,随后以《19世纪的乌云》为题出版,曾一度被西方学者称为最早具有明确生态意识的重要著作,福特将该书的主题概括为:"丧失自然属性世界里的天堂消息和情感谬误"[③]——而这也正是《金河王》以隐喻方式表现的重要主题之一。

与隐喻表述方式相关,罗斯金在《近代画家》(第一卷)探讨诗与画关系时,就曾揭示文字(故事)与图像(场景)之间能够互为指涉,两者

① 在《往昔》中罗斯金强调了狄更斯对他的影响,尤其是小说《匹克威克外传》中对匹克维克(Pickwick)和《尼古拉斯·尼克尔贝》中尼克尔贝(Nickleby)的塑造,认为他们突出了勤奋与努力获得美好生活的愿景,并且这些人物是我们日常生活中最常见的形象。John Ruskin, *Works* (*Vol. XXXV*), 1908, p. 303.

② 石琪琪:《罗斯金论读书》,《书屋》2023年第1期。

③ 参见托马斯·H. 福特:《罗斯金的〈乌云〉:丧失自然属性世界里的天堂消息和情感谬误》,王爱松译,《国际社会科学杂志》2013年第1期。

通过隐喻可以相互贯通。在他看来,风景画家的创作应该具有两种意义:"第一,在观者的思维中诱发出这是忠实于自然造物的观念;第二,引导观者的思维去思考那些最值得思考的自然物体,并让他们感受到艺术家本人对这些自然造物的想法和思维"①——《金河王》对自然造物的描绘,也遵循了这一理念。罗斯金强调真实自然造物对再现现实的重要意义,同时还清晰指出对自然造物的沉思(感知)是理解自然形式的重要渠道,即强调艺术的"观物取象"应该注重赋予自然形式以深层精神内涵,读者的"观看"也需要理解某种言外之意,自然造物与人类世界的"合目的性",也就成为其话语隐喻表述方式的重要立足点。在《金河王》中,施瓦茨和汉斯在金河谷中的"暴行"使他们被称为"黑心兄弟",最终被"金河王"变成了大黑石头,揭露的正是资本主义工业化对自然资源的疯狂掠夺,以及对人心之恶的放大。"黑心"即意味着人的精神的沦丧,并指向工业化所造成的自然环境恶化的现实状况。罗斯金在后期写作的《19 世纪的乌云》即描绘了这一环境污染的情景,《金河王》也有不少描述,对风景画及其价值的重视也体现了相近的理念。

其二,自然隐喻与儿童教育也有关联,因而也常出现在童话作品中。如何赋予有形之自然以某种隐喻意蕴呢?罗斯金的思路是重视培养人(尤指孩童)的想象力。针对这个问题,兰道曾指出:"罗斯金为儿童写童话时,反对庸俗化的说教意图,因为他认为锻炼孩子的想象力本身就是一个最具价值的目的。"②罗斯金把"想象"作为儿童教育的第一要义,强调一种物化的理想,以赋予自然最理想的状态。《金河王》以"宝藏谷"的话语场景构建起了一个纯"自然"的话语体系,其中的自然造物正是被隐喻的主体,比如其中的水、云/雾、冰川、百合花等意象,就与经过理想化后的情感重塑密切相关。其中,水之意象曾频频以圣水、雨水、露珠的形式出现,分别表征的是真诚、救赎与纯洁。有学者强调指出:"水所象征的生命才是真正的财富,财富必须服务于生命,而且必须由珍惜生命的人来创造并支配。"③进一步看,三兄弟的

---

① John Ruskin, *Works* (*Vol. III*), 1903, p. 133.

② George P. Landow, And the World Became Strange: Realms of Literary Fantasy, *The Georgia Review*, Spring 1979, Vol. 33, No. 1, p. 14.

③ 殷企平:《"文化辩护书":19 世纪英国文化批评》,上海外语教育出版社 2013 年版,第 177 页。

“金河之旅”为什么必须用圣水才能换取金子或者要从百合花上收集露珠？水的意象在这里其实也可以理解为一种宗教理想，再现一种信仰精神，圣水与百合花同时可以隐喻上帝，也可以类比自然，两者在罗斯金那里在某种程度上是同一的。自然的隐喻就是通过丰富的想象，将宗教情感与人在自然中的状态或者行为进行比照，宗教精神是人类状态或行为的隐喻目的，其意义在于以理想的状态引导人对自然的信仰——这也是批判资本主义工业化的浪漫主义的常见思路。

其三，“自然人化”是罗斯金《金河王》所采用的重要隐喻方式。马克思在《1844 年经济学哲学手稿》中探讨了“自然的人化”问题，强调人对自然的改造与加工，面对的是相似的历史困境。罗斯金则通过深入辨析诗歌创作中对“情感误置”(pathetic fallacy)的滥用现象，揭示人的情感究竟应该如何应用于自然当中：“所有强烈的感情都可以产生这种效果(笔者按：指将思维生物的特性赋予自然造物)。它使我们对所有外界事物的印象有一种不真实的(falseness)感觉，我一般将其描述为‘情感误置’。”[①]罗斯金认为，我们在描述自然事物时，通过赋予它们以人类的情感以加强表达效果，只是一种“误读”；真正伟大的诗人在于感知自然的状态，将自然的精神内化为人类的思考，而不是将人的情感“移情”至自然当中。在《金河王》中，罗斯金尝试了一种新的表现方式，即赋予自然以人的形象，“西南风”和“金河王”就是两个被赋予人的形象的自然之物。其中对“西南风”的描述是：“他有一个非常大的鼻子，鼻头是轻微的黄铜色，圆脸红红的，好似在火堆前长时间烘烤了似的。透过长长的、丝滑般的睫毛，眼睛也在欢快地闪烁着。”[②]对“金河王”的描述是：“当格鲁克往‘金水’里看时，并没有看到他自己，迎接他的视线的是他的老朋友，鼻子变得更红了，眼睛也比以往更加锐利。”[③]一方面，两者显然是对自然中的具体事物的人形化或拟人化；另一方面，两者在故事中的相似外形与相近的性格思维，又表明两者所表征或喻指的其实又都是同一的“自然”。

当然，如若只从将自然化为人形的表面来看，这只是一种简单的隐喻方式；而从更深层看，罗斯金其实是将“人”并置于自然当中，“人”

---

① John Ruskin, *Works* (*Vol. V*), 1904, p. 205.

② John Ruskin, *Works* (*Vol. I*), 1903, p. 316.

③ Ibid., p. 329.

成为自然的一部分,人与自然中的一切造物都是平等的。兄弟三人在“金河之旅”中分别遇到了垂死的小狗、奄奄一息的老人和受伤的小孩,所造成的后果分别是黑云更加深沉,闪电更加锐利,以及与之对照的芳草更加芬芳,鲜花更加夺目了。这里强调的是人与自然的和谐共处,人与自然的“涵濡”才是良好的自然生态。《金河王》中所警示的一切指向人类与自然环境之间疏离及其造成的恶劣状况,而这正是当代生态美学所探讨的主题。

三、造物之美的隐喻:对工业化机械性的反思

对自然造物的直观感知,强调的是对自然造物之“美”的感受、感知,这也是《金河王》童话叙事的主要旨趣。我们在上文讨论了“自然”造物与人类“社会”之间的隐喻性关联,揭示了故事场景与社会现实之间的矛盾;从审美角度看,《金河王》是描述和表现自然审美的佳作,堪称一幅风景画长卷,勾勒了一个未受工业污染的理想自然环境,而故事的结局升华了这方面的审美效果,人性得到了“自然”的洗礼与重塑。“《金河王》所代表的,不仅是罗斯金所热爱的一切,所有那些他希望在他那个时代应该了解和欣赏的一切,也代表了他那个时代所应警醒的一切……这个童话故事让罗斯金讲述了他个人化的、浪漫的基督形式。”①在这部童话中,针对当时英国工业化进程中弊端丛生的社会现实,罗斯金尝试提出一种理想美的状态,强调自然和人性不应该受到资本与工业的过度“污染”。在18至19世纪之交,机械工业主义与人类物质世界之间的矛盾已经逐渐凸显出来,人们的关注点不再完全趋向于“机器”所带来的物质丰盈,劳动及其所加工的材料、形成的产品是否具有有机生命的活力,是否能体现人性的完整性等,也成为人们尤其思想家关注的焦点。

在讨论金属材料是否可以直接应用于艺术时,罗斯金就已表达了对自然造物之美及其活力的推崇:“我们似乎也没有理由去解释为什么金属材料不能像木料那样使用,也许建构新的完全适用于金属

---

① Marjorie J. Burns, “The Anonymous Fairy Tale: Ruskin's King of the Golden River”, *Mythlore*, Spring 1988, Vol. 14, No. 3 (53), p. 40.

结构的建筑法则时代已经临近。”[①]罗斯金拒绝将铁质材料作为主要材质应用于艺术当中，坚持的是对“自然”的遵从。1858年，他在韦尔斯(Tunbridge Wells)的关于“铁的自然、艺术和政治用途”的讲座中，区分了铁的不同形态，认为生锈的铁是“活的”，而运用于建筑或艺术中的那些被打磨、抛光后的铁是“死的”。可见，选择什么样的材料以及材料以什么样的形态进入艺术创作的标准，是能体现该种材料作为自然造物所具有的生命活力，由此可以说：艺术创作以及传统手工艺劳动可以展现作为材料的自然造物的生命活力，而在资本主义工业化机器生产中，作为被加工的材料的自然造物的生命活力则被压抑因而消失了。这种艺术材质的选择，体现了罗斯金对工业化弊端的一种批判性反思。

自然造物之“美”并非特指艺术化的效果美，而是类似于罗斯金所谓的“生命美”或“活力美”。在《近代画家》(第二卷)中，罗斯金曾说：“在整个有机造物中，每一个处于理想状态的生命，都能表现出某种令人快乐的外在或迹象。并根据它的特质和渴望，以及它所受滋养、习性和死亡的方式，阐明或表达某些道德情况或道德原则。”[②]自然造物之“美”源于自然的外在形式所体现的精神属性，它包括生命体征和生命形式。罗斯金在日记中描述了阿尔卑斯山的风景：在山峦的雪原当中，有朵朵纤细、柔弱的小花，刺破冻土与雪地静静地开放着，它的花朵垂向大地，面对着雪地上被刺出的洞口，似乎在沉思生命与死亡。罗斯金认为，这种自然形式应该得到人们的关注，通过反思自然生命活力以及辨析世界万物的本质精神，陶冶人的个体情操，可以使人们在道德上得以完善，而这也是自然审美的重要目的。

三兄弟手中的圣水，以及与之相应的拯救生命究竟代表了什么意思？反过来看，施瓦茨和汉斯的金河之旅为什么失败，甚至还付出了生命的代价？格鲁克为什么会在放弃圣水，重新引“金河”汇泽宝藏谷的情况下取得成功？有学者对此做了综合性的解读：“《金河王》就像是一个极具象征性的伟大寓言，它将人类因自身的贪婪和无节制地掠夺大自然而导致‘生态危机’，以及通过道德重建而重返‘生态平衡’的艰难过程，做了极为形象的隐喻”；三段金河之旅的描述，勾勒出了从

① John Ruskin, *Works* (*Vol. VIII*), 1903, p. 66.

② John Ruskin, *Works* (*Vol. IV*), 1903, p. 147.

生态断裂到生态平衡的恢复的过程。[①] 三兄弟获得圣水的方式分别是偷盗、贿赂和诚挚,所隐喻的是人从自然中获得财富的不同方式,及由此形成的人与自然的不同关系。当格鲁克提出哥哥们的圣水也来自教堂时,"金河王"回复道:"很有可能……但是,拒绝向那些疲惫与生命垂危的人施救的水,即使得到天堂中圣徒的祝福,它也是不神圣的。而那些承载于仁慈的器皿中的水,即使受到尸体的污染,也是神圣的。"[②]"圣水"的意义也就类似于上文分析的"小花",它的价值不在于它本身是什么或者它表现为什么样的形态,而是它所带来的审美沉思。如何取得的"圣水",或者"圣水"是否干净也不是最重要的,重要的是"圣水"获得过程中人与自然、人与人的关系。

罗斯金及其《金河王》对自然造物之美的沉思和欣赏,最终针对的主要是资本主义工业化机器大生产造成人的劳动机械化的弊端,这种机械化或机械性,不仅使人在机器劳动中丧失了生命活力和人性的完整性,同时也压抑了自然造物所固有之美和生命活力;而在非机械性的艺术创作、手工艺劳动中,人性则是相对完整、和谐的,并且自然造物的生命活力也能得到展现。罗斯金在讨论 19 世纪的艺术状况时,分析了工厂中机械生产与传统手工艺生产的本质区别:非智力的和智性的、精准复刻的和有细微偏差的、死气沉沉的和有活力的。对此有学者分析指出:"(《金河王》)故事中的自然具有人的形象和性格,生机勃勃,与人类的喜怒哀乐息息相通;同时,故事还表达了回归自然、还人性以本真的思想。"[③]自然与人的情感的紧密相连,强调了人性的有机性与活力的真正意义。通篇来看,《金河王》提出的救赎之道,其实就是追寻人性的本真"美",在这个过程中同时也能够发现、感知到自然造物之美,人和自然的生命活力同时得到展现。罗斯金在 1860 年前后出版的《给后来者言》和《艺术的政治经济学》中,理论性的语言对此有更直接的表达,强调生命与人性是人类社会的本质,而不是片面地追求开拓、发现与占有,而《金河王》则以隐喻性方式表达了这种思想。

总之,如果说资本主义工业化所造成的对自然环境的污染还是一种相对表层的现象的话,那么,工业化机器劳动所造成的人与自然的

---

① 何畅:《罗斯金与生态批评》,《外国文学》2009 年第 5 期。

② John Ruskin, *Works* (*Vol. I*), 1903, p. 346.

③ 殷企平、陈姗姗:《〈金河王〉的生态批评解读》,《英美文学研究论丛》2010 年第 1 期。

对立,人性的割裂、异化以及对人和自然造物本真之美的遮蔽、固有生命活力的压抑等,则是深层问题——这是引领当时工艺美术运动的罗斯金相关思想的出发点之一。

四、善的隐喻:对资本主义生产方式造成的伦理和经济问题的反思

除了资本主义工业化所造成的人与自然的冲突,资本主义生产方式同时还造成了人与人之间的社会冲突,并对传统宗教伦理等形成冲击乃至瓦解。马克斯·韦伯揭示了新教伦理精神对资本主义产生、发展的推动作用,同时也强调了发展、壮大起来的资本主义对宗教伦理等精神文化的冲击——这也是罗斯金关注的重要问题。罗斯金艺术美学批评具有较强的道德伦理色彩,并且较为关注艺术活动中的经济问题等,而只有置于资本主义发展史中,才能理解罗斯金艺术美学思想的这种特点和意义,也才能理解《金河王》以隐喻方式表达出的相关思想主题。19 世纪以英国为代表的资本主义工业化进程,确实代表着人类文明历史"进步"的方向,但同时也存在对抗性和历史局限性。珍妮弗·布鲁默(Jennifer Bloomer)指出:"正是罗斯金对进步(progress)这一概念的明显不信任,使他成为一位思想家。"[①]面对各种新的问题,究竟应该以工业与技术的进步为主,还是要重视对自然与真、善、美的追求?《金河王》对自然之美、生态之和谐、人性之纯真的赞扬,似乎直接回应了这个问题。

罗斯金对自然造物之美的讨论,还涉及自然、生命与财富之间的关系问题。其《给后来者言》有一句广为引用的名言:"除了生命,没有财富"(There is no Wealth but Life)——罗斯金对此解释道:"生命,包括所有爱与欢乐和赞美的力量。那些养育了众多最具高尚和幸福的人的国家,是最富有的国家;那个能在最大限度地完善自身生命能力之余,且还能通过自己的财富对他人的生命产生广泛有益影响的人,是最富有的人。"[②]这种财富观在《金河王》中也有隐喻性的表达。

---

① Jennifer Bloomer, Ruskin Redux, *Assemblage*, Apr., 1997, No. 32, p. 10.

② John Ruskin, *Works* (*Vol. XVII*), 1905, p. 105.

在故事的开篇两段文字中,罗斯金以极为优美、生动的文字语言描述了理想中的"宝藏谷"(后被比喻为花园):"山的四面都被陡峭的岩石包围着,山峰高耸入云,常年积雪,一些山洪从那里源源不断地倾泻而下。其中一条瀑布向西面落下,落在一个很高的峭壁上,当阳光洒到其他位置,下面显得一片漆黑的时候,太阳的光辉仍然充分照耀着这条瀑布,闪耀着金光,所以这条河被附近的人称为金河。"[①]描绘的这种场景,正是未受工业化污染的自然,只有这样的自然山谷才能够滋养出"财富"丰饶的金河,也只有在自然中孕育出的金河才能够带来真正的财富。《金河王》开头和结尾对两条"金河"有不同的描述:the Golden River 和 a River of Golden,在整个文本中,前一个词出现的次数较多,更倾向于突出"金子",后一个词出现于结尾,更侧重于"河流",两者的差异在于:前者与人的逐利行为有关,而后者则突出了遵从自然之规律所能获得的源源不断的财富。罗斯金试图以此让人们关注财富与自然、生命之间的这种本质联系,而不是将财富仅视为对自然资源与金钱的掠夺,矛头所指就是资本主义生产方式及其财富状况。因此,也只有结合资本主义的现实状况和弊端,才能理解罗斯金的自然观、财富观、生命观以及美学观。

具体地看,罗斯金在讨论艺术美学问题时,还特别关注与之相关的经济问题等。他曾出版《艺术的政治经济学》(*Political Economy of Art*,1857)一书,在《给后来者言》中对当时流行的政治经济学进行了批判,即反对将价值定位为"交换";而《金河王》关于兄弟三人对宝藏谷的不同管理及其造成的结果的叙述,也暗含着对价值或财富的重新定义。在施瓦茨和汉斯的统治下,"他们杀死了所有不为自己的食物付钱的动物。因为啄食果物,他们射杀了乌鸫;唯恐卷入牛群,他们杀死了刺猬……他们不给仆人工钱,直到仆人不肯再工作,然后与他们争吵,以此不付工钱把他们赶出门"[②]。而当格鲁克在"金河王"的帮助下再次"复活"宝藏谷后,"从此以后,穷人再也没有被赶出过他的家门,谷仓里堆满了粮食,房子里堆满了珠宝"[③]。通过对比,前者其实是将"有用"作为价值所在,后者认为品性"善良"才是真正的价值。这与

① John Ruskin, *Works* (*Vol. I*), 1903, pp. 313 - 314.

② Ibid., p. 314.

③ Ibid., p. 347.

罗斯金在《给后来者言》中的定义相近："真正有价值或有用的东西，是能够以其全部力量通向生命的东西。它越不能带来生命，或者它的力量被破坏，它的价值就越小；它越远离生命，它就越没有价值或越有害。"①一种东西具有价值，不在其有用或人对其占有，而在其本身及其生命活力——用马克思的话来说，就是自然物和人造物的价值，不在其被占有的"交换价值"，而在其本身所固有的"使用价值"。

《金河王》还表达了对资本的直接的批判。对宝藏谷及其当中发生的事项的描写，使我们很容易联想到柏拉图的理想国；罗斯金晚年创设的"圣·乔治工会"(*the Guild of St. George*)，也使我们联想到稍早于他的罗伯特·欧文改造工厂的社会主义实验，可察觉其对资本的警惕。1872年5月1日，罗斯金在写给友人的信中描述道："在圣·乔治公司中，公司的成员无论身在何处，仍然从事各自的事业，但他们需要将所拥有，或者所赚取的十分之一财富用于在英国购买土地，并要以手工进行耕作……其次，结合手工体力劳动，以及劳动的意义，进一步对他们自身和他人进行思想性的劳动教育。这并不是让他们成为修道士或修女，而是学习并传授美的艺术(fine arts)，以及生活的甜蜜秩序和服从。"②财富的运用不是为了获得物质资料，而是为了让自己能够更好、更完善地将自身的力量与精神结合，并在结合手工体力劳动的"思想性的劳动教育"中获得综合、全面的发展——这正与马克思在劳动中探讨人的全面发展的思路相近。在《金河王》中，罗斯金还对广义上的金匠(即资本家)提出了批评："格鲁克没有足够的钱，只好再次去给金匠打工。每天的工作非常辛苦，却只有微薄的收入。直到一两个月后，格鲁克实在承受不住了，决定去金河那里碰碰运气。"③"宝藏谷"这种状况，所喻指的就是资本主义城市中的劳动状况，其机械化的机器方式冲击了传统手工体力劳动方式，其资本主义私有化的方式剥削着劳动者。

《金河王》"善"的隐喻，体现了罗斯金艺术美学批评对道理伦理价值的重视。兰道在分析罗斯金有关美与善的关系的观点时指出："'美'要么是表现在事物上的外在迹象，要么是物质中象征神圣的属

---

① John Ruskin, *Works* (*Vol. XVII*), 1905, p. 84.

② John Ruskin, *Works* (*Vol. XXVII*), 1907, p. 296.

③ John Ruskin, *Works* (*Vol. I*), 1903, p. 343.

性,要么是使人愉悦,要么是对其职责和功能的完美履行。”[①]在罗斯金那里,美与善是统一的。阿瑟·本森(Arthur Benson)指出:“罗斯金一生贯彻的箴言:人,要善。”[②]“善”的确可以宏观概括罗斯金所追寻的理念,不过在他的批评思想中,“善”不仅只是一般伦理学意义上的概念,更是一种更具广泛性和包容性的价值理念,表现为对“至善”(highest good)的追求。不同于柏拉图或康德对该问题讨论的出发点与目的,罗斯金重视的是如何能够通过“善”来弥合工业化社会现实当中的各种割裂问题,解决传统的断裂带来的种种社会弊病。《金河王》无疑同样也表现出这种倾向,我们前面讨论自然与人性问题时对此已有分析。

综上所述,《金河王》展现了从自然到对自然的审美,再到对自然的道德建构的思路;从发现自然到关注美,罗斯金强调的是真实的自然与感知自然的审美,进而对艺术审美活动进行道德思考:自然之隐喻,体现了罗斯金对自然造物的推崇和欣赏;在美之隐喻中,罗斯金重视的是对“美”的沉思,以及由此产生的道德感知,《金河王》的结尾(包括被删减过的结尾)就充分体现了对“善”的追求——这就构成了一条相对完整的辨析艺术的路径:自然/真实—美/诚挚—善(劝诫或目的)——只有充分结合资本主义工业化发展的现实进程,才能揭示这种思想的意义。一个多世纪之后,罗斯金曾揭示的资本主义工业化所造成的种种问题更趋严峻:全球环境污染和生态危机更趋严重,劳动者和自然造物的生命活力在资本的操控下依然乃至更不被重视,割裂于人的生命活力、道德尊严、人性价值的拜金主义财富观依然甚至更为盛行——面对这种当代更趋严峻的现实状况,再简单地遵循康德式的狭窄、单一路径,美学将很难再发挥自身应有的批判、反思和建设性作用。重新发现并回到罗斯金,超越美学学科过度专业化的狭隘性,不再局限于美学表述的理论性方式而重新发现并揭示罗斯金童话作品《金河王》具体而深广的美学意蕴,对于推动美学范式当代转型等具有一定当代意义。

(作者单位:浙江大学文学院)

学术编辑:刘　卓

① George P. Landow, *The Aesthetic and Critical Theories of John Ruskin*, New Jersey: Princeton University Press, 1971, p. 28.

② Arthur Christopher Benson, *Ruskin: A Study in Personality*, London: John Murray, 1913, p. 15.

保罗·阿姆斯特朗的认知文学理论研究

王延慧　李志宏

内容提要　保罗·阿姆斯特朗的认知文学理论借鉴了现象学、阐释学、认知神经科学和神经美学的相关成果，试图将人文学科与自然科学相结合而形成新的研究方法，以更深刻地揭示文学审美体验的内在原理。他主张，文学通过和谐与不和谐的体验来与大脑相互作用，这些体验调动并有助于协调心理功能的神经生物学的基本对立关系，也就是大脑运作的基本紧张关系。这种紧张关系主要表现为：大脑的运行一方面追求模式化、综合化和持续性，另一方面又需要灵活性、适应性和开放性。他根据神经生物学的研究指出，文学叙事活动与大脑的认知加工过程在某种程度上相一致。神经科学理论有助于探讨文学的审美机制，反过来，文学也有助于解释神经科学难以深入的审美层次。因此，文学既得益于又有助于神经美学研究。阐释学和现象学的一些理论与文学叙事的神经机制相吻合，可以印证认知文学理论的合理性。阿姆斯特朗提出了叙事学方面的一些经典问题，并且深入研究了叙事模式和文学阅读体验得以形成的内在原理。此外，他还探索了文学阅读中的时间性和历史性与认知加工处理方面的相互作用。这些理论推动了文学认知叙事理论作为一门新兴的交叉学科的发展，进而有助于人文科学和自然科学更好地相互了解和相互促进。

关键词　保罗·阿姆斯特朗　认知文学理论　神经美学

一、保罗·阿姆斯特朗的主要工作

保罗·阿姆斯特朗（Paul B. Armstrong，1949—　）是美国布朗大学英语学院教授，曾任布朗大学教务长，纽约州立大学石溪分校文理学院院长等职务，并曾赴柏林自由大学担任访问研究学者。著有《文学如何与大脑游戏：阅读和艺术的神经科学》（*How Literature Plays with the Brain: The Neuroscience of Reading and Art*, 2013）（此书是第一本利用神经科学和现象学资源来分析审美体验问题的著作）、《故事与大脑：叙事的神经科学》（*Stories and the Brain: The Neuroscience of Narrative*, 2020）等多部著作和多篇论文，形成了他在认知文学理论，特别是文学阅读和认知叙事学方面独树一帜的研究方法，得到神经科学家、文学评论家、美学家和艺术理论家们的广泛认同。以阿姆斯特朗为代表的认知文学理论研究者努力为人文学科争取与自然科学同等的发展空间，强调人文学科在探索人类思维方面的重要作用和突出贡献。

认知文学理论（cognitive literary theory）伴随着认知神经科学的进步应运而生，首先由一些对认知科学感兴趣的文学理论研究者所提出，[①]由文学和思维及大脑研究交叉汇集形成，在心理学、认知科学、神经科学等领域中借鉴自然科学方法，与文学理论、文学批评实践相结合。早期的认知神经科学基于抽象的或现象性的表征，认为思维会独立于大脑、身体和感官形态；而当代认知神经科学强调思维过程的具身体现，这些过程通过人造产物及社会文化实践延伸到世界中；同时反对之前那些过度受限于信息加工理论的学说，而是转向一系列的认知的“E类方法”。所谓“E类方法”，来自思维具有生成的、嵌入的、具身的、延展的（enactive, embedded, embodied, extended）性质的观念。其中生成认知侧重于生活主体与环境间相互作用所产生的认知；嵌入认知侧重于人类与自然、社会和文化背景之间的互动结果；具身认知侧重于身体在认知过程中起到的重要作用；而延展认知侧重于身体以外的因素构成认知。在此基础上，认知文学理论家又加上了体验的和情绪的（experiential and emotional）性质，强调认知是在体验中生成也和情绪相互作用，运用丰富多样的研究来解释认知现象的复杂性。其中，认知的嵌入性和延展性很重要，因为我们的大脑与世界是相互连接的，而且这种连接是双向的——从世界到大脑，又从大脑到世界。

---

① Lisa Zunshine, “Introduction”, in Lisa. Zunshine (ed), *The Oxford Handbook of Cognitive Literary Studies*, Oxford: Oxford University Press, 2015, p. 4.

这种方法很适用于文学批评,[①]而且文学也是认知科学理想的研究主题之一。[②] 相应地,当代认知文学研究者对于认知科学的成果有更敏锐的洞察力和独到的见解,也更多地引入人文理论来进行人类认知的探讨。保罗·阿姆斯特朗作为当代认知文学批评家,深入地寻求文学理论中能够跟神经科学互相补充和印证的领域。

首先,阿姆斯特朗提出,认知文学理论研究来自自然科学与人文科学在人类思维的探索中存在的很多共通之处。例如,艺术和文学学者和神经科学家普遍认为,并没有专门的"艺术神经元"或"审美神经区域",所以,认知文学理论虽然借鉴了认知和神经科学的理论和成果,但并没有完全依赖它们来解释文学,而是对于科学理论做了客观的评断和有益的补充;神经科学家仅仅依赖自然科学无法充分理解人的大脑在人文领域的活动,并且常常将人类思维成果过度简单化,因而无法形成完整的认识,也无法解释人类文明中复杂和微妙的问题。大脑内部的各个区域之间有纵横交错关系,并且不断变化,形成复杂的多种连接;这种活动形成了人类思维和对于文学和艺术的理解,而这种理解也在改变着大脑皮层各部分之间的联系。此外,人类特有的感受并不能完全用科学手段探测,例如,功能性核磁共振成像(fMRI)无法精确反映出阅读特定文本时大脑中发生了什么,也不能反映出不同的读者在同一文本阅读中形成的不同意义领悟。[③] 所以以阿姆斯特朗为代表的认知文学批评者提出,神经科学应该从文学中学到很多东西以补充科学知识,因为含有主观感受(qualia)的现象,不能完全用客观的、物质的分析来解释。[④] 神经科学虽然有助于理解人类普遍共有的认知能力如何构建文化类别,但不能说明道德或政治方面人类文化混杂的不稳定性,文学和哲学则可以更深刻地阐明这些问题,因为大脑的结构和功能是复杂多样的——是无中心的、多方向的和交互作用

---

① Karin Kukkonen, Marco Caracciolo, "Introduction: What Is the Second Generation?", in *Styles*, 2014, Vol. 48, No. 3, p. 261.

② H. Porter Abbott, "Cognitive Literary Studies: The 'Second Generation'", in *Poetics Today*, 2006, Vol. 27, No. 4, p. 721.

③ Paul B. Armstrong, *How Literature Plays with the Brain: the Neuroscience of Reading and Art*, Baltimore: Johns Hopkins University Press, 2013, p. 4.

④ Paul B. Armstrong, "What Is It Like to Be Conscious? Impressionism and the Problem of Qualia", in Gregory Castle (ed), *A History of the Modernist Novel*, New York: Cambridge University Press, 2015, p. 67.

的。文学审美体验比在大脑皮层中特定位置的颜色感知或面部识别更复杂，在大脑中的分布更广泛，而文学审美体验本身也会影响大脑的功能。

再者，阿姆斯特朗的认知文学研究与经典形式主义的观点不同，而更接近现象学。认知文学理论不受简化论影响，也就是说，既不能将文学体验笼统地简化为对文学整体的认识，也不能将其归为细节说明，对于单个的字句进行实验检测。正如神经科学在研究视觉神经反应时，经常会选择抽象图形画，因为抽象绘画容易描述，但抽象图形不能代表所有视觉艺术内容。阿姆斯特朗意图通过对叙事活动中主客体之间相互关系的分析，来纠正文学研究"E 类方法"认知的一些片面性。一些"E 类方法"认知的支持者忽视了一些以大脑为基础的加工过程，而这些过程对于社会中的具象认知来说是必要的。例如，这些研究在人类思维的审美认知和审美在大脑层面的表现不够深入，对于人类文化和社会的研究不够深入，对人类社会能力的复杂原理过度简化等等；而只是聚焦于一些具体的、特殊的案例，也没有清晰解释文学体验的历史性和时间性问题等等。因此，阿姆斯特朗的认知文学理论开始于神经科学和文学研究共同的兴趣——文学表现出人类的一种特殊体验，虽然与神经科学对大脑如何工作的视角不同，但神经科学的实验发现和文学理论中关于阅读、阐释和审美体验的说明在很多情况下不谋而合，而认知文学理论就是要探讨文学和认知神经科学研究的平行和汇合。[①] 叙事的神经现象学解释需要具象的神经科学模式，包含基于大脑的概念。因此，他并没有专注于用神经和认知科学的理论和成果来解释文学现象，而是试图让文学理论与认知和神经科学相结合而共同解释人类的思维和意识。本文将以阿姆斯特朗的认知文学理论为引线，探讨认知文学理论的意义和前景。

二、神经美学与认知文学理论的相互关系

阿姆斯特朗并不是简单地说明文学活动在大脑中的反应，而是试

① Paul B. Armstrong, *How Literature Plays with the Brain: the Neuroscience of Reading and Art*, p. ix.

图阐明审美体验和阐释过程的神经生物学基础。在这个过程中，他试图将神经美学的理论运用到认知文学研究，并且一直活跃在神经美学和文学理论结合研究的前沿，以探索文学阅读中的审美体验原理。神经美学是探索审美体验的生物基础的学科，[①]目标是认识和理解艺术建构和审美体验中的神经过程，揭示审美的知觉和认知的大脑加工过程，探索审美认知机理。神经美学理论在实验结论的前提下提出合理的审美认知模式，既描绘审美对象的特征，又描绘审美体验的特征，力图找出审美认知加工过程中都有哪些因素会起作用。阿姆斯特朗的认知文学理论研究也在致力于揭示神经科学中与文学创作和阐释有关的核心问题，主要是不同历史时期和文化传统中出现的各种文学形式以及它们产生的审美体验的范围（从统一的、平衡的结构所促进的和谐，到违反规则的形式引起的不和谐）。

由此，阿姆斯特朗运用神经美学的研究方法，将文学审美体验的过程进一步阐明为，文学通过和谐（harmony）与不和谐（dissonance）的体验来与大脑相互作用，有助于协调思维功能的神经生物学对立关系，也就是大脑运行的紧张关系，即追求模式、综合和持续性与需要灵活性、适应性和开放性之间的矛盾。[②] 神经美学主张，美就是一种愉悦感，所以阿姆斯特朗定义的和谐是一种由相互关联的差异构成的结构，随着时间的推移而发展和变化，通过促进整合的调整和改变，在这些关系中进行转换来实现其效果。[③] 不和谐的不一定都会造成混乱和无序，而是也可以有目的地形成审美上令人愉悦的文学体验，这种不和谐的审美体验也是一种内部连贯的差异结构，在策略上与它破坏的和谐相对立，其认知目的与大脑的可塑性如何组织本身有关。[④] 例如，有韵律的诗歌会形成和谐的审美体验，而没有韵律、打破语言规律的自由体诗歌也可以给人愉悦的感觉。

神经美学开始于神经科学家对于大脑和认知的研究，因此阿姆斯

---

① Anjan Chatterjee, OshinVartanian, "Neuroaesthetics", in *Trends in Cognitive Sciences*, 2014, Vol. 18, p. 370.

② Paul B. Armstrong, "Neuroscience and the Social Powers of Narrative: How Stories Configure Our Brains", in *The Journal of English Language and Literature*, 2018, Vol. 64, No. 1, p. 5.

③ Paul B. Armstrong, *How Literature Plays with the Brain: the Neuroscience of Reading and Art*, p. 43.

④ Ibid., p. 48.

特朗的认知文学理论也建立在对大脑客观了解的基础上。大脑能够在追求模式、综合和持续性与需要灵活性、适应性和开放性之间相互竞争的必要性和相互排斥的可能性之间来回往返地发挥作用。这是因为大脑的结构是一个分散的、平行加工的网络,由相互作用的部分之间彼此相反的自上而下、自下而上的连接所组成。人类进行文学阅读时,与艺术审美相关的和谐与不和谐的体验促进了大脑形成和消解神经元集合的能力,通过反复的激活成为人与世界接触的习惯方式,同时抵抗僵化的倾向,促进大脑皮层内新连接的可能性。[①] 文学作品和神经科学技术都是记录意识运作的工具,有助于理解具身认知,但两者中任何一个都不能直接地、不受影响地决定意识、思维或大脑,两者都只是间接地反映了我们的思维与世界的关系。

各种审美和谐有不同的神经关联,和谐令人愉悦,因为与可识别的模式产生共鸣,或者表明了新的模式,也就是一些和谐可能激活某些特定整合的神经元加工模式,或者以新的方式重新塑形大脑皮层区域之间的关系。大脑通过各种神经结构,包括神经元和皮层区域连接,产生了和谐和不和谐的多样审美体验。反过来,文学阅读和写作等活动,也造成了大脑在审美体验中形成新的神经连接。认知功能和特定的、基因固定的大脑结构之间通常有明显的联系,但是特定的皮层区域如何反应却可能会在各种审美体验过程中由于各种原因改变,如历史性、文学体验的主体间性、大脑各个区域的不同反应速度等等。文学借鉴人们的生活体验,将其转化为故事一类的文学作品,然后反过来再重塑读者的生活。文学既反映又影响了大脑的审美认知机制。因此,在人类思维的发展过程中,通过文学阅读体验,大脑和文学形成了相互作用和相互影响的关系,二者相互依赖,共同发展。文学和大脑相互作用才构成了今天人类的心智和思维,而不是文学单纯靠大脑活动来反映,或者文学只是产生于大脑中。

认知文学理论也可以促进神经美学的发展,补充很多神经美学现在还解释不了的问题,因为在艺术和美学没有可靠的定义的情况下,神经美学要从文学理论的指导中受益,以确定研究的侧重点。[②] 例如,

---

① Paul B. Armstrong, *How Literature Plays with the Brain: the Neuroscience of Reading and Art*, pp. ix – x.

② Ibid., p. xiii.

神经美学无法解释为何读者在同一文本中能够发现多种相互不同的意义。[①] 同时，阿姆斯特朗指出神经美学的目标不应该是发现单独加工艺术的神经关联，而是对各种审美体验的神经生物学基础进行各种解释。审美体验应该与普通的情绪、认知和感知体验联系起来，以便更好地理解艺术，并且理解审美体验与日常生活之间复杂的连续性和不连续性。[②] 神经美学探究的目标应该是要解释和挖掘矛盾的神经生物学意义，例如大脑为何及如何接受对立的解释，因为它让恒定性和变化性自相矛盾的要求相互协调，而不是终止这种冲突。[③] 神经美学应该探究满足或没有满足预期造成的愉悦感和挑战的解释，这些如何与大脑的理解过程关联，而且要理解和谐与不和谐具有特别重要意义的神经功能，也就是与模式识别和跨脑皮层区域的多向信号时间性相关的功能，因为神经元网络通过这些功能连接起来。[④]

这些建设性思考，推动了神经美学向正确的方向发展。现阶段神经美学的发展已经进入了一个瓶颈期，在大量科学发现和机制模式归纳的基础上，系统和完整的理论框架还没有完全建立起来，这在客观上限制了神经美学的进一步发展。认知神经科学目前的实验手段尚无法完全解释大脑的复杂过程，此时作为人文学科的文学研究就能够发挥其作用，有时甚至比科学更加有用。神经美学的发展需要文学研究的加入，因为对于大脑如何阅读，文学理论如何加工这些问题，人文主义者有其独到的解释，神经学家可以从中获得指导和启发，以便获得更广泛和更深入的认识。

三、阐释学和现象学在认知文学理论中的运用

阿姆斯特朗将阐释学和现象学成果运用到认知文学理论研究，因为他发现阐释学和现象学理论与文学和认知神经科学的很多观点不谋而合，可以相互佐证和补充。这是他的认知文学理论中显著而与众

---

① Paul B. Armstrong, *How Literature Plays with the Brain*: *the Neuroscience of Reading and Art*, p. 2.

② Ibid., p. 20.

③ Ibid., p. 9.

④ Ibid., p. 23.

不同的特点和优势。

当代认知文学理论继承了阐释学长期以来的哲学传统。按照阐释学的中心原则，阐释是循环的，那么只有预先把握文本中某一部分与所属整体的关系，才能理解文本；也只有通过对文本各部分的研究，才能获得整体的感觉。阐释的循环性在每次文学阅读时都很明显，阅读文本需要对其模式的认识，而且这些模式是一个整体秩序及其组成部分的交互式建构，通过整体和部分之间的关系来理解细节的主要安排，即使它们的塑形只是其部分组合在一起时才出现。[①] 文学理论家们也早就认识到阐释学循环，因为只有事先把握部分与整体之间的塑形关系，才能理解文本或任何一种状态。任何文学阐释行为都会引起部分和整体之间的相互作用，因为一个细节只有在被视为与整个文本有某种联系的情况下才有意义，即使整体只有通过它的各个部分才能被理解。[②] 与此同时，对认知神经科学的了解发现，大脑也是以这种部分和整体的相互关系模式运行的，大脑通过将部分组合成有意义的整体，从而赋予部分以特定的意义，从这个角度来说，大脑的运作与文学的阐释不谋而合。

此外，阿姆斯特朗发现现象学理论家所确定的阅读体验的三个主要特征与神经学过程大体一致：阅读是来回往返的过程；阅读构建一致的模式，填充文本的不确定性；阅读是预期、修改预期和回顾的活动。[③] 他还引用了现象学理论家伽达默尔（Hans-Georg Gadamer）和伊瑟尔（Wolfgang Iser）提出的"游戏"（play）的概念来呼应认知叙事学理论。游戏作为一种"来回往返（to-and-fro）"的运动，可以采取多种形式。游戏通常意味着相互作用（即游戏需要参与者之间的来回）。这是一种自由且相对不受约束的活动，除非规则或惯例为参与者的表现设定某种特定的预期。这种游戏更开放，更不可预测，即使是有既定规则，也可以采取出乎意料的方向，而不受任何个体参与者的控制。这种自由的活动（游戏）可以带来快感、乐趣和愉悦。类似地，大脑可

---

① Paul B. Armstrong, *How Literature Plays with the Brain: the Neuroscience of Reading and Art*, p. 54.

② Paul B. Armstrong, "Neuroscience, Narrative, and Narratology", in *Poetics Today*, 2019, Vol. 40, No. 3, p. 411.

③ Wolfgang Iser, *The Implied Reader: Patterns of Communication in Prose Fiction From Bunyan to Beckett*, Baltimore: Johns Hopkins University Press, 1974, p. 282.

以跟文学游戏，这与愉悦感有关，而且是平等合作伙伴之间的互惠交换。阿姆斯特朗延伸了这种可变并且接受各种审美表现的互动模式，其特点是不同的规则、边界、结构和目的，通过它们所重视和推崇的各种审美游戏来界定。大脑矛盾的、无中心的结构促成了这些不同方式进行游戏的能力。大脑组织的二元性——对既定模式的依赖性和对新组合的开放性，可以支持从封闭到开放的各种游戏，而且不同的游戏以不同的方式构建了大脑的固定性和可塑性。阿姆斯特朗指出，大脑组织不仅需要协调和联系来理解世界，还需要灵活性和适应性来根据新的挑战重新形成自身。①

阿姆斯特朗还将现象学和神经科学理论相结合以解释文学阅读的矛盾性。一方面，文学阅读是一种个体的体验，因为每个人必须自己阅读，而且不会直接遇到对话的人。另一方面，这种个人体验使我们能够从内心感受和了解他人相对于自己的存在，并通过他人的视角看待世界，这在现实生活中通常是无法做到的。这也就是阅读体验中另一个自我(alter ego)的概念，现象学家莫里斯·梅洛-庞蒂(Maurice Merleau-Ponty)解释其为另一个自我的悖论，每个人只能相信他人的内心想法，而且认为他人的头脑虽然并没有涉及另外一些人的关系，却都尝试着与另外一些人产生联系。② 相似地，神经科学已经提出了三种方法来解释另一个自我的悖论，可能在大脑与社会世界复杂而混乱的互动中共同作用。这三种方法是：1. 心理理论(ToM, Theory of Mind)，注重通过思维解读将自己的心理状态归因于他人的能力，将他人的信念、欲望和意图理论化；2. 模拟理论(ST, Simulation Theory)，认为不需要理论来理解简单的日常行为，而是自动运行模拟程序，用自己的思想和感情体验别人的经验作为模式；3. 镜像理论(Mirror Theory)，用以确定神经元水平上类似的镜像机制是模仿、学习和交流等关键社会行为的基础。③ 文学阅读中的另一个自我的概念，表明了

---

① Paul B. Armstrong, *How Literature Plays with the Brain: the Neuroscience of Reading and Art*, p. 52.

② Maurice Merleau-Ponty, *The World of Perception*, trans. by Donald A. Landes New York: Routledge, 2004, pp. 66 - 67.

③ Paul B. Armstrong, "How Historical is Reading? What Literary Studies Can Learn from Neuroscience (and Vice Versa)", in Winfried Fluck, Günter Leypoldt & Philipp Löffler (ed), Yearbook of Research in English and American Literature, 2015, Vol. 31, p. 211.

现象学和神经科学都能够参与文学解释审美体验的内在机制,人类的思维既有人文主义维度又有科学维度的解释才能完整。

这种结合现象学和阐释学的认知文学理论,是他二元论的代表观点,主要运用于解释文学阅读的过程中,特别是对和谐和不和谐的审美体验的研究。和谐与不和谐的审美体验与大脑在阅读时的游戏,以及保持恒常性和灵活性的矛盾需求相互作用。由此,文学理论与大脑的相关研究不仅印证了认知文学理论的合理性,而且和谐与不和谐的文学审美体验也将阐释学的整体与部分的关系互动,以及文学与大脑游戏互动的现象学理念整合成认知文学理论有说服力的解释。

四、作为核心的认知叙事学理论

认知叙事学是阿姆斯特朗认知文学理论的核心组成部分,聚焦于文学作品作为叙事文本的审美认知原理。根据大卫·赫尔曼(David Herman)的观点,"认知叙事学是一个跨学科领域,它将(经典)叙事学的概念和方法与源自认知科学(如心理学、人工智能、心理哲学等)的概念和方法相结合,旨在为从事叙事结构和叙事阐释研究的理论家们所提出的范畴和原则建构一个认知基础"①。在《劳特利奇叙事理论百科全书》(*Routledge Encyclopedia of Narrative Theory*)中,认知理论研究知觉、语言、知识、记忆和世界之间的关系;认知叙事学对这些现象的范围和交叉点内的故事的作用感兴趣。② 这种叙事活动不仅存在于文学解读中,也存在于大脑进行的日常加工过程中,使支离破碎的自我和不连续的现象体验具有意义。③ 阿姆斯特朗认为,认知叙事学需要打破形式主义的传统,借鉴神经科学对语言的正确理解,从而

① David Herman, *Narrative Theory and the Cognitive Sciences*, Stanford: CSLI Publications, 2003, p. 20.

② David Herman, Jahn Manfred, Marie-Laure Ryan, *Routledge Encyclopedia of Narrative Theory*, New York: Routledge, 2010, p. 67.

③ Consoli Gianluca, "Narratology and Cognitive Sciences", in Lars Bernaerts, Dirk de Geest, Luc Herman, Bart Vervaeck (eds.), *Stories and Minds: Cognitive Approaches to Literary Narrative*, Image and Narrative, 2014, Vol. 15, No. 1, pp. 151 - 152.

解释神经元和大脑皮层的过程如何与生活体验模式相互作用,这也是认知叙事学的一种创新。在理解叙事学的经典问题基础上,他解释了故事是如何从大脑基本的神经元和大脑皮层加工处理中产生和启动的,并且探讨了叙事学的目的和方法应该如何与语言和大脑相一致。他指出叙事是语言和思维如何运作的关键,而且他对于大脑与叙事产生以及内容之间联系的深层探讨,推动了认知叙事学理论的延伸。

阿姆斯特朗提供了一个叙事的神经现象学模式,它描绘了我们作为故事的讲述者及理解者生活的、具身的体验,和潜在约束这些相互作用的神经生物学加工过程之间的相互关系。建立在阅读和叙事现象学理论家,特别是沃尔夫冈·伊瑟尔和保罗·利科(Paul Ricoeur)的成果基础上,阿姆斯特朗构建了一个对叙事的解释,认为叙事是在构型模式的产生和接受之间基于体验的相互作用。体验已经被预塑形,因为理解总是一个"视作为"(seeing-as)的过程——一个循环递归的、模式构建的塑形操作,它是视觉、阅读和所有其他认知加工过程的特征。叙事抓住了体验预塑形的方面(包括文化上共通的惯例、假设和实践),并将其重新塑形成各种各样的"仿佛"(as-if)模式(例如,"很久很久以前",以及"他们从此过着幸福的生活")。阅读或听故事的体验反过来可能会促使接受者重新塑形他或她对世界的理解,然后故事讲述者和观众通过这个循环再次开始来塑造、交流和重塑他们的体验。

阿姆斯特朗指出,故事可以利用体验,将其转化为情节,然后重塑听众和读者的生活,因为不同的塑形过程贯穿于构成叙事活动的互动和交流的回路中。首先,叙述的神经基础是大脑皮层内无中心的时间性,这需要在大脑和身体的相互作用中形成一种兼具回顾性和前瞻性的模式,以开头、中间和结尾的叙述顺序;其次,运动认知加工过程涉及对动作和姿势的理解以及其他知觉方式,说明为什么创造模拟动作结构情节的作品会对形成世界模式产生如此深远的影响;最后,如果故事能够促进同理心,并以其他方式促进人类特有的协作活动的共同意向,那么改变社会生活能力的局限性最终取决于通过镜像、模拟和认同将自我和他人双重化的具身过程。在这个方面,叙事都通过调用大脑模式形成的过程来塑形生活体验,这些过程是思维功能的神经生物学基础。叙事和谐的不和谐也是大脑在同步作用和去同步作用之间持续交替形成的。[①]

后来,阿姆斯特朗用协调(concord)与不协调(discord)这两个词来指代叙事创造和打破模式的方式。叙事学家利科将编写情节描述为"不协调中的协调"(discordant concordance)和"协调中的不协调"(concordant discordance),或者"异质元素的综合"(synthesis of the heterogeneous elements),通过将"各种主要事件或偶发事件"转化为一个连贯的故事,将部分塑形成一个整体。"构思情节"的行为将"不和谐的存在负担"转化为叙事综合体,通过构建行动模式赋予生活不平衡的意义。[②] 阿姆斯特朗发现,这种和谐和不和谐相互竞争的神经冲动,正是叙事的基础。大脑中的模式形成和分解之间的不平衡使这种和谐(consonance)与不和谐(dissonance)之间的叙事互动成为可能,其构建和破坏有助于大脑解决秩序和灵活性之间的冲突。[③]

无中心性(decenteredness)理念是指叙事中编写情节的和谐与不和谐性基于大脑的无中心的、异步的时间性,而大脑的时间进程也不是即时的和完全同步的。[④] 无中心性意味着没有一个组织决定或支配结构的中心。大脑结构是有组织的,但不是围绕某个中心。因此故事编写的模式也没有围绕着某个单独的中心进行,而这种理念延伸到叙事模式的构建和读者对叙事的接受问题上。故事启动了模式形成的交互过程,这些过程一直在意识以下发生,也是大脑运作的基础。这些有时间差异的叙事关联是话语和故事之间的关系——讲述的事件顺序和被讲述过程的顺序有时是一致的,有时是不协调的相互作用,并没有固定的模式或者中心。讲述和被讲述过程相互强化时,促进了认知合成;当它们突然转向和偏离时,认知加工过程就可能中断。从这个角度说,叙事是一种行为或者说一种语言的创造,它产生了读者或听众理解并重建的事件组织(动作的情节编写)以及读者和作者的理解和重建。[⑤]

阿姆斯特朗还特别强调大脑、身体和叙事的相互作用,身体的反

---

① Paul B. Armstrong, "Neuroscience, Narrative, and Narratology", pp. 397 – 399.

② Paul Ricoeur, *Time and Narrative*, *Volume 1*, Chicago: University of Chicago Press, 1974, p. 65.

③ Paul B. Armstrong, "Neuroscience, Narrative, and Narratology", p. 397.

④ Ibid., p. 398.

⑤ Ibid., p. 400.

应主要涉及行动和身体本身。叙事中情节在构建对世界的理解中起着核心作用，因为人的行动与知觉和认知有着密切的联系。[①] 神经生物学过程通过动作和感觉的假象化而启动，大脑和身体的相互作用对模仿的反应可能在许多认知领域加强或重塑接受者形成的习惯模式。行动在协调不同的认知方式中起着基础性的作用，这种作用对语言和叙事以及建构和理解情节的能力都至关重要。[②]

"仿佛"(as-if)描述了文学体验的审美维度，意味着虚构的、想象的、不真实的，利科称之为"它是，又不是"。阿姆斯特朗认为，审美体验的"仿佛"具有一种非工具性，它可能比为特定目的使用的工具更具趣味性和开放性。如果说故事和讲故事之间的来回往返游戏启动了大脑习惯性的感官模式，那么审美维度的虚构为实验、灵活性和游戏打开了更多的空间。[③] 对于叙事的接受维度来说，阅读是一种"作为关系"(as-relation)，要思考别人的想法，但把它们当作自己的想法——给文本带来的"真实的我"(real me)和凭借意识力量产生的"陌生的我"(alien me)的双重化(doubling)。[④] 伊瑟尔称双重性(doubleness)是文本中各种矛盾因素共存的现象。这也是文学阅读体验体现出的思维过程中主体间的双重化，并且在叙事时意向性被嵌入文本中。阿姆斯特朗进一步构建了一种叙事的解释，即叙事在构型模式的产生和接受之间基于体验相互作用。大脑对于文本的理解是一个"视作为"(seeing-as)的过程，也就是一种建立循环递归的、有结构的模式的操作，它是视觉、阅读和所有其他认知过程的特征。叙事抓住了体验的预期方面(包括文化上共通的惯例、假设和实践)，并将其重新塑形成各种各样的虚拟模式。阅读或听故事的体验反过来可能会促使接受者重新规划对世界的理解，然后故事讲述者和观众通过这个循环再次开始来塑造、交流和重塑他们的体验。[⑤] 大脑和文学体验这种循环递归的相互作用不仅说明叙事作为文学现象与大脑的工作原理本质上是一致的，也验证了文学同样也能促进大脑新

---

① Paul B. Armstrong, "Neuroscience, Narrative, and Narratology", p. 401.

② Ibid., p. 402.

③ Ibid., p. 406.

④ Ibid., p. 404.

⑤ Paul B. Armstrong, *Stories and the Brain: the Neuroscience of Narrative*, Baltimore: Johns Hopkins University Press, 2020, p. 2.

的连接模式的产生和发展,二者一起来促进人类思维与世界的交互作用。

可以说,认知叙事学的研究有助于人类对于大脑的了解。讲述和理解故事的能力需要思维功能的基本神经生物学认知加工能力。故事叙事可以帮助大脑协调大脑需要模式合成的一致性与追求灵活性、适应性和变化可能性之间的矛盾。[①] 如果语言和叙事是生物文化的混合体,那么任何跨文化、跨历史的功能和形式的规则都是大脑、身体和世界之间可变但受限制的相互作用的产物,而不是与思维逻辑结构相一致的共性。在我们彼此讲述的故事中,任何重复出现的模式都是人类神经生物系统和重复体验之间相互作用的混合产物。描绘出我们讲述和追踪理解故事的构型和重构的来回往返过程,是神经科学、叙事和叙事学动态且不断变化的基础。[②] 进而阿姆斯特朗利用叙事的产生和接受的现象学来解释叙事的时间,意图探索叙事理论中故事和体验之间的关系,例如,叙事如何组织时间的体验的互动,情节如何构建行动模式,以及如何通过故事的交流使不同人的世界相互联系。大脑中模式的形成和消解之间的不平衡使得叙事中构建和破坏模式的游戏成为可能,这样一来,彼此讲述的故事中构建和中断模式会促进大脑在既有模式和可能的变化之间的平衡行为,描绘出故事的讲述者及理解者的具身生活体验,以及构成并且约束那些相互作用的神经生物学加工过程之间的相互关系。

五、文学阅读中的历史性和时间性

阿姆斯特朗从文学阅读角度挖掘的文学历史性(historicity)和时间性(temporality),这是证明认知文学理论与神经科学齐头并进并且相辅相成的重要步骤。

语境主义者普遍认为,阅读从根本上是历史的,无法在今天读者的生活体验的基础上推断过去的读者是如何处理文本的,就如一个17

---

① Paul B. Armstrong, "Embodied Cognition and the Nature of Narrative", in Jakob Lothe(ed), *The Future of Literary Studies*, Oslo: Novus Press, 2017, p. 185.

② Paul B. Armstrong, "Neuroscience, Narrative, and Narratology", p. 424.

世纪的伦敦市民和一个20世纪的美国教授生活在不同的精神世界里。但神经科学家却认为阅读没有历史性，因为阅读和文学诞生以来的几千年不足以使人类大脑进一步进化，大脑的基本解剖特征和基本过程并没有发生显著变化，而大脑的自然能力必须适应阅读这种非自然的行为（人类并不是从进化而来的阅读能力，也不是所有人都能阅读，或者每个人天生都能阅读）[①]。然而，阅读的神经生物学和现象学解释有助于阐明人类现在如何处理文本与祖先如何理解文本之间的关联，表明了现在的意义是如何与当时的意义相联系的，这是阅读的关键维度——历史性，而阅读书面文本所涉及的认知过程也有历史性。[②] 大脑如何学习阅读是一个复杂的过程，它印证了大脑是固有的、遗传的特征与其改变、适应和发展（也就是大脑的可塑性）的能力之间的矛盾组合。在人类历史上，阅读是大脑中相对较晚发展的功能，只能利用已有的神经系统进行，但读者与文学阅读在不同的个人历史中可能发生个体变化。阅读习惯在识字之后相对短暂的时期（从进化的角度来看）发生了变化，只是因为由重复的大脑皮层活动引起的短期神经元发育。[③] 这种历史性说明，文学作品的解读既是一种审美体验，也是一种历史行为，因为它涉及理解（并经常倾向于）保留过去意义行为的形式。[④] 也就是说，文学不完全依靠人类大脑的进化而发生变化，因为自文学产生的几千年在人类大脑进化而来的几十亿年中所占比例太少，而人类大脑因为文学的变化却非常可观，人类对于文学的体验也随着时间的推移大相径庭。因此，阿姆斯特朗总结为把阅读视为是完全历史性的也是错误的。文本确实会以同样的方式影响各个时期读者的情绪，因为同样的神经过程会在那时和现在阅读时都启动。不同的体验与文本、人以及其他文化和自然对象一定会建立不同的倾向，模式形成因时代而异，但这些差异反过来又使感知者有可能在完全相反的审美现象中发现愉悦和意义，虽然这些差异也是长期、基本

---

① Paul B. Armstrong, "How Historical is Reading? What Literary Studies Can Learn from Neuroscience (and Vice Versa)", Winfried Fluck, Günter Leypoldt & Philipp Löffler (ed), p. 201.

② Ibid., p. 202.

③ Ibid., p. 207.

④ Paul B. Armstrong, "Form and History: Reading as an Aesthetic Experience and Historical Act", *Modern Language Quarterly*, 2008, Vol. 69, No. 2, p. 195.

而且普遍的神经过程的表现。[①] 而且各个流派的文学批评家作为读者和评论者，都会有不同的心理印记，因为他们在阅读历史中形成了不同的记忆。神经结构不仅有过去加工的痕迹，而且有现在和将来的认知行为中发挥作用的习惯。尽管大脑的可塑性是有限的，而且所有的大脑都有许多共同的结构和加工过程，但是任何两个大脑的环路都会有所不同，因为过去的大脑皮层会有某种特别的合成，也就是某些神经元一起活跃，连接在一起，所以两个历史背景不同的读者对同一部小说或同一首诗的反应可能大不相同。[②] 从神经科学的角度来看，文学当然有可能改变读者的意识，因为重复的体验以反映我们个人和文化历史的方式改变了大脑皮层的连结。[③] 换言之，大脑内部的神经联结和大脑皮层同时活跃的区域有所不同，造成了读者接受的差异性。大脑自身神经连接的变化和不同人大脑神经连接的不同是必然的，这也是由大脑内部的紧张关系以及无中心等特性造成的，不仅仅是由于历史时期的不同。

文学阅读的时间性也同样受到神经科学的重视，因为神经科学界正在形成的共识是，大脑节律的时间性可能是理解大脑如何建立一致性的关键，即大脑不同区域如何协调它们的活动。[④] 阅读是一种递归的行为，[⑤]迭代地返回文本、时间和自身的知识和意义生成，以构造一系列时间上延伸的事件，而且阅读这种延伸的时间性是其最受认同的特点之一。大脑一直整合那些不连贯的时刻，回顾过去或者预期未来，并且存在于当下，而叙事就是基于大脑的非同时性的文学形式。大脑皮层加工的时间性有助于解释大脑如何协调一致性与接受新颖性和多样性的相互矛盾，进一步说明了为什么和谐与不和谐的对比体

---

① Paul B. Armstrong, "How Historical is Reading? What Literary Studies Can Learn from Neuroscience (and Vice Versa)", Winfried Fluck, Günter Leypoldt & Philipp Löffler (ed), p. 213.

② Paul B. Armstrong, *How Literature Plays with the Brain: the Neuroscience of Reading and Art*, p. 116.

③ Ibid., p. 119.

④ Paul B. Armstrong, "How Historical is Reading? What Literary Studies Can Learn from Neuroscience (and Vice Versa)", Winfried Fluck, Günter Leypoldt & Philipp Löffler (ed), p. 210.

⑤ G. Gabrielle Starr, "Cognitive Literary Criticism", in David H. Richter (ed), *A Companion to Literary Theory*, Chichester, West Sussex: John Wiley & Sons, Ltd., 2018, p. 410.

验被认为具有审美价值的原因。解释大脑的时间性是理解它可以怎样游戏的必要条件。① 阿姆斯特朗引用现象学家胡塞尔的观点，说明任何时刻都具有滞留视域（retentional horizon）和前摄视域（protentional horizon）。视域提供了某种视角，却指向了所期望的（跨越前摄视域）并且基于现有的（滞留视域）事物。② 然而，滞留和前摄是相似的，因为它们都不完全且直接地以自己的方式呈现过去或未来，而只是通过一系列不断变化的视角来实现。部分与整体在阐释学角度相互作用，在体验中表现为预期与回顾的来回往返游戏，滞留与前摄相互提炼与修正，文本以此通过不同的时间视角呈现给我们。这里，阿姆斯特朗同意伊瑟尔的观点，阅读的时间性的结果是“意义的每一次具体化都会导致对意义的高度个体化的体验，而这种体验永远不可能以相同的形式完全重复，每次阅读都会产生不一样的效果”③。因此，文学中和谐和不和谐的特征也体现在时间性的维度上。在和谐的文学模式阅读过程中，在时间上，神经元细胞组合用组织、消解和重新形成的方式，自我转换、发展和修改，而文学艺术的和谐与大脑活动的同步性产生共鸣、刺激、强化和重构。人们不仅从模式的识别和灌输，而且甚至从模式的破坏中获得愉悦感，这也符合大脑活动的时间节奏。有意义的不和谐也能保持大脑的灵活性，还可能有新的组合形式。因此，不和谐也可能是组合和拆分模式的一部分，这种模式使大脑活动具有时间性、节奏性和波状结构。④ 阿姆斯特朗由此将大脑加工原理与文学接受理论有机地结合，使其成为认知文学理论有说服力的实证主张，也印证了文学阅读体验中的时间性和历史性理念的意义。

其实，历史性和时间性在阿姆斯特朗认知文学理论中相辅相成，因为如何阅读以及不同阅读方式所涉及的内容一直是文学阅读的核心问题，既有形式层面又有历史层面。文学理论采用历史方法和时间内涵来理解这种多样性，并且强调其背后的形式价值和结构。长期以来，文化和历史方法主导文学研究，文学读者和评论家在寻求背景来

---

① Paul B. Armstrong, *How Literature Plays with the Brain: the Neuroscience of Reading and Art*, p. 92.

② Ibid., p. 93.

③ Ibid., p. 98.

④ Ibid., p. 111.

解释文学中许多变体和变化的社会根源和政治后果时，会忘记审美形式，而认知文学理论却没有因此忽略文学审美本身。神经科学既需要对艺术的异质性和偶然性的历史评价，也需要关于阅读文学作品的审美体验的系统理论。历史性与时间性都体现在文学阅读体验中文学与大脑的相互作用上，文学作品中的语言形式会激活特定文本和接受者独特的大脑皮层连接的神经加工过程，但也具有跨历史、跨文化和进化学上长久以来形成的特性。这些特性与大脑的基本特征有关，而神经美学正是要指出文学体验的特殊性和大脑的特性之间的冲突以证明大脑可以适应、改变和相互作用。

结语

保罗·阿姆斯特朗的研究结合了阐释学和现象学理论，并深入到神经美学领域，因此延伸了认知文学理论视角，特别是认知叙事学和文学审美体验的视域。他提出的关于和谐和不和谐等二元论的理念，以及大脑和文学的游戏观点，展示出文学和大脑之间的相互作用和影响。他不仅用认知神经科学和现象学理论来佐证认知文学理论，而且还找到了自然科学和人文科学研究的契合点以及人文科学的优势。他的理论突破了形式主义等传统人文学科观念的束缚，并且让人文科学以有利的角色参与到解释人类思维和意识的活动中。阿姆斯特朗的研究证明了科学家和文学理论研究者要了解大脑如何阅读，以及文学如何加工这些过程，需要互相配合，人文主义者为科学提供核心理论和人文专业知识。人文学者也会重新认识自已所知道的，却与传统文学作品研究不同的原理。

认知文学理论虽然属于交叉学科，但应该独立存在，而不是完全地依附于自然科学或人文学科。它作为语言研究分支，也不应该笼统地归结为认知诗学或者认知语言学。认知文学理论应该得到更加深入的研究和重视，而不仅限于某些结果和假说。认知文学理论体系和框架的形成和完善，也必将是这一学科未来发展的主要任务。可以说，阿姆斯特朗为神经美学理论的内涵和应用提供了有效途径，证明了在神经美学发展过程中，人文学者的贡献也不容小觑。交叉学科的研究中，人文科学和自然科学应该是平等而且互惠的，并没有主次之分。人文学者不应该一味依赖科学研究成果来解释所有的文学现象和文学体验，而是应该将认知文学理论整合成有学科框架的体系。人文学者也要坚信认知文学理论也必将成为神经美学发展不可或缺的层面，成为文学审美体验研究中重要的一环。

【本文为中国民航大学中央高校基本科研业务费人文社科一般项目“西方认知叙事学理论研究”(3122022QD04)阶段性成果】

（作者单位：中国民航大学、吉林大学）

学术编辑：李永胜

艺术成为抵达历史的通道
——阿甘本的艺术本体论探析

赵宝明

内容提要 阿甘本批判了危机时代传统断裂、经验失落的历史状况，将艺术视为抵达历史的通道，这构成了他的艺术本体论和美学思想的核心。阿甘本将艺术与历史关联的关键点锚定在否定性的审美瞬间上：他通过革新时间意识和历史概念，创造了"艺术天使"这一可以阻断线性时间、悬置实用功能的救赎形象，使其具有接续传统、援引历史的效用；他将艺术作品的原初结构理解为一种特别的艺术的节奏本体论，认为艺术在时间中引入了分裂和停顿，将时间培养成一种富有成效的节奏，从而为人类打开了一个原初的真理和栖居空间。阿甘本的艺术本体论思想有助于重审否定性美学的内涵和其在当前的重要性，也为当前的美学研究开辟了一个新的疆场——审美瞬间的历史效用。

关键词 阿甘本　艺术本体论　艺术天使　节奏　历史

1970年，时年28岁的吉奥乔·阿甘本(Giorgio Agamben)出版了他的第一本也是其主要的美学著作《没有内容的人》(L'uomo senza contenuto)[①]，其中包含十篇极富价值的文章，涉及创作者与接受者、传统与现代、艺术与历史、毁灭与救赎等诸多美学领域的重要话题，集中呈现了阿甘本的美学思想面貌。在笔者看来，阿甘本的美学思想最关键的地方在于他把审美和历史结合起来，从而提出了一种特殊的艺术本体论。

在《没有内容的人》之《忧郁的天使》(The Melancholy Angel)一文中，阿甘本是这样阐述审美在当今时代的功能的：

---

① Giorgio Agamben, *L'uomo senza contenuto*, Milan: Rizzoli, 1970.

> 因此，审美在某种程度上执行了传统在其断裂之前所执行的同样的任务：在过去的情节中再次接续断裂的线条，它解决了新旧之间的冲突。如果没有这种调和，人就无法生存。因为人总是在时间中迷失自己，又总是必须找回自己，因此对人来说，自身的过去和未来在每时每刻都是性命攸关的问题。通过摧毁过去的可传递性，审美以否定的方式重新恢复过去，并以审美的形象使不可传递性本身成为一种价值，以这种方式在过去和未来之间为人开辟了一个空间，在这个空间里，他可以找到他的行动和知识。①

在这段引文中，阿甘本赋予审美的否定性以恢复过去、敞开历史的效用：它通过摧毁过去的可传递性恢复过去，通过将不可传递性审美化为人类开辟一个沟通过去与未来的原初历史空间，在此空间里，本真的认知和积极的行动方成为可能。这也可以看成阿甘本对“艺术本体论”即“艺术是什么”这一问题的回答：在当今时代，艺术成为抵达历史的通道。具体来说，艺术成为现代人类进入其确证自我、获得方向的原初历史空间的入口。艺术被阿甘本赋予如此重要的地位，甚至可以说这是艺术本体论领域的最高论述之一。

这一艺术本体论是理解阿甘本在《没有内容的人》一书中各种新奇的美学观点的核心，只有把握了这一点，“一种对于艺术家的艺术，只是对于艺术家的艺术”“对消失了的行动的追寻”“艺术作品的本源结构作为节奏”“能够实现对历史的救赎的艺术天使”等思想才能得到透彻的把握。但是要理解这一艺术本体论并不是容易的事情，需要深入阿甘本的现代性批判，尤其是其对当代历史危机的批判，把握尼采、海德格尔、本雅明等德语思想家的深厚影响，考察其对艺术的原初结构的独特阐发，探索其将艺术与历史关联起来的关键所在。

一、阿甘本的历史批判：传承的断裂与历史的失落

阿甘本对现代历史状况的总体判断是：传承的断裂，过去的僵死，

---

① Giorgio Agamben, *The Man Without Content*, trans. by Georgia Albert, Stanford: Stanford University Press, 1999, p. 68.

现代都市人经验、记忆与历史的失落。

> 传统的丧失意味着过去失去了其可传递性,只要人们还没找到与其建立联系的新方式,过去就只能成为累积的对象。在这种情况下,人只好将其全部文化遗产完整地保存下来……但是他却不再能够从这份遗产中推导出自身行动和福祉的标准,因此也就失去了通过追问自身的起源和命运,在过去和未来之间对现在进行建构的具体场所。[①]

可以看到,阿甘本所说的"传统、历史的丧失"并不是它们消失不见了,而是它们跟人的联系方式改变了:过去成了累积的知识却无法转化为人的历史,传统被保存下来却无法为人所用,人们不再能够从这份遗产中获取存在的尺度和行动的方向。在阿甘本看来,真正的历史概念并不是累积的知识和触手可及的财产,而是如他所说,"在过去和未来之间对现在进行建构的具体场所"[②]。历史作为人类沟通过去、面向未来、在当下本真绽放的历史场所,失去历史就意味着失去了树大根深的在家之感和深入未来的行动方向。

这里可以看出阿甘本的历史批判与本雅明的亲缘性。[③] 阿甘本在《忧郁的天使》一文中说本雅明可能是第一个认识到文化的可传承性和与过去的关系已经发生了根本变化的欧洲知识分子。[④] 当然,根据尼采的《历史学对于生命的好处与弊害》[⑤]一文我们可以看到尼采早于本雅明认识到传统的断裂和过去的消失。尼采通过彻底批判历史科学和历史主义(Historismus),寻求一种真正的历史感。本雅明扩展了尼采的批判,使它不仅承受进步的历史信念和历史主义,而且承受生命哲学本身对历史主义的克服。对本雅明来说,历史不是像尼采那

---

① Giorgio Agamben, *The Man Without Content*, trans. by Georgia Albert, p. 66.

② 同上,p. 66.

③ 本雅明对阿甘本的影响至为深远,其历史之思、政治哲学和审美救赎思想都明显可以看到本雅明的影响。

④ Giorgio Agamben, *The Man Without Content*, trans. by Georgia Albert, p. 64.

⑤ Friedrich Nietzsche, Sämtliche Werke, Kritische Studienausgabe (KSA) Band 1, Herausgegeben von Giorgio colli und Mazzino Montinari, Berlin/New York: Walter de Gruyter, 1988. 中译本参见尼采:《不合时宜的沉思》,李秋零译,华东师范大学出版社 2000 年版。

样通过追溯生命、生活来据为已有，而是通过一种激进的历史思想、时间意识来占有的。这与历史文化的变迁状况相对应。如果说尼采面前还有一项蓬勃发展的历史事业，过剩的历史事业有可能使生命窒息，那么本雅明所批判的情况与此形成了特殊的对比：现代都市人的生命视域的特点是经验、回忆和历史的失落。

本雅明在《讲故事的人——尼古拉·列斯科夫作品考察》(1936)[①]《论波德莱尔的几个母题》(1939)[②]等文章中对现代人经验世界的破碎、交流经验能力的消失、回忆的失落等进行了深入的描述，在《历史哲学论纲》中对编年史和历史主义的统治所造成的历史的空洞化、同质化，对历史进步观念以一种持续进步的逻辑将历史上的灾难和不公合理化所导致的宿命论和随波逐流的盲从进行了深刻的批判。

阿甘本全面继承了本雅明的历史批判。首先，在对传统的断裂的诊断方面基本一致，就像本雅明在《讲故事的人》中对从前时代的人的完整经验世界的破碎的描述一样，阿甘本的批判也指向经验的毁灭和过去的疏离。在《幼年与历史——经验的毁灭》[③]一文中，他分析了经验失落的几个原因。其一，人的主体化所造成的世界的对象化和与过去无法消除的疏离感。他使用了这样一个例子："绝大多数人并不期待与世界最伟大的奇迹之一(如阿尔罕布拉宫的狮子庭)零距离地接触，更愿意选择让照相机记录那一奇迹。"[④]本雅明反对文化进入文化史作为"遗产"被保存下来，认为这样比文化的失传其实更加危险，因为将其编织进持续进步的历史进程，就湮灭了文化所携带的过去的灾难、不公和救赎的目光。阿甘本发现，现代的影像技术进一步改变了人们与过去接触的方式，进一步将"遗产"变为游人的程式化操作，窒

---

① Tiedemann R, Schweppenhäuser H. Walter Benjamin, „DER ERZÄHLER Betrachtungen zum Werk Nikolai Lesskows", Gesammelte Schriften: Band II/2, Frankfurt am Main: Suhrkamp, 1980.中译本参见本雅明:《启迪:本雅明文选》,汉娜·阿伦特编,张旭东、王斑译,三联书店2008年版。

② Tiedemann R, Schweppenhäuser H. Walter Benjamin, „über einige Motive bei Baudelaire", Gesammelte Schriften: Band I/1, Frankfurt am Main: Suhrkamp, 1974.中译本参见本雅明:《启迪:本雅明文选》,汉娜·阿伦特编,张旭东、王斑译。

③ Giorgio Agamben, *Infancy and History*, *The Destruction of Experience*, translated by Liz Heron, London and New York: Verso, 1993.中译本参见阿甘本:《幼年与历史——经验的毁灭》,尹星译,陈永国校,河南大学出版社2016年版。

④ Ibid., p.15.中译本参见阿甘本:《幼年与历史——经验的毁灭》,尹星译,陈永国校,第5页。

息了照亮过去的最后的微弱烛光。其二，科学的介入所形成的精确量化对连绵的经验的切割和碎片化、同质化。阿甘本认为："经验与确定性互不相容，某种经验一旦变得可以衡量和确定，便即刻丧失其权威性。在科学规律起决定作用的地方是不能构成原理和讲故事的。"[①]阿甘本在对传统的断裂、过去的疏离的原因分析上更接近于海德格尔。海德格尔将世界的图像化、历史的历史学化归咎于人的主体化以及自然科学、现代技术的研究、打量模式；本雅明对现代技术持一种矛盾态度，一方面，现代技术会造成传统的"光晕"(Aura，也译为"灵韵""灵氛"等)的消失，另一方面也可能带来一种新的美和新的政治效应。

其次，阿甘本明显继承了本雅明的弥赛亚救赎历史观念。本雅明深受犹太神秘主义喀巴拉(Kabbala)宗教的影响，这一影响贯穿了本雅明的毕生著作，即使他后期转向历史唯物主义，但早期的神学思想像幽灵一样不时地冒出来，并且似乎占据了其作品的核心位置。[②] 从早期的德国浪漫派、歌德研究、德意志悲苦剧(Trauerspiel)研究，到后来的卡夫卡、波德莱尔研究，直到最后的《历史哲学论纲》，都有犹太神秘主义的显著影响。喀巴拉教义和弥赛亚的救赎观念奠定了本雅明所有思想的基础，其历史批判和历史救赎思想也筑基其上。

对本雅明的历史哲学影响深远的是喀巴拉教义中"生命树和智慧树"的神话内容：人类在堕落之前的世界由生命树所统治，这是完整的、无区分的、神圣的伊甸园世界；人类由于亚当的原罪堕落之后的世界由智慧树所统治，世界陷入分裂、区分和邪恶之中，这个世界由流亡中的"妥拉"(Torah，犹太教经文)管辖，它负责引导当下尚未被救赎的生活；弥赛亚降临，它终结了智慧树所统治的世俗历史世界的区分和邪恶，恢复了生命树的乌托邦秩序，生命摆脱了堕落之后的分裂和邪恶，恢复了原有的完整和统一，被救赎的世界由救赎的"妥拉"

---

① Giorgio Agamben, *Infancy and History, The Destruction of Experience*, translated by Liz Heron, London and New York: Verso, 1993, p. 18. 中译本参见阿甘本：《幼年与历史——经验的毁灭》，尹星译，陈永国校，第 10 页。

② 就像理查德·沃林(Richard Wolin)在《瓦尔特·本雅明——救赎美学》中所总结的："在他的著作中有两个范畴——特别是它的希伯来语形式——占据了中心位置：一个是启示，"妥拉"和一般意义上的圣书的理念；另一个是弥赛亚观念和救赎。作为统辖其思想的规范性观念，它们的重要性怎么估价都不过分。"参见理查德·沃林：《瓦尔特·本雅明——救赎美学》，吴勇立、张亮译，江苏人民出版社 2017 年版，第 48 页。

掌管。

在弥赛亚救赎历史观的视域中，世俗生活的历史领域与救赎领域极度对立，世俗生活的经验领域无法获得真正超越的意义，只能作为碎片被历史进程吞噬。本雅明就是在此视域中来审视世俗的历史生活的，未经救赎的世俗世界，经验的连续过程处于一种永久的瓦解状态，记忆失落、传统断裂、历史失落。阿甘本对传承的断裂、历史的失落的批判也受这一视域影响，在对语言的下降历史的解读中表现得尤为明显。他沿着本雅明的思路将名称语言的无限下降视为世俗历史，“原罪——人类因此而被赶出天堂——首先是语言从一种不意指的、完全透明的名称的语言，向作为某种外部交流的手段的意指语言的堕落……”[①]在起源处，语言是透明的，没有语言与事物的分离，没有主客体的认知框架，也没有语法存在的需要，语言言说自身，言说者进入语言之中，但由于人类的原罪，语言像世俗历史一样分裂开来，需要语法将其组合起来。

二、异质的时间：艺术天使对历史的救赎

在本雅明的弥赛亚救赎历史视域中，面对当下持续分裂的、破碎的尘世生活，希望寄托于弥赛亚降临的救赎。救赎意味着什么呢？意味着对世俗历史世界的超越，意味着原初天堂也就是伊甸园世界的复归。也就是说，救赎是对过去的弥赛亚式的恢复，在弥赛亚降临的时刻，全部的过去被带入当下，并且产生了巨大的升华。理查德·沃林将其总结为“起源就是目标”：“起源仍旧是目标，但不是作为必须被重新夺回来的过去的固定形象，而是作为藏匿在其起源中的潜能的实现，同时也代表着超越原初出发点的重大飞跃的完成。”[②]面对此世的区分和堕落，经验的瓦解，世界的碎片化，只有借助神学思想才能超越世俗历史世界，在超越此世的彼岸世界才能找到一种总体性观念，人类才能获得一个自由的原始空间（Ur-raum），恢复其原有的总体性、

① 吉奥乔·阿甘本：《潜能》，王立秋、严和来等译，沙明校，漓江出版社 2014 年版，第 40 页。

② 理查德·沃林：《瓦尔特·本雅明：救赎美学》，吴勇立、张亮译，第 40 页。

神圣性。可以看到,在弥赛亚救赎历史视域中,本雅明的历史概念不同于我们所熟知的历史学意义上的作为人类定向发展进程的历史,而是一种充满救赎意味的反历史的历史哲学,其关键点在于救赎降临的瞬间获得的原初空间。这就跟前面所提及的阿甘本的作为"在过去和未来之间对现在进行建构的具体场所"的历史概念相似。

那么,这种历史概念的时间性基础就成为一个关键的问题。针对历史的空洞化、同质化和历史主义以一种持续进步的原则长久维持压迫历史的连续性,本雅明将批判的目光指向沉沦历史的时间性基础——线性时间,他尝试用一种异质的时间来冲破异化历史的线性时间链条,那就是充满了末世论救赎意味的异质时间——现在时间(Jetztzeit)①。本雅明用这种充满犹太意味的异质时间为他的救赎历史概念提供基础。这种时间概念与古希腊传统的线性时间概念不同,它以断裂、否定为特色。在这种时间中,过去永远不会被隔绝,同样,现在也不是简单的从过去到未来的过渡,而是一种与进步历史的连续体相抵触的、具有挑战性的现在时间。因而,在这种现在时间概念中,总是蕴含着历史进程中反复无常的变化的可能性。未完成的过去随时可能冲进现在的时间,推动救赎。按照本雅明的说法,"时间的分分秒都可能是弥赛亚(Messiah)侧身步入的门洞"②。现在时间力求一种彻底的断裂和在当下的突然连接,从而爆破了历史的连续性,在这样一个极端当前化的瞬间,过去与现在共同结晶入一个"星丛"(Konstellation)之中,才在折叠的辩证法图景中闪现出其本来面目。弥赛亚主义的救赎时间和历史观念也深刻影响和决定了本雅明的文学艺术批评方法和使命——在损毁中实现救赎。本雅明认为批评就是对作品的损毁,对艺术作品实质历史内容的损毁可以突破反复

---

① 充满救赎意味的现在时间的发明除了犹太神话的影响,还有重要的政治原因:当时国家社会主义处于鼎盛时期,在 1939 年希特勒与斯大林签订条约后,绝望至极的本雅明想用一种批判性理解的历史唯物主义来反对对历史唯物主义的世俗化理解,他起草了一个全新的历史概念,打破了对进步的信念,并将积极干预历史进程的救世主式的乌托邦与之相对。

② 德语原文为:„Denn in ihr war jede Sekunde die kleine Pforte, durch die der Messias treten konnte." in Tiedemann R, Schweppenhäuser H. Walter Benjamin, „Über den Begriff der Geschichte", Gesammelte Schriften: Band I/1, Frankfurt am Main: Suhrkamp, 1974, S. 704. 中译本参见瓦尔特·本雅明:《启迪:本雅明文选》,汉娜·阿伦特编,张旭东、王斑译,第 276 页。

无常的、偶然的历史主义视域，发掘出作品中真正持久的东西和救赎因素，使之沐浴在永恒的真理之光中。

阿甘本在一定程度上继承了本雅明的救赎美学思想，即在结束永久的例外状态、持续灾难的堆积碎片的意义上，赋予破坏性的力量以艺术的创造性。在《没有内容的人》一书中，他将审美发生的时间视为与“现在时间”相似的异质时间，从而让艺术以一种否定性的方式承担起救赎历史的功能。这正是阿甘本将艺术与历史关联起来的独特艺术本体论的主要来源和内在逻辑。

针对本雅明的“历史天使”形象，阿甘本创造了“艺术天使”的救赎形象。在《历史哲学论纲》中，本雅明根据保罗·克利的《新天使》(Angelus Novus)所阐发的“历史天使”的无助形象凸显了本雅明心目中堕落的历史的凄凉意味：面对堆积如山、直逼天际的历史废墟，天使无可奈何，甚至连自身也被卷入进步的风暴，因而天使是忧郁的。本雅明这样描述：

图 1　保罗·克利：《新天使》(Angelus Novus)，1920，耶路撒冷以色列博物馆

他凝视着前方，他的嘴微张，他的翅膀张开了。人们就是这样描绘历史天使的。他的脸朝着过去。在我们认为是一连串事

> 件的地方，他看到的是一场单一的灾难。这场灾难堆积着尸骸，将它们抛弃在他的面前。天使想停下来唤醒死者，把破碎的世界修补完整。可是从天堂吹来了一阵风暴，它猛烈地吹击着天使的翅膀，以致他再也无法把它们收拢。这风暴无可抗拒地把天使刮向他背对着的未来，而他面前的残垣断壁却越堆越高直逼天际。这场风暴就是我们所称的进步。①

相对于本雅明历史天使的无助的"忧郁"形象，阿甘本在《忧郁的天使》一文中根据丢勒（Albrecht Dürer）的一幅名为"忧郁"(Melencolia)的版画创造了具有救赎之力的"艺术天使"，阿甘本这样描绘艺术天使的形象：

图 2　丢勒：《忧郁 1》(Melencolia I)，1514，纽约大都会博物馆

① Tiedemann R，Schweppenhäuser H. Walter Benjamin，„Über den Begriff der Geschichte"，Gesammelte Schriften：Band I/1，Frankfurt am Main：Suhrkamp，1974，S. 697－698.中译本参见瓦尔特·本雅明：《启迪：本雅明文选》，汉娜·阿伦特编，张旭东、王斑译，第 270 页。

如果说历史的天使把目光投向过去，但无法阻挡自身飞向那个自己背对着的未来，那么丢勒版画里的忧郁天使则漠然不动地注视着前方。吹击天使翅膀的进步的风暴在这里已经停息，艺术的天使似乎沉浸在一个非时间性的领域内，仿佛某种切断历史连续体的力量将周遭现实都冻结在一种弥赛亚式的停滞中。然而，就像在历史的天使看来，过去的事件都变成了一堆难以辨识的废墟一样，散落在忧郁天使周围的生活道具和其他物品也都丧失了它们作为日用品被赋予的意义，转而带上了一种异化的潜能，该潜能将它们变成了某种永远超出人类理解范围之物的破译暗号。①

不同于历史天使在堆积的过去的废墟面前被进步的风暴刮得站不住脚，自身也被裹挟入进步的风暴中，在艺术天使这里，进步的风暴停滞了，天使沉浸在一个"非时间性的领域内"，整个周遭世界都陷入停滞中，就像被冻结入凝固透明的冰块中，过去因此从人类习以为常的理解参照系统中解放出来，脱离了功用性、日常性的链条，将其陌生且神秘的自身呈现给人类，让人类在其面前心醉神摇。

可以看到，艺术天使之所以能够实现对过去的救赎、历史的激活，凭借的是审美的异化价值。而这种异化价值根本上来自一个静止而停顿的瞬间，与弥赛亚时间一样，它打断了流俗时间的线性传递，时间在此聚集内爆，潜力无穷。在审美的异化瞬间中，事物从往日日用而不知的传递行为之中解脱出来，带上了异化的潜能，艺术天使就此实现了历史天使所不能实现的解救过去、释放事物的可能性的使命。阿甘本说：

历史天使不再能够理解的过去到艺术天使的面前重现了形状；但该形状是一种异化的图像，过去在这里只能通过否定真理才能发现其真理，而有关新事物的知识只能通过旧事物的非真理性才会变得可能。艺术的天使将过去从其真实语境中召唤到美

① Giorgio Agamben, *The Man Without Content*, trans. by Georgia Albert, p. 68. 一般的解读将这幅画与克利的《新天使》并置，都认为它们表现了面对时代危机的痛苦和忧郁，可以看出，阿甘本的解读与此明显不同。

学的最后审判日，如此看来，他为过去提供的救赎实际上就是过去在审美博物馆里的死亡（或其死亡的不可能性）。①

对过去的救赎是通过过去的死亡来实现的，这让我们想到海德格尔在《存在与时间》中在存在论上对死亡的深入思考，此在之本源的时间性、历史性来自不可逾越的将来——死亡，此在以撞死在死亡的方式上回到本真的当前，获得真正的时间性、历史性。海德格尔是本雅明之外对阿甘本影响最为深远的思想家②，包括其艺术本体论（Ontologie der Kunst）③。阿甘本将艺术与历史关联的时间性基础除了本雅明的弥赛亚时间，还有海德格尔在《存在与时间》中对本源时间性（Zeitlichkeit）的阐发。

三、本源的栖居空间：一种艺术的节奏本体论

阿甘本在《忧郁的天使》一文中通过"艺术天使"来实现对沉沦历史的救赎，这个神秘的艺术天使形象显示出阿甘本对艺术的独特理解。那么，正面考察阿甘本对艺术结构的阐释，对于进一步探索其将艺术与历史关联起来的艺术本体论是十分必要的。

在《没有内容的人》一书中阿甘本拒绝了对艺术的审美解释，拒绝将艺术视为提升消费主义或沉思美感的手段，而倾向于将艺术理解为我们在世界中经验的一个更本质的、原初的维度。④ 他指出当前美学研究的两个相互对立的方面：被动的观众、批评家和创造性的天才。该书的大部分内容追溯了这两个方面是如何互相影响、互相加强的，以及它们如何共同掩盖了艺术作品的原初结构。在《制作与实践》一

① Giorgio Agamben, *The Man Without Content*, trans. by Georgia Albert, p. 68.

② 海德格尔可以说是阿甘本的哲学启蒙导师，1966 年夏天阿甘本在法国多尔（Le Thor）参加了海德格尔主持的研讨班。关于海德格尔对自己的深入影响，阿甘本说，本雅明是将自己从所中海德格尔的毒中解救出来的解药，参见 De la Durantaye, Leland. *Giorgio Agamben: A Critical Introduction*, Stanford: Stanford University Press, 2009, p. 53.

③ "Ontologie"可译为存在论、本体论，在海德格尔的哲学话语中一般译为存在论。

④ 尤其是几乎贯穿全书的对尼采的解读。阿甘本跟随尼采，认为"艺术是人类的最高使命，是真正的形而上学活动"，见《没有内容的人》之《最诡异之物》（The Most Uncanny Thing）、《制作与实践》（Poiesis and Praxis）等文。

文中，阿甘本反对从动物性的生命运动角度将艺术性的生产与实践混为一体，他认为艺术不是一种出于意志的实践活动，认为西方美学"将意志和生命冲动视为人类活动的本质，同时忘记了艺术作品最初为真理空间奠基的生产性身份。西方美学的终极目的是一种意志的形而上学，即从能量和创造冲动意义上理解的生命的形而上学"①。他回到古希腊人那里，认为艺术作品的本质在于"制作"（ποίησις、poiesis），"制作的核心在于使某事物从不存在变为存在，从被遮蔽的黑暗进入完全的光明这一事实"②。这样，艺术家的创造性生产不同于只会产生现成之物的实践活动，而是为真理空间奠基，即为人类"打开了真理的空间，为人在大地上的栖居建构了世界"③。

在末尾部分的《艺术作品的原初结构》（*The Original Structure of the Work of Art*）一文中，阿甘本正面阐述了艺术作品的原初结构。艺术就是对原初空间的馈赠："艺术，诗（制作），乃是对起源（ἀρχή）的生产（τίκτω）；艺术赠与人类以其原初空间，尤其具有建构性。"④正是从这个角度来说，艺术成为人栖居于真理中，栖居于一个原初维度的通道。

> 只有以人类与艺术作品之间的上述关系为出发点，我们才有可能理解该关系——如果是真实的——如何能成为人类的最高使命。也就是说，这一最高使命使人居留于真理之中，为其在地上的栖居提供了根源性的存在位置。在对艺术作品的体验里，人站立于真理，即通过诗（制作）行为向其显露自身的原初维度。在这个使命里，在这种被抛入节奏的休止（ἐποχή）中去的经验里，艺术家和观众重新获得了他们本质上的团结和共同基础。⑤

阿甘本的历史概念是人在其中活动的原初场所，从他对艺术作品的本源结构的阐述来看，他认为艺术是对真理空间、对人类的原初栖居空间的馈赠，"艺术的馈赠是最原初的馈赠，因为它赠与的是人类最

① Giorgio Agamben, *The Man Without Content*, trans. by Georgia Albert, p. 44.

② Ibid., p. 42.

③ Ibid., p. 43.

④ Ibid., p. 63.

⑤ Ibid., p. 63.

根源性的位置"[①]。这样,艺术与历史就基于对根源性的存在位置的建构关联起来了,阿甘本也正是在此意义上说:艺术成为抵达历史的通道。

阿甘本将艺术与历史关联起来的另一个关键点为节奏(rhythm)。阿甘本是通过疯狂中的荷尔德林的一句神谕似的话"一切都是节奏,就像所有艺术作品同属一种节奏一样……"[②]来展开对艺术作品的原初结构的追问的。节奏意味着什么呢?阿甘本引用亚里士多德《物理学》中的观点,认为节奏比水、火、气、土等基本元素更为根本,它为实体赋予结构,它就是结构。阿甘本声称亚里士多德将节奏描述为一种"使得整体成为超出组成部分总和的存在的这个'别的什么东西'(ἕτερόν τι)必须是某种从根本上异质的事物"[③],"要发现它,人们必须离开无限分割的领域,进入一个更为本质性的维度"[④]。可以看到,节奏是一种根本上异质的元素,它是无法通过同质化之物的累加和分割来找到的,必须通过一种根本的断裂来抵达。

鉴于节奏与那个"现在时间"般的异质时间的相似性,阿甘本自然而然地将节奏视为对永恒流动的线性时间的分裂和中断。艺术作品的原初结构作为节奏,就在于艺术发生的时间是一种根本上的断裂和停顿,艺术作品通过一个停滞的瞬间在物理时间内部带来了一种非时间性的存在。阿甘本说:"当我们面对一件艺术作品或一片沐浴在其自身存在之光下的风景时,我们也会感到时间的中断,仿佛自己被抛进了一种更加根源性的时间里。"[⑤]可见,这里的作为艺术作品的原初结构的节奏和"艺术天使"并无二致,二者的中心都是阿甘本所说的"悬置"(εποχή),或者"停顿"(caesura)[⑥]。根本都在于通过一种彻底的否定性打断线性时间的永恒流逝,艺术发生的时间正是这样一种断裂的、否定的异质瞬间,它能够阻断同质化的线性时间链条,邀人驻留,援引过去,从而以一种异化的方式赋予人类一个处于过去将来之间的当下空间。

---

① Giorgio Agamben, *The Man Without Content*, trans. by Georgia Albert, p. 63.

② Hölderlin, quoted in Bettina von Arnim, *Die Günderode*, vol. 1, Leipzig: Insel, 1914, p. 331.

③ Giorgio Agamben, *The Man Without Content*, trans. by Georgia Albert, p. 60.

④ Ibid., p. 60.

⑤ Ibid., p. 62.

⑥ Giorgio Agamben, " What is an Apparatus?" and other essays, translated by David Kishik and Stefan Pedatella, Stanford: Stanford University Press, 2020, p. 52.

这正是阿甘本将艺术与历史关联的关键点。艺术对真理空间、原初的居留场所的馈赠,正是通过其否定性的发生时间所带来的。艺术作品正是因为在时间中引入了一个分裂和停止,从而将时间培养成一个富有成效的节奏。所以阿甘本才说:"观看一件艺术作品就意味着被抛入一个更为根源性的时间:意味着在一边给予一边保留的节奏里狂喜(ecstasy)。"[①]阿甘本将艺术作品的原初结构视为节奏,实际上提出了一种艺术的"节奏本体论"。

通过一个停滞的、非时间性的瞬间来救赎过去的艺术天使的主要来源是本雅明用以实现历史救赎的弥赛亚时间,而这里的节奏本体论明显受到海德格尔思想的深刻影响。阿甘本对节奏的核心论述是:节奏把我们抓进一个更原始的空间,节奏赋予我们一个原初维度上充满狂喜的居所(ecstatic dwelling)[②],因为它将我们带出了线性时间的常规流。"我们在面对某事物时仿佛被拉住,被牵制,但这种牵制也是一种离魂(being-outside),一种原初意义上的狂喜(ek-stasis)。"[③]承载节奏的代表性事物就是艺术作品,艺术作品的本质就在于带来一种异质的节奏。当我们在一件艺术作品面前时,时间就会停止,常规的低级阶段就会中断,我们被狂喜地移置入一个更原始的时间。这里的"离魂"和"狂喜"正是海德格尔在《存在与时间》中对本源时间性的命名:"我们把上面描述的将来、曾在、当前等现象称作时间性的绽出(die Ekstasen der Zeitlichkeit)。时间性并非先是一存在者,而后才从自身中走出来;而是:时间性的本质即是在诸种绽出的统一中到时。"[④]作为"绽出"(Ekstase)的时间性和作为根本上异质的"其他的什么东西"的节奏确实相似,在海德格尔看来,时间性不是线性时间流中的任何东西,"不是将来、曾在与当前'随时间之流'组成的"[⑤],时间性不是存在

---

① Giorgio Agamben, *The Man Without Content*, trans. by Georgia Albert, p. 63.

② Ibid., p. 62.

③ Ibid., p. 62.

④ Martin Heidegger, von Herrmann F W. *Sein und Zeit*, Tübingen: Max Niemeyer, 2001, S. 329. 中译本参见海德格尔:《存在与时间》,陈嘉映、王庆节译,三联书店 2014 年版,第 375 页。"Ekstase",即这里的"狂喜",陈嘉映将其翻译为"绽出",原意是"站出去""绽出",在希腊文中,一般指某物"移动"或"位移"。现在人们通常用此词意指"狂喜""出神""离魂"的精神状态。

⑤ Martin Heidegger, von Herrmann F W. *Sein und Zeit*, S. 328. 中译本参见海德格尔:《存在与时间》,陈嘉映、王庆节译,第 374 页。

者，它是时间的一种源始的发生。

更进一步，阿甘本还把海德格尔对艺术作品作为历史起源、作为人类诗意栖居空间的描述，[①]与海德格尔在《存在与时间》中关于存在的时间性是狂喜的想法联系起来。

> 这样一来，作品的根源性结构就进入了一个跟人类在世界中的存在及其与真理和历史之间的关系息息相关的维度。通过向人类开启真实的时间维度，艺术作品也为他打开了他应该归属的世界。只有在这个世界里，人才能从根源上测量自己在大地上的栖居，才能在时间永不停息的直线流动中找回属于自身存在的真理。[②]

艺术为人类在大地上的栖居打开了一个本源的空间，正是因为它使存在的时间性的绽出性质成为可能。艺术作品通过向人类开放真实的时间维度，人类才在大地上诗意的存在中找到了他们本来的意义，因此，正是诗意制作（poiesis）通过带来一种节奏（时间性）为人类提供了世界的根源性空间。海德格尔在《艺术作品的本源》中将艺术的本质视为真理之自行设置入作品，视为敞开世界与制造大地的原始争执，[③]但此在及艺术作品存在的时间性、历史性在其中发挥了什么样的作用，这确实是通常的研究忽略了的一个重要的阐释路径。阿甘本的阐释带给我们重要的启示。

总的来说，阿甘本通过一种独特的节奏本体论将艺术与历史关联起来：带来一种异质节奏的艺术作品，“为人类打开人类所处世界之门的原初的狂喜，只有以此为起点，人类才有可能体验自由与异化、真理

---

① 海德格尔：《林中路》，孙周兴译，上海译文出版社 2008 年版，第 1 篇。德文版参见 Martin Heidegger, Der Ursprung des Kunstwerkes (1935/36), *Gesamtausgabe*/5: Abt. 1, Veröffentlichte Schriften 1914 - 1970, Holzwege, Frankfurt am Main: Klostermann, 2003, S. 1 - 74. 关于“人在大地上诗意地栖居”，“艺术赋予尺度”等观点可参考《……人诗意地栖居……》一文，海德格尔：《演讲与论文集》，孙周兴译，三联书店 2005 年版，第 8 篇，第 196—215 页。德文版参见：Martin Heidegger, „... dichterisch wohnet der Mensch ...“ Gesamtausgabe 7, Veröffentlichte Schriften 1910 - 1976, *Vorträge und Aufsätze*. (hrsg. von Friedrich-Wilhelm von Herrmann, Frankfurt am Main: Klostermann, 2000, S. 189 - 210.)

② Giorgio Agamben, *The Man Without Content*, trans. by Georgia Albert, p. 62.

③ Ibid., p. 62.

与谬误、历史意识与时间的混乱”①。换句话说,人类只有在诗意制作中获得一种本源性的时间维度,才能够成为一个背负过去、面向未来的历史性的存在。

四、结论

阿甘本基于对现代历史状况之与传统断裂、与过去隔绝、历史失落的批判,继承了尼采、海德格尔、本雅明等德语思想家的思考,通过对“历史”与“艺术”的本源含义的阐发,将艺术发生的异质瞬间(节奏)视为激活过去、通达历史的唯一途径。这一艺术本体论思想带给我们如下启示:

第一,对审美瞬间的历史效用的挖掘。阿甘本基于艺术发生的异质时间将艺术视为抵达历史的通道,实际上提出了审美瞬间的历史效用问题。这背后隐伏着现代以来审美经验与历史经验的耦合关系这一主线,②从波德莱尔起,尼采、海德格尔、本雅明、阿多诺、伽达默尔等思想家对艺术发生的时间的重视,与他们对时代、历史的沉思不无关系。就以伽达默尔来说,他在《美的现实性》③中将艺术发生的时间视为属己的时间(eigene Zeit)和历史(eigene Geschichte)的获得。阿甘本的艺术本体论对深入挖掘审美瞬间的历史效用和从这一角度重新梳理现代美学谱系提供了重要的启示。此外,阿甘本基于时间性将艺术与历史相关联,还提出了历史概念的时间性基础问题,这成为他众多著作涉及的一个重要问题。在《幼年与历史:经验的毁灭》④《剩余的

---

① Giorgio Agamben, *The Man Without Content*, trans. by Georgia Albert, p. 62.

② 青年学者米兰·赫罗德(Milan Herold)在其著作《诗意瞬间作为现代意识的范式》一书中梳理了在康德、施莱格尔、莱奥帕尔迪、波德莱尔、里尔克那里,诗意瞬间如何作为一种现代意识的范式,参见 Herold Milan, *Der lyrische Augenblick als Paradigma des modernen*, *Bewusstseins*: *Kant*, *Schlegel*, *Leopardi*, *Baudelaire*, *Rilke*, Göttingen: Vandenhoeck & Ruprecht, 2017.

③ Hans George Gadamer, *Die Aktualität des Schönen Kunst Als Spiel*, *Symbol Und Fest*, Leipzig: Reclam, 1977, S. 57.

④ Giorgio Agamben, *Infancy and History*, *The Destruction of Experience*, translated by Liz Heron. 中译本参见阿甘本:《幼年与历史——经验的毁灭》,尹星译,陈永国校。

时间》[①]《什么是当代?》[②]《裸体》[③]这些著作中,他对这一问题继续进行了深入的阐发,从中延伸出许多非常有价值的话题,比如时间意识的革新与对历史唯物主义的拯救等。

第二,重审否定性美学的内涵和重要性。阿甘本将艺术与历史关联起来的关键点是否定性的瞬间,艺术天使和作为艺术作品本源结构的节奏实际上都是通过对线性时间的否定实现对本源的时间维度和原初的历史空间的敞开。这无疑为我们从时间性角度考察审美的否定性提供了重要的启示。另外,阿甘本将否定性的瞬间视为恢复经验、救赎历史的途径,这让我们更加重视否定性美学在当代的重要价值。相比于尼采和本雅明的时代,历史的普遍同质化、完整的经验世界的破碎更加严重,试想一下当前以抖音、快手为代表的短视频平台的火爆程度,我们就对这一状况了然于心,短视频深刻融入公众文化生活的各个方面,当下的人们连完整地观看一部电视连续剧的耐心都远不如从前,遑论讲故事和书写传奇。面对这一状况,文化批判和审美救赎是当代以阿甘本等为代表的西方激进左翼阵营的共识,而彻底的否定性就是他们的法宝。如今,我们更加需要这一法宝。

【本文为北京第二外国语学院科研专项项目"现代西方哲学中的审美瞬间问题研究"(21111000024)的阶段性成果】

(作者单位:北京第二外国语学院文化与传播学院)

学术编辑:赵彦芳

---

① 阿甘本:《剩余的时间》,钱立卿译,中央编译出版社 2016 年版。

② Giorgio Agamben, "What is Contemporary?" in: Giorgio Agamben, "*What is an apparatus?*" *and other essays*, translated by David Kishik and Stefan Pedatella, p. 39 – 54.

③ Giorgio Agamben, *Nudities*, translated by David Kishik and Stefan Pedatella, Stanford: Stanford University Press, 2011.

生命政治与当代批判理论的审美共同体

漆　飞

内容提要　审美共同体是当代美学问题域中的重要问题。当代批判理论以生命政治为研究进路，对共同体作出审美与感性维度的阐发，生成了审美共同体这一独特范式。朗西埃从感性重构之维重审政治与治安的关系，以感觉共同体的思考推动了当代美学的政治转向，并为当代批判理论的审美共同体批判开启了新的研究视域。阿甘本与奈格里接续这一研究路径，从生命内在层面建构生命政治的批判性话语，分别以否定性与肯定性的进路拓展了共同体问题在美学维度的思考。

关键词　生命政治　当代批判理论　审美共同体

福柯的生命政治理论接续了早期批判理论①对总体性权力的关注，以对生命领域的观照开启了后结构主义以降的微观政治转向，通过对生命和政治复杂关系的勘定生成了独特的生命政治进路。福柯后期以生命权力的考察聚焦以人口为核心的感性生命场域，探索政治技艺与民族国家治理范式之间的一系列问题。经由对生命权力与生命政治的研究，福柯生成了从感性生命之维展开的批判性话语，政治以一种新的方式获得理解，揭示出传统宏大政治向治安领域的转型，将感性、感知和情感等要素纳入其中，进而形成关于权力争夺的场域。感性主体生命如何更好地共同生活，成为连接生命政治与共同体感性之维的重要环节。当代批判理论②从现实与理论双重维度介入福柯生

---

① 基于现实语境与理论语境的双重转换，批判理论在当代发生新的转型，本文从宏观层面理解"批判理论"。"早期批判理论"是指以法兰克福学派为核心的传统批判理论，主要包含霍克海默、阿多诺、本雅明、马尔库塞等人。

② "当代批判理论"是指继早期批判理论、后批判理论（后结构主义转向以降的批判理论家，譬如福柯、德勒兹、德里达、利奥塔等）之后正在发生的批判理论，从时间上特指20世纪90年代以后延续至今的批判理论思潮，主要包括朗西埃、巴迪欧、阿甘本、奈格 （转下页）

命政治思想的阐发与批判。朗西埃通过对“治安”(police)与“政治”(politics)的不同理解转换了福柯的论题,以感觉共同体(community of sense)激活了对当代美学与政治关系的思考。在重构感性的维度,感觉共同体向审美共同体(aesthetic community)的范式转换成为可能,审美共同体以可感性系统的分配为核心机制同时触及当代政治与美学关系思考的同构性。朗西埃的审美共同体思想为当代批判理论重思总体性问题开启了新的思考视域与向度,审美不再是纯粹先验领域内部的构造,而是指向审美感知的重构。阿甘本与奈格里接续这一思考路径,生成了聚焦于生命内在性层面的生命政治进路,经由对生命在感知、经验和意义等维度的阐发建构了生命政治与共同体的感性关联。基于不同的问题导向和批判立场,阿甘本与奈格里分别呈现为否定性的生命政治与肯定性的生命政治,前者从至高权力与神圣人之间的悖论逻辑探寻感觉共同体的边界机制,以具有感知潜能的生命形式作为形塑审美共同体的可能性,阐发了无主体且难以现实化的审美共同体。而后者从情感劳动的感性层面分析出存在于主体中的权力形态,将生命权力视为具有能动性和生成性的积极概念,进而从生命政治生产的情感之维建构容纳差异的情感共同体。当代批判理论的审美共同体思想彰显出对于当代美学政治转向的回应,其有力地推动了对当代美学与政治关系的整体性思考。

一、多元差异的感觉共同体

“五月风暴”事件传递出西方马克思主义的异质走向,以松动总体性逻辑的微观感性实践及话语模式出现,彰显出对差异、边缘和他者的包容。朗西埃重返生命的感性现场,考察“政治”与“治安”对生命主体的包容与排斥逻辑,激活了以感性的分配为核心机制的审美共同体

(接上页)里、哈特等人。关于当代批判理论的界定及表述参见以下文献:Razmig Keucheyan, *Left Hemisphere: Mapping Critical Theory Today*, trans. by Gregory Elliott, Verso, 2013;Anthony Elliott, *Contemporary Social Theory: an Introduction*, London and New York: Routledge, 2014; Stijn De Cauwer ed., *Critical Theory at a Crossroads: Conversations on Resistance in Times of Crisis*, New York: Columbia University Press, 2018.

思考。朗西埃回溯重思共同体问题的现实语境，他指出，本世纪初 911 事件的发生虽然没有造成西方象征秩序的断裂，但是其自身显现出来的是对共同体之共在及其面临的冲突进行符号化的主流霸权模式。① 朗西埃批判性地指出，当下的政治已经不断地被共识共同体所取代，而且共识共同体最终会走向伦理和道德的共同体。

朗西埃从共识共同体与歧感共同体的张力思考人类何以基于感性而共在的论题，他在思考共同体与政治主体化问题时接续了福柯生命权力逻辑之上的"治安"这一表意，将其转化为对感性生命内在分配秩序的讨论。福柯的生命政治聚焦于微观感性场域，通过对主体生命及其生活方式的讨论生成了独特的批判性话语。治理实践是福柯生命政治的核心，以治安为核心的生命权力视角将国家问题立足于生命主体，渗透到微观的、感性的日常生活中来观照每一个个体自身。国家治理因此呈现为两个维度，一方面是总体性的公共治理和管治，另一方面是关系个体幸福生活的自我治理，二者相互交织共同构成生命权力的机制。在福柯对治理的考古溯源中，这一概念从诞生之初指向的最根本的要素即是人，而后在历时性演变中表意系统发生较大变化。17 世纪以降，治理转向个人生活领域，指的是一种让人们相互共存的权力形式，即"一整套干预和方法，保证生活、比生活更好、共存，能够真正地有益于构成、增强国家力量"②。治安通过关切个体生命的感性维度来彰显个体如何转向政治共同体，即治安逻辑保障了每一个独立个体能够有效地社会化并使现代民族国家意义上的共同体得以可能。

朗西埃承认福柯在治安的考古学中所发现的这一范畴不断剥离了其最初与"警治""警察"相关的表意系统，即在西方社会的演进过程中，治安不断地与医药、福利甚至文化的社会部署联系起来并成为构成性要素。朗西埃转换了治安问题的论域，将治安范畴引入共同体视阈，探寻共同体中主体之间的感知重塑及其依循的分配机制。通过追溯至古希腊城邦共同体的讨论，朗西埃辨析了"政治"与"治安"的不同表意逻辑。亚里士多德曾在《政治学》中对人类动物最显著的政治性本质加以思考，认为人类区别于其他动物的真正差别是因为他们所

---

① Jacques Rancière, *Dissensus: on Politics and Aesthetics*, trans. by Steven Corcoran, Bloomsbury Academic, 2010, p. 99.

② 福柯：《安全、领土与人口》，钱翰、陈晓径译，上海人民出版社 2018 年版，第 433 页。

具备的说话能力，而这种说话能力可以传递公平、正义等相关感受，进而为构成城邦共同体建立基础。亚里士多德对于政治共同体的期待存在于善与正义的生活，朗西埃在思考共同体和政治问题时返回这一历史语境，认为是否拥有话语的表达能力决定了人与动物在参与感受经验方面所对应的边界和限制，而这一考察构成了朗西埃思考共同体内部"政治"与"治安"不同逻辑的起点。话语动物与声音动物之间的对立，奠定了政治的出场并触及了其内部最根本的问题，即关于不够格的言说者的能力与政治能力之间关系的冲突。为此朗西埃从这一组对立范畴出发重新思考共同体的本质，他指出，政治权力将大多数的言说者弃置于静默长夜，或将他们认定为仅仅是表达愉悦或痛苦的动物的喧嚣，基于这一现实问题，需要重新厘清共同体内部的感性逻辑，也即"政治"与"治安"两种不同的分配机制。

在朗西埃的共同体思想中，治安指的是共同体何以重新分配或安置身体秩序的行动方式、存在方式与说话方式。朗西埃指责福柯将生命政治呈现为权力实践及其效果的某种特殊差异，换言之，是作为某种手段即权力以身体的个体化和人口的社会化来产生效果。[①] 朗西埃认为如今的问题是，当主体在共同体中能够确认其自身的身份时，政治才会发生。福柯的生命装置概念在朗西埃这里遭遇批判，朗西埃认为问题不在于福柯经常交替着使用"生命政治"和"生命权力"两个不同的术语，真正的原因在于，福柯关于政治的概念是围绕着权力问题而建构的，而他从未在理论上思考政治的主体化问题。[②] 主体化问题构成二者论争的关键。其实在朗西埃的批判中已经显示出他关于"政治"这一范畴的不同理解，福柯所言说的"人口"在这里演绎为对人口及其各个部分的计算之补充性关系的象征化形式，[③]也即何种主体可以被划分在共同体内部并占有共同体的一个部分。

在对治安理解的分野中，朗西埃形构了其生命政治进路的异质性。就福柯而言，治安作为一种微观治理术，是以管控整体生命为

---

① Jacques Rancière, *Dissensus: on Politics and Aesthetics*, trans. by Steven Corcoran, Bloomsbury Academic, 2010, p. 93.

② Ibid.

③ 朗西埃：《美学中的不满》，蓝江、李三达译，南京大学出版社 2019 年版，第 131 页。

目标进行的调节性政治活动，其最终目的是通过自我治理达成社会治理和国家治理，进而实现个体感性维度的幸福生活与国家的稳定秩序。而朗西埃则以治安来激活当代民主政治的思考，政治对于他而言是基于平等的预设和目标，追求平等才是朗西埃一切政治和美学思考的前提和归宿。研究者指出，福柯和朗西埃对权力的当代运作方式都作出了相似的理解，都指出了社会秩序景象的重要性，即福柯的生命政治研究和朗西埃在民主预设基础上的研究，共同建立了作为非强制权力运作的理论化。[①] 治安、政治和平等构成关联性极强的意义系统，在这个三元架构中，治安不再是福柯意义上的国家治理术，其运作机制在于"管理共同体之中的人们的聚集、他们的共识，它建立于对位置与功能进行等级性的分配"[②]。治安逻辑隐秘地构成对可感性空间的共识性部署以及共同体内部成员对于外部世界的感知边界，而政治通过制造歧感的方式造成治安秩序的断裂和去边界，在触及感性系统的层面上，政治与美学达成了可被同时思考的可能性。

对政治和治安关系的重审最终通向的是对当代政治与美学关系的重新理解，而这一思考通过"可感性的分配"(the distribution of the sensible)得到了具体的呈现。审美共同体的生成逻辑蕴含在感性领域的重新分配和重组之上，这种模式历时性地贯穿于每一段历史时期并以破除等级秩序得到彰显。在艺术体制的历时性溯源中，朗西埃批判了依据伦理体制与再现体制构成的政治共同体，认为上述体制都形塑了伦理等级的政治共同体，形成了对可视性、可理解性和可能性的全面布控，主体所能感知到的内容与经验方式完全取决于其在共同体中的阶级划分，在城邦共同体中的等级秩序并未实现艺术的感性重组。而艺术的审美体制通过将"实践、可视性形式和可知性方式之间的另一种连接"[③]来破除伦理性的共识逻辑，因此蕴藏着真正的感觉共同体的发生机制，即通过感性的分配或者感知的断裂来重新界定"形式"与"内容"以及理解它们的方式。朗西埃将可感性分配视为普遍的

① Gianpaolo Baiocchi, Brian T Connor, "Politics as Interruption: Rancière's Community of Equals and Governmentality", in *Thesis Eleven*, Vol. 117, No. 1, 2013, p. 94.

② 朗西埃:《政治的边缘》,姜宇辉译,上海译文出版社 2007 年版,第 53 页。

③ 朗西埃:《图像的命运》,张新木、陆洵译,南京大学出版社 2014 年版,第 103 页。

隐秘法则，通过它们被规定的感知模式率先界定了其参与的形式，可感性的分配是对世界和人民的分配，这种分配建立在共同体的法则之上。[①] 这一机制决定着共同体中可言说与不可言说、可听与不可听、可见与不可见、可感知与不可感知之间的划分，作为感知的重构法则，建立了具有差异性感知的主体与共同体感性之维的关联。

当突破传统学科意义的理解范式，美学指向感性的重构，这一重构机制达成了美学与共同体的关联。朗西埃用“审美共同体”这一概念来表达这一关系的联结，他规定“审美共同体不是一个美学家的共同体（a community of aesthetes），它是一个感觉共同体（a community of sense），或者一种感觉的共通（sensus communis）”。[②] 在朗西埃看来，美学与共同体之间的深刻联系体现在“转变的感觉”（transformed sensation）上，也即经由“感觉”与“感觉”之间的重构来塑造新的共通感觉结构的出现。“感觉共同体”指向将不同事物或不同实践放置在同一意义下的可见性和可理解性的框架，并进而形构出的共同体的感知。马克·罗布森肯定了朗西埃的这一范畴，他指出朗西埃对于美学的指认将艺术、思想和共同体都建立在“分配”概念的基础上，政治从其星丛中出现，既不是作为决定因素也不是作为艺术体制的产物。[③] 值得注意的是，朗西埃所言说的感觉共同体并不是指向一种共同情感的集体性，它意味着对共同性的时间和空间、可见性与不可见性、可理解性与不可理解性等形式之间的一种重新配置，这种配置方式作用于特殊的感觉领域，也即感觉的重新分配和共享。

政治的本质关乎纷争，而纷争在感知层面则以歧感的形态呈现可感性系统与其自身的差异。审美共同体以感性的重新分配为主导逻辑，而这种感觉的分配机制是通过制造感知与感知的差异和异质性来完成。为此朗西埃提出“歧感共同体”（dissensual community）以特别强调感觉共同体对于差异性感知的容纳和重组，他指出“审美共同体是一种歧感共同体，即审美共同体是一种由断裂（disconnection）构成

---

① Jacques Rancière, *Dissensus: on Politics and Aesthetics*, trans. by Steven Corcoran, Bloomsbury Academic, 2010, p. 36.

② Ibid., p. 57.

③ Mark Robson, “Jacques Rancière's Aesthetic Communities”, in *Paragraph*, Vol. 28, No. 1, 2005, p. 89.

的共同体”[①]。其中审美经验作为重构身体、位置及其关系的重要方式,“改变了可感知性、可思考性和可行性的范畴,因此它允许共同目标的政治建设的新模式和集体表达的新可能性”[②]。歧感共同体基于对差异性审美经验的容纳而呈现为多元差异的共同体,审美经验的断裂同时意味着再现体制或模仿体制的断裂,所感与所想之间、所见与所感受之间的中断导致了美学歧感的发生。

感觉共同体的核心机制建立在对“感性”的重新理解上,这一思考决定了在何种意义上将感觉共同体视为审美共同体。朗西埃认为美学作为一种“可感性经验的重构”[③],强调的是感知间的重新分配关系,也即何以做、何以说、何以看、何所思等诸多感知方式之间的重组关系。有研究者指出朗西埃通过重返“感知”使得感觉共同体中的共通感具有了可见的可能性,感知经验能够形成一个被理解“可感性分配”的感觉共同体。[④] 在朗西埃的批判视域中,感觉共同体始终是基于审美主体感知能力的重构而被理解为审美共同体,而“感性的重返”不再是简单地回归于现代美学对于感性的自律式理解,而是在追问感性何以被形塑的社会条件和外部机制,即感知裂隙或断裂之处进行新的分配/共享,在这个意义上美学才与政治建立同构性的关联。正如米歇尔·费奥拉(Michael Feola)所言,对感性的政治化关注提供了一种有力的解释,即主体如何寓居于一个价值、意义和义务的共享世界,只有通过感性,总体性才能形成,并且公民共存于共有的历史中——抑或他们可以对共有生活拥有不同的未来想象和愿景。[⑤] 审美共同体并非因其对感觉的重塑而始终是形而上层面的所指,当不同的感性生命作为审美共同体的主体表达,当感性生命以原初在场的方式扰乱现实世界的感知分配秩序,审美共同体始终是以介入现实的姿态而出现的“实质性”的感性存在,而非在别处的遥远的未来乌托邦。

---

① Jacques Rancière, *The Emancipated Spectator*, trans. by Gregory Elliott, London and New York: Verso, 2009, p. 59.

② Ibid., p. 73.

③ 朗西埃:《美学异托邦》,蒋洪生译,载《生产》(第八辑),江苏人民出版社 2012 年版,第 196 页。

④ Stefan-Sebastian Maftei, "The Elusive Sensus Communis of Nowadays Aesthetic Cosmopolitanism", in *Dialogue and Universalism*, Vol. 27, No. 3, 2017, p. 80.

⑤ Michael Feola, *The Powers of Sensibility: Aesthetic Politics through Adorno, Foucault, and Ranciere*, Evanston: Northwestern University Press, 2018, p. 16.

通过生命政治向感性政治研究进路的转换,审美共同体成为当代政治美学问题域中的一个重要问题。朗西埃对审美共同体中的去主体化、差异性感知的构成等问题作出进一步思考,为当代批判理论重思共同体问题奠定了学理基础。但是需要指出的是,朗西埃的研究视域与思考进路并不足以涵纳同时代其他当代批判理论家关于共同体问题思考的复杂性和多元性。911 事件之后,整个西方社会的政治结构和运作机制发生重要转型,差异与共识的张力、例外状态、难民问题的涌现无一不在松动宏大政治的叙事体系,在现实政治的多重困境中如何找到适于感性生命共存的可能性方案,成为当代批判理论共同的反思。对共同体问题的回应成为当代批判理论的热点,相继形成理论对话与思想争鸣。[①] 自朗西埃以感觉共同体确立了审美共同体在当代美学问题域中的合法性之后,阿甘本、奈格里、哈特、埃斯波西托等理论家不同程度地予以接受或批判,其在各自的生命政治进路中丰富和拓展了共同体问题在美学和感性维度的呈现方式。其中以阿甘本与奈格里、哈特为代表彰显出与福柯生命政治极为不同的批判色彩,其对生命潜能作出不同感性向度的阐发,进而形塑出范式各异的审美共同体。

二、非现实化的审美共同体

在当代美学的政治转向中,感性成为理解美学与政治的中介机制,意大利当代批判理论家通过对生命内在经验的聚焦丰富了对感性的不同理解。阿甘本以福柯的生命政治进路为原点,通过生命权力向至高主权结构的过渡,剖析人类共同生活的原始结构与主权权力之间不可分割的关系,生成一种基于生命潜能之上的审美共同体批判话语。秉承着亚里士多德在论述古希腊城邦共同体中生命与政治的结合方式,阿甘本以 zoe(生命)和 bios(生活)两重表意机制探寻了生命

① 伊达·多米尼加尼(Ida Dominijanni)分别以 1968 年、1978 年、1989 年和 2001 年四个时间节点为转折点剖析了意大利思想阵营对于"共识"(the common)问题的聚焦,他以"切割、分离、伤口、失落、悲痛、脆弱性"六个概念描述了共识的外在表征并将共识与共同体的问题重新提出。参见 Ida Dominijanni, "Wounds of the Common", in *Diacritics*, Vol. 39, No. 4, 2009, p. 139.

的本质内涵，其将生命视为与善、正义、美好等相关的一种存在形式，进而在现代政治发生以来的至高权力结构中分析了新的生命样态——“赤裸生命”(bare life)的出现。赤裸生命作为至高权力领域中的生命原初形象，象征着感性生命的最初典范，其以不可祭祀的形式而归属于神，并且以能够被杀死的形式而被纳入共同体中。[①] 通过对赤裸生命的审视，阿甘本重构生命政治话语，即神圣人呈现着作为至高禁止的生命原初形象并保存了原初排除的记忆，正是这一排除过程建构起新的政治向度。

阿甘本在赤裸生命如何被至高权力政治化的探究过程中考察了西方传统政治向生命政治的当代转型，进而生成了不同于福柯的思考路径。福柯的生命权力聚焦于领土国家向人口国家的历时性过渡，以“‘使’人活和‘让’人死的权力”[②]的运作机制对生命本身所包含的出生率和死亡率、再生产比率、人口繁殖、疾病等基本问题作出调节和治理。生命权力通过对总体性人口和个体生命的观照彰显出福柯生命政治的审美与伦理维度，总体性的公共治理与关乎个体幸福生活的自我治理，交织构成福柯生命权力的运作机制。但是阿甘本认为福柯后期关于政治技艺的研究与自我技艺的审查如何被整合在生命政治的论域中是一个模糊的问题，他批评道，“福柯的各种不同视角的研究思路都向着这一交汇点延伸，但始终没有抵达”[③]。在他看来，生命政治的问题实则从古希腊城邦共同体中就已发端并在例外状态的情境中愈发地呈现出复杂性和紧迫性。面对当代现实困境，阿甘本反转福柯的研究视角，将治理实践如何对感性生命规范化的问题转换为至高权力下赤裸生命被例外化的讨论，以至高权力对赤裸生命的征用和捕获来探究当代生命政治的布展方式，并对当代例外政治空间中不断与至高权力相互渗透的生命权力作出批判。

通过对例外状态、至高权力与赤裸生命之间复杂关系的思考，阿甘本重塑了福柯意义上的治理范式，以一种标识着无区分的地带来呈现现代政治发生以来的治理典范。阿甘本指责福柯生命政治研究缺席了对现代总体至上主义的批判，为此他吸收了阿伦特对人权

---

① 阿甘本：《神圣人：至高权力与赤裸生命》，吴冠军译，中央编译出版社 2016 年版，第 118 页。

② 福柯：《必须保卫社会》，钱翰译，上海人民出版社 2018 年版，第 264 页。

③ 阿甘本：《神圣人：至高权力与赤裸生命》，吴冠军译，第 10 页。

的反思，将集中营视为现代生命政治的典范。回溯“范例”这一问题在福柯生命政治进路中的演绎，可以发现其早期关于边沁圆形敞视监狱的考察在某种程度上代表了一种范例的实际运用，而阿甘本将“范例”内化为共同体内部任意独一性和共通性、部分与整体、差异与共同等诸多问题的演绎，通过生命政治视域的接合，阐释了例外状态下生命如何被政治化的问题。为此他区分了“例外”(exception)和“范例”(example)的不同内涵，认为前者是一种纳入性的排除，而后者则是排除性的纳入。杜兰塔耶认为，例外状态的逻辑与《即将来临的共同体》(*The Coming Community*)中出现的范例是相同的，其涉及了相似的悖论逻辑，即它们都作为表征且独立的属于一整套现象与存在。[①] 其实例外和范例作为两种不同的归属逻辑，隐含的是共同体与任意独一性之间的复杂关系。例外状态作为法的悬搁与中止代表着一种空无的状态，其之于共同体则相当于确立了容纳生命的共同体内部的一种边界概念，即感性生命在何种意义上被排除却仍然归属的悖论式结构。

在对集中营、收容所和难民等现实问题的反思中，生命政治不断地朝向一种死亡政治，在例外状态变得愈发常规的情境中思考感性生命何以被容纳/排除的问题成为阿甘本生命政治的核心论题。阿甘本的生命政治进路呈现出否定性与矛盾性的双重在场，一方面，现代性本质的生命政治结构组成了人类共同体的最初结构，其以虚空的无区分地带判定了生命本身的价值或者无价值。另一方面，一种不再以纳入性地排除赤裸生命为基础的政治同时代表着即将来临的共同体，其中生命形式(form-of-life)通过破除控制生命的诸种方式而形塑一种感知潜能维度的共在模式。通过吸收亚里士多德的潜能论，阿甘本赋予生命形式以感知维度的纯粹潜能，来表达生命存在的感知主体对于生命实践的某种持有，这一概念旨在弥合 zoe 和 bios 之间的裂隙，重新构想一种基于生命和活着之上的生命之形式。阿甘本认为对于生命潜能的实现不是返回到赤裸生命的现实场域中，生命形式以一种虚无的空的样态来完成对其自身的亵渎，只有在这种姿态中结合生命与形式，潜在的弥赛亚式共同体才能来临。但在赋予共同体无内容的属

---

① Leland de Ia Durantaye, *Giorgio Agamben: a Critical Introduction*, Stanford and California: Stanford University Press, 2009, p. 212.

性时，阿甘本引入了主权结构的分析，而这一至高权力领域的介入又使得其生命政治批判走向了一种神学色彩浓郁的否定性论调。阿甘本将感觉共同体视为无根基的存在，其中"共同体没有预设也没有主体"[①]，任意独一性以"在外却属之"的悖论式逻辑来确立共同体的原始结构。

通过将生命与生活的结合方式视为无内容的感知潜能，阿甘本探寻到生命政治与共同体感性之维的联系，以一种共通之中的空无形式来回应生命政治的当代转型，但是生命形式是否可能的问题始终关乎潜在性与现实性。感知的潜能从根本上以它的非潜能来确证感知存在本身，也即潜能同时要求着其自身的无作或者悬置。奈格里曾批判阿甘本以救赎经验构成的生命共同体到底是否可能的问题，指出"《即将来临的共同体》是救赎经验被呈现为反乌托邦的地方，它也是断裂最为强烈的地方"[②]。这一论争的分歧呈现的是二者生命政治进路的差异所在，在前者看来，真正的问题是思考生命政治的范畴内部是否还包含着一种具有生产性的力量，"阿甘本通过排除所有生产性的力量并将其扁平化到本体论的维度来定义这个概念。换句话说，生命政治已成为形而上学的一个永久性装置(dispositif)"[③]。在奈格里的批判中，核心问题是他关于潜能和构成性力量的不同思考，在他与哈特的审美共同体思考中，构成性力量常常以情感劳动、爱的生产、欲望的身体等来建构总体性。然而在阿甘本的批判视域中，生命权力更多地走向了南希(Jean-Luc Nancy)意义上的"无效用"，因而无法介入主体性的生产领域并产生出一种积极的建构力量，只有非劳作、非效用的存在才能将政治从至高主权的结构中营救出来。

在对审美共同体作救赎式的乌托邦畅想时，阿甘本以突破时间的空间化星丛来预设一种包孕着差异的弥赛亚结构，在这种超越和开放的结构中，生命潜能以姿态、语言经验、影像等感知方式被具体地赋形，并以投身于自身的完满姿态来表达潜能的非现实性。弥赛亚式的

---

① Giorgio Agamben, *The Coming Community*, trans. by Michael Hardt, Minnesota and London: University of Minnesota Press, 1993, p. 65.

② Antonio Negri, "Giorgio Agamben: The Discreet Taste of the Dialectic", in Matthew Calarco and Steven DeCaroli eds., *Giorgio Agamben: Sovereignty and Life*, Stanford and California: Stanford University Press, 2007, p. 117.

③ Ibid., p. 122.

审美共同体介于反乌托邦与虚无主义之间，是一种非实体化且难以现实化的感觉共同体。在面对多元异质的现实情境时，阿甘本的审美共同体批判会遭遇思辨维度的限度，一方面阿甘本试图通过诗、语言、思想、艺术来营造共同体得以发生的潜能机制，另一方面又将共同体视为不可挽回的虚空形式空间，其内部通过拒斥至高权力来使权力的功效被中断，也即通过非潜能的方式来设想一种共同的伦理生活的到来。在这种模糊性和晦涩的表述背后，彰显的是多种理论进路的多声调在场。“阿甘本弥赛亚式的政治面对政治的虚无主义，更多地像海德格尔一样等待真理事件的降临，即它可以从总体性上推翻法律并建立一个完全新的人类共同体，从而弥合法与生活、政治与存在之间被撕裂的关系。”[①]但是这样一种生命政治思考始终在等待着弥赛亚救赎的来临，只有在非潜能也即潜能的中断中，潜能才会实现，如果以一种悬置、中止、无效用的生命潜能状态来颠覆既定权力装置和主权秩序，那么审美共同体最终因为指向无作的感知潜能也只能是一种形式的共通与难以现实化的乌托邦。

三、流动生成的情感共同体

生命政治的思考边界不断被扩展，不仅渗透到医学、政治、生物学等领域，而且在当代日常生活与非物质生产领域中凸显出情感向度及其建构性意义。奈格里和哈特从政治经济学视域重思福柯生命政治在当代经济文化语境中的裂变，通过通讯交往、象征式劳动与情感生产等新型非物质生产范式来捕捉生命政治的肯定性维度。回溯福柯的研究，生命之于生命权力机制，既是对象又是目标。福柯认为与生命权力同源的“生命政治”概念指的是与生命紧密相关的健康、卫生、出生率、寿命、人种等在人口中构成的活人总体的特有现象以及相关的治理实践等一系列问题。从早期对微观权力的谱系学和考古学考察到后期向生命政治权力的转变，福柯将权力机制引入感性的日常生活语境中，生命政治始终聚焦的是微观感性场域中的生命。附着于身体之维

① Robert Sinnerbrink, “From Machenschaft to Biopolitics: a Genealogical Critique of Biopower”, in *Critical Horizons*, Vol. 6, No. 1, 2015, p. 257.

的规训权力与整体人口之上的治理权力共同构成了生命权力机制展开的两极。奈格里与哈特从“权力”这一概念出发解读出福柯思想中的双重性特征，一方面是指在规训权力及其建筑呈现形态中通过毛细血管网络实施的分配，这一权力形态在其看来是在生产主体。而另一方面，他们指出福柯有时也提出一种异于权力的他者，而这种作为反抗的权力则在进行主体性生产，也即寻求摆脱权力的自治方式。其实二者对福柯的生命权力作了一种宽泛意义上的解读，并通过德勒兹、加塔利、梅洛-庞蒂等后批判理论家关于身体、权力、情感的讨论增补了新的思考视角，从社会生产与再生产的向度对生命权力作出阐发。

不同于阿甘本从至高权力介入生命政治化的讨论，奈格里与哈特从福柯的生命政治中探寻身体与权力之间的建构性关联，将生命权力视为一种具有事件性质的特殊范式。福柯曾在微观权力的分析中讨论了主体如何被权力形塑和建构的问题，但是奈格里从其中解读出蕴含在身体中的生产性和建构性，指出，“福柯的身体现象学在其对生命权力的分析中达到顶点”①。二者辨析出作为另类主体生产潜能所在，坚持从认识论、语言学、人类学的多元系统中去把握生命政治的本质。更为重要的是，这一立场使其从生命政治的消极讨论中剥离出来，从而在积极层面赋予生命反抗、生成以及自由行动的潜能。奈格里和哈特经由身体的感性装置建立了新的主体性生产机制，身体作为反抗的他异性场域，表征着不可被消解的主体生成力量。大卫·哈维（David Harvey）对此表示肯定，认为这种主体的生产形式呈现出与马克思的物质生产的不同。福柯将装置视为内嵌于权力结构的产物，通过与知识、意识形态的相互关联而呈现为异质性要素的网络，奈格里取其生命装置的积极介入意义，以从知识范式向主体性生产的转变过程来建立共同体的敞开空间。② 基于此，“身体”这一范畴被赋予积极的建构意义，其不仅是作为感受与存在的集合体，而且在抵抗权力的过程中蕴含着解放的生命潜能。与阿甘本极为不同的是，奈格里和哈特坚持从生命经验的原初场域中去捕捉作为主体性生产的生命形式，生命政治事件拒绝一切形而上学的实体论或概念论，生命政治是新的主体性

① 迈克尔·哈特、安东尼奥·奈格里：《大同世界》，王行坤译，中国人民大学出版社 2016 年版，第 19 页。

② 参见大卫·哈维：《解释世界还是改造世界——评哈特、奈格里的大同世界》，王行坤译，《上海文化》2016 年第 2 期。

的创生,这既是反抗,同时也是去主体化[①],与身体紧密粘连的感受、情感、行动、爱等感性维度在生命政治阐发中被激活。

生命权力在以感性身体为核心的权力装置中,指向了感觉共同体的权力技术、主体性动力和差异性等问题。福柯的生命装置概念被赋予情感维度的阐释,即"它既是物质的、社会的、感受的,同时也是认知的机制"[②]。福柯将生命政治视为新自由主义时期的特殊产物,生命权力以国家为中心将经济领域引入政治实践,从而揭示了治理技艺的本质。然而在当代经济文化语境的急遽变迁中,社会运动、通讯系统、语言体系、社交关系等形塑着新的生产范式,奈格里与哈特将生命政治向社会关系生产网络的转向指认为"生命政治生产"(biopolitical production),其不仅包括一切诸如空气、水、大地、大自然等物质世界元素,而且重点关涉语言、符码、信息、情感等的非物质层面,这两方面共同组成"共同性"(the common)的概念。生命政治生产主要包括创造生命的劳动,而非生产活动,而恰恰是在情感的生产与再生产中创造生命,劳动基于情感直接地工作,生产了主体性、社会、生命,在这个意义上,情感劳动是本体论的,它揭示了构成生命形式的活劳动(living labor),并再一次表明生命政治生产的潜能。[③]

生命政治生产不仅超越了福柯生命权力的原初内涵,而且以情感向度的介入呈现出与共同体的感性关联。奈格里与哈特接续了斯宾诺莎和德勒兹关于情感的思考,生成了以情感为核心的生命政治批判话语。情感作为不断流动和生成的动态过程,被斯宾诺莎视为主动的情感施与与被动的情感接受两个环节,以超越理性的姿态与行动和行为联结起来并发挥情感的动能与实践品性。奈格里与哈特经由情感的动能这一维度,追随斯宾诺莎意义上的"共同概念"(common notions),并从中生发出共同体基于集体性的社会实践而具有的生产潜能。与此同时,他们接续了德勒兹的情动理论并赋予生命政治生产能动的情感向度。德勒兹认为凭借情感与行为和欲望的重新交织,身体与身体在内在性的接触中可以形成对生命的另一重理解,通过生命内在性的情感触动,主体和主体性以彰显于身体与情感所建构的共同

① 迈克尔·哈特、安东尼奥·奈格里:《大同世界》,王行坤译,第37页。

② 同上,第86页。

③ Michael Hardt, "Affective Labor", *Boundary 2*, Vol. 26, No. 2, 1999, p. 99.

体中而得到重新确证。通过将生命权力视为积极介入主体性生产的情感装置,奈格里和哈特确立了其肯定性生命政治进路下审美共同体的问题指向与基本范式,即作为事件的生命政治理性通过生命装置与共同性之间的本体论呼应,以建构性和能动性的方式介入审美共同体内部的非物质生产、主体性创造、差异与共识等一系列问题中。

生命权力的构成性力量以情感劳动(affective labor)构筑审美共同体的构成性基础。情感劳动作为当代语境下非物质生产的重要运作方式,通过诸众的主体性生产创造多元差异的感觉共同体。奈格里认为,晚期资本主义的生产体系是基于社会关系与生命形式的生产模式,他们重点关注非物质劳动的第二重面向也即情感劳动,以指涉聚焦于与体力劳动相对应的情感形式。情感劳动作为一种具有潜能的感性实践方式,不仅构成帝国时代的生命政治生产,为联结个体间的生命形式与感觉共同体范式提供可能性方案。本·安德森指出,“个体与集体的情感生命(affective life)是当代生命权力形式的目标与前提”。[①] 情感劳动作为认知资本主义时代的非物质生产方式,生产的是社会关系网络、共同体的形式与生命权力[②],通过情感、体验、经验等层面的生产与再生产为形塑审美共同体提供了积极的意义。在这个意义上,它不仅指向情感与生命的生产,而且积极介入诸众的生产、社会的生产,甚至共同体的生产与艺术的生产。

从朗西埃到阿甘本和奈格里,其相继形构了不同问题导向与批判立场的生命政治进路,并生成了不同生命政治进路下的审美共同体话语。朗西埃曾谈到与福柯生命政治之间的连续性,认为奈格里和哈特通过将生命政治和诸众的运动融为一体来打破帝国的束缚,而阿甘本则通过福柯的“超越生命的权力”这一描述来理解广义上的例外状态、民主和总体至上主义,他们的共同之处是都试图在福柯的轨迹中确定最终原则以确保总体的连贯性,并为一种新的政治或伦理提供坚实的基础。[③] 朗西埃指出了当代批判理论对福柯生命政治研究的一种主导

---

① Ben Anderson, “Affect and Biopower: Towards a Politics of Life”, in *Transactions of the Institute of British Geographers*, 2011, pp. 1 - 2.

② Michael Hardt, “Affective Labor”, *Boundary 2*, Vol. 26, No. 2, 1999, p. 96.

③ Jacques Rancière, “The Difficult Legacy of Michel Foucault”, in Timothy Campbell and Adam Sitze eds., *Biopolitics: a Reader*, Durham & London: Duke University Press, 2013, p. 387.

倾向，即介入当代正在发生的生命政治现象与事件进行再阐发的社会批判性话语，突破了福柯的整体生命意义上的治理实践，在生物学、医学、经济学、法律、伦理、美学等多领域的渗透中展现出生命政治话语的张力。以潜能作为权力的另一种表意，思考生命权力与生命形式之间的关系，是当代意大利批判理论家的共通之处，他们分别采用不同的术语来概念化生命内在层面的"潜能"，不论何种形式的概念，生命潜能都丰富了共同体在感性向度与生命政治之间的关联。这种向生命内在性场域的回归呈现出意大利批判理论的异质性，正如伊达·多米尼加尼指出的，意大利近二十年的生命政治生产了共识，其一方面通过审美的、情感的和感知的"情感"装置，另一方面通过后工业和大众生产的真实与幻想的机制、可言说的与不可言说的、可见的与不可见的，揭示幻象对于真实的镇压、变形和专门化。[①] 自福柯对生命权力与生命政治作出考察之后，"政治"与"美学"的理解相应地有了新质的产生，附着于生命权力之上的感性同时连接二者并作为核心机制参与着审美共同体的建构。

结语

面对后现代以降的总体性危机，当代批判理论通过对共同体审美和感性之维的阐发，建构了一种容纳差异、去主体的、非实体的、流动生成的审美共同体，其中生命政治作为研究进路贯穿于当代批判理论家的批判思想及美学阐发中。当代批判理论家直面当代社会文化语境，以更加多元化的问题导向超越和丰富了早期批判理论和后批判理论对于社会和文化结构的单一性批判，复杂的地缘政治与社会政治实践促使其理论视角以更具批判性和介入性的姿态呈现于审美共同体的问题思考中。审美共同体显示出当代批判理论就政治与美学关系的思考对于早期批判理论和后批判理论的断裂和超越。朗西埃通过审美共同体的构想探究了感性何以被形塑的社会-政治成因，建立了当代美学与政治的同构性关联并为同时代的当代批判理论家开拓了

---

① Ida Dominijanni, "Wounds of the Common", in *Diacritics*, Vol. 39, No. 4, 2009, p. 143.

新的思考视域。阿甘本、奈格里和哈特基于生命内在性层面的阐释，生成了不同于朗西埃感性政治的思考进路，以生命潜能作为核心机制激活审美共同体的多维度阐发，进而以不同的审美共同体批判、丰盈和拓展了对当代政治美学的理解向度。

【本文为甘肃省社科规划项目“甘肃黄河国家文化公园与文化共同体建构研究”(2022QN002)和中央高校基本科研业务费专项资金定向探索项目“当代批判理论的审美共同体问题研究”(22lzujbkydx026)的阶段性成果】

(作者单位:兰州大学文学院)

学术编辑:赵彦芳

女性主义理论与情感科学①

[美]凯瑟琳·鲁茨 著
张春田 崔珍伊 译

绪论

第二波女性主义活动家在 20 世纪 70 年代的早期工作之一，是详述并反对用科学和前辈专家的力量来构建和歪曲女性的自我或个性。这个由科学权威拼凑而成的女性显然有着一些在标准理解的完整人类的能力之外的东西。例如，布罗弗曼（Broverman）和克拉克森（Clarkson）在对 20 世纪 60 年代工作的临床医生进行调查后发现，他们将情绪化与正常的女性功能以及有缺陷的人类（性别不明）功能联系。② 艾伦瑞克（Ehrenreich）和英格丽斯（English）则追溯了专家给追求学校教育的女性假定巨大风险的历史——风险源于女性的子宫和大脑功能之间的竞争，后者的扩张据称会导致前者的收缩。③ 当我们问及谁的情感总被认为是有问题的，至少在上个世纪的美国，我们发现女性的情感被认为是各种异常行为的必要条件。哈夫洛克·霭理士（Havelock Ellis）就是这一系列评论家中的一员，他明确指出，纵观 20 世纪，在女性群体中，"就像在儿童、野蛮人和紧张的实验对象中一

① 该文最早发表于 *Power and the Self*, ed. Jeannette Marie Mageo, Cambridge: Cambridge University Press, 2002, pp. 194 - 215，本文是修订版本。——译者注

② Inge K. Broverman, Donald M. Broverman, Frank E. Clarkson, Paul S. Rosenkrantz, and Susan R. Vogel, "Sex Role Stereotypes and Clinical Judgments of Mental Health", *Journal of Consulting and Clinical Psychology* 34(1970), pp. 1 - 7.

③ Barbara Ehrenreich and Deidre English, *For Her Own Good: 150 Years of the Experts' Advice to Women*, Garden City, NY: Anchor/Doubleday, 1978.

样”，情绪是主导的和较差的反射。[①]

随着人类学开始比较研究世界各地的社会中的其他的自我系统和情感话语，20 世纪西方对于情感的文化解释也变得更加清晰：它被视为理性思想的不幸障碍，它是与身体本能的联系，它还是通向某些社会美德的途径。这一观点的影响力由彼至今仍是多种多样的。影响力的一个重要方面是它将女性置于家庭的无薪工作中。这是对于情感的正面评价和负面评价及与女性关系的重要成果：共情力强的情感化的女性可以被视为家中的天使，但这一观点很快会转变为职场中的问题，她的情绪会对职场中混乱的商务和员工纪律反应过激。与此相符，第二波女性主义者开始瞄准愤怒之情，将其作为一种不受性别关系影响的情感，并将其作为女性何时或在何种情况下可以要求尊重的关键指标。[②] 弗赖伊(Frye)有效地关注到了她所谓的对于女性愤怒的理解，即对愤怒的发生和/或合法地发生的认可。[③] 这种女性主义观点始于 20 世纪 70 年代和 80 年代，旨在将情感置于完整的社会权力观中。

女性主义者也从情感本身的问题处后退一步，以便对抽象个体的“非偶然的意识形态”建立更为根本的批评，这种意识形态是女性心理分析的基础，甚至包括大多数女性主义心理学。[④] 这一时期女性主义引入的“个人即政治”的观念从这个角度受到了批评，因为其后果有时是暗示情感变化（或个人生活）可以或应该构成女性主义政治工作的全部内容。[⑤] 然而，由于西方治疗行业的发展速度快于女性主义的组

---

① Havelock Ellis, *Man and Woman*, Boston: Houghton Mifflin, 1929, p. 310.

② Alma Gottlieb, "American Premenstrual Syndrome: A Mute Voice", *Anthropology Today* 4. 6(1988): 10 - 13; Elizabeth Spelman, "Anger and Insubordination", in *Women, Knowledge and Reality: Explorations in Feminist Philosophy*, ed. Ann Garry and Marilyn Pearsall, Boston: Unwin Hyman, 1979, pp. 263 - 273.

③ Marilyn Frye, "A Note on Anger", in *The Politics of Reality: Essays in Feminist Theory*, Trumansburg, NY: Crossing, 1983, pp. 84 - 94.

④ Naomi Scheman, "Anger and the Politics of Naming", in *Women and Language in Literature and Society*, ed. Sally McConnell-Ginet, Ruth Borker, and Nelly Furman, New York: Praeger, 1980, 174 - 186; Michelle Fine and S. M. Gordon, "Effacing the Centre and the Margins: Life at the Intersection of Psychology and Feminism", *Feminism and Psychology* 1(1991), pp. 19 - 27.

⑤ For a contrasting Chinese feminist perspective on this relationship, see Lin Chun, "Toward a Chinese Feminism", *Dissent*, Fall 1995, pp. 477 - 485.

织工作，被重新评估和被政治化的情绪未能被理解为与女性主义活动的组织团体有关或隶属于女性主义的一部分。

黑人和奇卡诺(Chicana)女性主义者很快发现，这些情感的文化和科学的定义往往是默认针对白人女性的，是对于富裕家庭中白人女性阶层的有特权的奴役的描述。[①] 在20世纪末的通俗文化中，那些用于定义被奴役的黑人女性的明显特质较少地就心理层面表达，而更多的是就身体属性（如膨胀的性欲和"变形的"形态）[②]和道德品质（如阉割倾向，和休闲和/或自我牺牲的倾向）而言。这一批评详细阐明，有关情感的女性主义理论经常运用白人特权的力量，去忽视女性这一分类的不统一性。[③] 这一点明显体现在，女性主义理论常常基于种族、阶级和性取向，关注女性对其他女性的爱以及对他人的关心，却没有关注到女性对待其他女性的愤怒或轻蔑情绪。[④] 这一点也体现在黑人女性主义的非个体化的理论框架的进一步发展中。[⑤]

在本章的开始，我对比了20世纪下半叶女性主义和规范方法对情感的研究差异。女性主义方法的特点是关注情感话语如何在物质、制度和文化权力的毛细血管中运作。规范方法则将问题局限于情感对于塑造个人行为的有限力量——如西方学界的文化和传统定义的

---

① Patricia Hill Collins, *Black Feminist Thought: Knowledge, Consciousness, and the Politics of Empowerment*, New York: Routledge, 1991; Gloria Hull, Patricia Bell Scott, and Barbara Smith, *All the Women Are White, All the Blacks Are Men, but Some of Us Are Brave: Black Women's Studies*, Old Westbury, NY: Feminist, 1991.

② Sander Gilman, "Black Bodies, White Bodies: Toward an Iconography of Female Sexuality in Late Nineteenth-Century Art, Medicine, and Literature", in *Race, Writing and Difference*, ed. Henry Louis Gates Jr. Chicago: University of Chicago Press, 1985, pp. 204 - 242.

③ Elizabeth Spelman, "The Virtue of Feeling and the Feeling of Virtue", in *Feminist Ethics*, ed. Claudia Card, Lawrence: University Press of Kansas, 1991, pp. 214 - 370.

④ Carroll Smith-Rosenberg, "The Female World of Love and Ritual: Relations between Women in Nineteenth-Century America", *Signs: Journal of Women in Culture and Society* 1(1975), pp. 1 - 29; Nel Noddings, *Caring: A Feminine Approach to Ethics and Moral Education*, Berkeley and Los Angeles: University of California Press, 1984; Sara Ruddick, *Maternal Thinking: Towards a Politics of Peace*, Boston: Beacon, 1989; Spelman, "The Virtue of Feeling"; Cynthia Burack, *The Problem of the Passions: Feminism, Psychoanalysis, and Social Theory*, New York: New York University Press, 1994; Maiva Lam, "Feeling Foreign in Feminism", *Signs: Journal of Women in Culture and Society* 19(1994), pp. 865 - 893.

⑤ For example, Collins, *Black Feminist Thought*.

那样。我接着探讨了女性主义对于情感的定义和探索的主要种类。尽管任何其他数目的分类方法均是可行的,本文主要考察的是以下六种类型:女性主义对情感发展动力学的重新解读、情感作为真实的女性气质、情感作为认识资源、情感作为文化的权力话语、情感作为社会劳动,以及情感作为社会边缘的生活。最后,我推测了女性主义方法在对情感的知识生产更广泛的 20 世纪晚期对于情感研究的地位。

研究情感知识的女性主义方法和规范方法

尽管女性主义者们研究情感的方法各不相同,但她们均具有批判和实用的目的。就批判的意义而言,她们重新定义了对于情感什么是值得了解的,提出新的问题,并质疑旧的问题所服务的利益。就实用的意义而言,她们旨在将新的问题及答案应用于女性(和男性)的生活利益。

传统的科学哲学和当前的普通科学认为,所有理性的人都可以想象并提出任何关于自然或社会生活的问题。正是自然,而非社会语境,提出了这些问题。在这个框架体系中,问题来自哪里并不重要——重要的仅仅是答案是否正确。科学方法不是从某物是如何发现开始的,而是从发现后如何检测命题的真值开始的。科学问题通常自称在确认一些最关键的需要调查的问题。即使是那些认为自己在做基础的、非应用科学的人,通常也会声称自己在研究那些有助于定义某种现象,比如情感的本质或中心特征的问题。这项工作意味着以想要,甚至是必须使用应用科学或实践科学的方式帮助定义研究对象。

女性主义对这一观点发起的挑战是:被提出的那些问题,与我们如何检验任何不确定的答案一样,构成了我们最终所知道的东西。哈丁(Harding)指出,引发科学疑问的那些问题并不是在抽象中产生的。[①] 它们发生到人们身上,并且在社会群体中分布不均。那么问一个问题,便是从特定的社会立场来说明问题是什么样子的。并且,不

① Sandra Harding, "Introduction: Is There a Feminist Method?" in *Feminism and Methodology*, ed. Sandra Harding, Bloomington: Indiana University Press, 1987, pp. 1 - 14. 中文译文收录于孙中欣、张莉莉编《女性主义研究方法》,复旦大学出版社 2007 年版。

同的社会群体想要回答的关于情感的问题往往是不同的，例如，被压迫的群体想要知道如何改变他们的生活状态，如何减轻他们为此感到的痛苦。

在过去几十年中，规范科学对情感提出了以下几个问题：孩子是如何“不恰当地依赖于”他们的母亲（而不是父亲）的？母亲们做了什么使她们的孩子产生这种复杂的情结？女性是否比男性更擅长识别表达情感的面部表情？人可以在身体的哪个部位识别出愤怒、厌恶、恐惧等情感？大学生的心情如何在学年的周期内变化？厌恶是普遍存在的吗？更年期的情绪症状是什么，而哪种药物的治疗效果最好？由于患有经前期综合症（PMS）而导致情绪波动的女性群体占比多大？什么样的情绪障碍会伴随或构成晚期黄体生成障碍（late luteal phase dysphoric disorder）（一种新定义的构成了极度经前期综合征的疾病）？

到了20世纪70年代初，女性主义者指出了有多少关于自我的问题尚未被提出。这些问题是女性会提出的，其中一些是少数族裔的女性会提出的问题，如果她们也能被学术讨论包括的话（她们当然是私下里，以虚构形式，在实际的政治和其他活动中提出这些问题的）。这些此前未公开提出的问题包括：为什么女性被认为是情感化的性别？为什么情感在总体上被病理化，同时病态被情感化，常态却被男性化？为什么男性的情绪和激素水平没有被检查？黑人和工人阶级女性对自己被分配的社会地位有何感想？白人富裕女性在与特权较少的女性的关系中采取了哪些情感防御措施？为什么美国的大多数人认为，愤怒对女性来说比男性更不恰当？不同的性别分工如何跨文化地影响了女性的威望和自尊？男女间不同的社会结构、社会分配和社会尊重，会如何影响女性一生害怕强奸或害怕受到其他暴力侵害的可能性？[①] 男性性暴力的情感力量源于何处？为什么有这么多男人觉得照顾孩子和做家务很讨厌？[②] 在美国，围绕领导人身上的合理的男性气质和情感状态的问题展开的政治话语的后果是什么？男性一贯抗拒避孕的情感语境是什么？

女性主义者提出的问题很少是对多数人所认为的情感的基本或

---

① Peggy Sanday, *Fraternity Gang Rape: Sex, Brotherhood, and Privilege on Campus*, New York: New York University Press, 1990.

② Constance Perin, *Belonging in America: Reading between the Lines*, Madison: University of Wisconsin Press, 1988.

普遍方面的探寻。在情感研究中,对基础研究及其定义术语的呼吁似乎正中女性的担忧,甚至与女性敌对。事实上,对于许多科学家来说,关于情绪的最基础、最基本或最重要的知识关注的是心理生物学,而不是心理社会学的过程。当心理生物学既定义了情感,又根据此制定了国家研究的议题时,社会世界和对它的批评就会变得无足轻重或不可见。女性主义对情感的分析指出了规范研究的情感分析所服务的权力和利益,并且证明了规范研究在这两个层面上是多么的偏颇。

情感的女性主义研究分类

女性主义作品由大量而多样的观点组成。在这里,我想做的是概述我最熟悉的有关情感的女性主义作品的种类,这些作品是主要关注心理学、人类学、社会学、历史学和哲学的美国学术作品。

女性主义对情感发展动力学的重新解读

最早期的女性主义对自我重新理论化的解读之一,即女性主义对自我主题的重新解读,是精神分析的,并且致力于重新分析性别的情感动力学。这些方法将情感生活视为性别认同和两性关系的首要特征。然而,与传统的精神分析方法不同,这些方法强调了女性和男性的潜在可变的社会权力,并且较少地将亲子关系视为性别认同的永恒熔炉,而更多地将其视为一种社会和历史的制度。① 这项工作不仅涉及重新解读家庭的动力学本身,更涉及分析其与通俗文化、文学文化的情感方面的关联。工作包括探索好莱坞电影中将女性妖魔化的心理动力学基础,解释通俗文化形象中的性别矛盾,以及追溯女性、大众文化和多愁善感的联系的历史语境与文化语境。②

---

① Nancy Chodorow, *The Reproduction of Mothering: Psychoanalysis and the Sociology of Gender*, Berkeley and Los Angeles: University of California Press, 1978; Jessica Benjamin, *The Bonds of Love: Psychoanalysis, Feminism, and the Problem of Domination*, New York: Pantheon, 1988.

② Elizabeth G. Traube, *Dreaming Identities: Class, Gender, and Generation in 1980s Hollywood Movies*, Boulder, CO: Westview, 1992; Tania Modleski, *Feminism without Women: Culture and Criticism in a "Postfeminist" Age*, New York: Routledge, 1991; Ann Cvetkovich, *Mixed Feelings: Feminism, Mass Culture, and Victorian Sensationalism*, New Brunswick, NJ: Rutgers University Press, 1992.

杰西卡·本杰明(Jessica Benjamin)做出了女性主义在情感发展方面的关键性工作,她将女性是如何变得从被他人支配中感受到快乐的作为她的首要问题,或者换句话说,情感生活是如何变形以至于使女性参与到自己的附属关系中的。她将女性的文化神话(像是本质上是受虐的、自然的等等)视为女性对于自身感受、欲望和权力的重要但不充足的来源。在她看来,对于理想女性的自我和情感的社会学习不应该看作是女性倾向于体验"性服从的愉悦幻想"的结果,而应该是原因。[①] 与麦金农(MacKinnon)和格里芬(Griffin)相反,本杰明(Benjamin)认为问题不在于男性色情、施虐的想象和行为的要求,而在于在任何家庭的发展过程中,母亲都无法坚持独立的自我,从而造成了对女性的社交能力和社交机构的压迫。和乔多罗(Chodorow)一样,她认为男性的防御性的全能幻想或对他人的否定是男孩试图挣脱母亲束缚的结果。然而,女孩发展的"进步"则是走向自我克制。与这一系统相关的感受包括女性对独立的恐惧,女性试图通过服从来控制分离焦虑,以及她们渴望在一个男性为主体、女性为客体的性两极化的世界中获得认可。

在这种范式中,女性和男性的情感生活成为理解女性主义转变发生的核心。本杰明建议收集对恋爱关系中人际间的认同的渴望,以此作为为个人和社会变革注入希望的方法。她的方法从根本上来说是一种解放的方法,但是,即使她诗意地追溯了自我和他者之间的情感辩证,感情在此仍属于个人的东西。虽然她对主体间的认同有着乌托邦式的观念,但是将自我-他者的二元论(掌控感与服从感的割裂)与伴随着人际间关系变化的历史和社会语境及其中具体变化联系起来的任务,本杰明还是留给了其他人。

情感作为真实的女性气质

一种早期的,并在当下文化中依然非常流行的有关情感的女性主义观点宣称,情感是被重估的女性气质的中心之一。在这些观点中,情感和理性的二元论主张并没有被否定,并且女性与自然的联系也是

① Benjamin, *Bonds of Love*, 81. This perspective runs parallel to Mageo's insight into how both (patriarchal) power and the self as culturally constituted by domination "can each produce distortive knowledge about the world". Jeannette Marie Mageo and Bruce M. Knauft, "Introduction: Theorizing Power and the Self", in Mageo, ed., *Power and the Self*, pp. 8 - 26.

被颂扬的。情感作为一种自然能力，也就同时成为男人未能拥有的东西与女人优越性的标志。女性被建议去抵制被视为男性支配的一种形式的情感压抑。[①] 这一观点的经典表述来自格里芬（Griffin），她认为对女性的支配有关或等同于对自然的压抑，她拒绝技术政治式的理性，并赞扬女性的情感认同和其他与未驯服的自然相关的方面认同。情感被视为与生俱来的反骨。

格里芬提出了一个普遍而必要的论点，而其他女性主义者则聚焦于感受上，将它作为女性通过社会学习而获得，并应当被恢复为一种美德的东西。当关注点聚焦于女性的共情能力和其他激励她们照顾他人的情感时尤为如此。[②] 尽管情感作为一种积极的能力的观点目前被大多数写过这一主题的女性主义学者所排斥，但许多人仍暗中吸收了这一观点。[③] 女性主义对愤怒的讨论，似乎尤其倾向于自然化和动能化的情感观，就像女性主义教育学家问她们如何能"[在女性主义课堂上]帮助学生以健康和富有成效的方式疏通愤怒"[④]。而人类学对女性和男性的情感归因的跨文化差异的研究，则将西方女性主义研究关注的女性情感的文化假设问题化了。道尔顿（Dalton）以新几内亚的拉瓦人（Rawa）为例，拉瓦人总体上期望女性和男性都能表现情感。[⑤] 这些民族志案例还表明，女性主义的愤怒也可以被视为一个同时压抑过度监视和产生非愤怒状态的社会过程。

情感作为认识资源

许多女性主义哲学家通过对传统的科学哲学的批判路径来分析

---

① Susan Griffin, *Woman and Nature*, New York: Harper & Row, 1978; Elaine Showalter, *A Literature of Their Own*, Princeton, NJ: Princeton University Press, 1977. 有中文译本，毛喻言译，苏珊·格里芬著，《女人与自然》，重庆出版社 2007 年版。

② Ruddick, *Maternal Thinking*; Noddings, *Caring*.

③ Alison M. Jaggar, "Love and Knowledge: Emotion in Feminist Epistemology", *Inquiry* 32.2(1989), pp. 151－176; Donna Haraway, *Primate Visions: Gender, Race, and Nature in the World of Modern Science*, New York: Routledge, 1989; Arlie Russell Hochschild, *The Managed Heart: Commercialization of Human Feeling*, Berkeley and Los Angeles: University of California Press, 1983; Scheman, "Anger and the Politics of Naming".

④ Janet Lee, "Teaching Feminism: Anger, Despair and Self Growth", *Feminist Teacher* 7.2(1993), pp. 15－18, p. 15.

⑤ Douglas Dalton, "Spirit, Self, and Power: The Making of Colonial Experience in Papua New Guinea", in Mageo, ed., *Power and the Self*, pp. 117－140.

情感,传统的科学哲学加深了理性和情感的文化二元论,声称好的科学研究需要实践者冷静。这一主张隐含了性别和种族政治,其根源是培根和其他人的男性主义的梦想。[①] 贾格尔(Jaguar)简洁地说明了这一案例:"[冷静的研究者的神话]的功能显然是用来增强目前主要由白人男性构成的主导群体的认识权威,并诋毁目前的从属群体的观察和主张……后一组人越有力、越激烈地表达他们的观察和主张,他们就越显得情绪化,也因此越容易被抹黑。"[②]

另一种女性主义认识论应运而生。[③] 例如,在做灵长类动物的社会科学的研究时,哈拉韦(Haraway)写道,"爱"和"知识"是灵长类动物的研究者想要从他们的科学实践中得到的两样东西。[④] 她用爱的概念代替其他可能,例如欲望或动机。这种做法从新的女性主义认识论角度避免了至少两个问题。第一是尝试重新定位社会科学,不再以负面的角度呈现所有"非理性"的科学动机(因此是爱而不是投射)。第二是将分析集中在科学家和构建故事叙事的灵长类实验对象之间的社会关系上(因此是爱而不是焦虑)。这避免了由男性欲望构成科学实践的个人主义画像。

阿莉森·贾格尔(Alison Jaggar)创造了"认知资源"一词,用以描述情感在女性生活中的潜在作用。女性学习如何感受而不是生来如此感受,她们通常以支持现有的社会安排的方式行事(例如,女性,包括女性主义者,经常对自己的身体感到厌恶时)。然而,情感可以是越轨的(比如当一个人对性别歧视的笑话感到愤怒时),也可以是女性主义的(比如她们涉及女性主义的观念和想法时)。情感和女性主义理论之间的辩证法是这样的,对情感的批判性反思成为发展中的女性主义理论和女性主义实践的必要组成部分(如贾格尔所说,并非只是初步的"清理障碍准备行动"):"越轨的情感……对于发展对世

---

① Susan Bordo, *The Flight to Objectivity: Essays on Cartesianism and Culture*, Albany: State University of New York Press, 1987.

② Jaggar, "Love and Knowledge", p.158.

③ Scheman, "Anger and the Politics of Naming"; Jaggar, "Love and Knowledge"; Martha Nussbaum, *Women, Culture, and Development: A Study of Human Capabilities*, Oxford: Oxford University Press, 1997; Sandra Morgan, "Towards a Politics of 'Feeling': Beyond the Dialectic of Thought and Action", *Women's Studies* 10(1983), pp.203–223.

④ Haraway, *Primate Visions*.

界的批判性观点是必要的，但它们也以这种批判性观点的开端为前提。”①

与格里芬一样，贾格尔倾向于这样一种观点，当将情感作为女性“认识优势”的一部分时，女性的情感性构成了她们的力量。对情感的反思被视为一种女性比男性更擅长的政治理论和实践，因为她们对照顾他人更具社会责任感（一种被社会生物学和心理生物学创造，并降级为遗传基因的联系）。② 也就是说，女性、有色人种和其他从属群体更有可能体验到贾格尔和其他人所说的越轨情绪。被文化美化的情感共情在根本上被彻底重新定义为一种政治分析技能，而不是女性的直觉和养育的美德的标志。

虽然从属群体中的情感的自我欺骗的可能性得到了承认，但还要由本杰明和其他人来描述此等情况是如何发生的。③ 斯佩尔曼(Spelman)通过分析白人女性主义者如何使用愧疚、羞耻或后悔的措辞来关注自身感受，而非她们的种族特权对有色人种女性造成的伤害，展示了道德情感的言语如何能够，并且已经被自我欺骗式地使用。如她所言，如果情感是“我们将自己纳入他人生活和将他人纳入我们的生活的有力线索”④，那么这些情感也将反映一个人作为白人富裕女性的重要性的假设。尽管理论家们对情感的错误认知或意识形态扭曲的关注程度各不相同，但是她们都断言，情感可以通过重新命名来重塑，并且可能构成以女性主义为目标的知识的赋权形式。

情感作为文化历史的权力话语

在以上三种观点中（重新解读情感发展，情感作为真实的女性特质，情感作为认识资源），情感都被视为集体社会的变革工具，仅偶尔将它视作父权制社会关系再生产的中心。其他学者则以更直接的分

---

① Jaggar, “Love and Knowledge”, p. 23.

② See, e. g., Wayne Babchuck, Raymond Hames, and Ross Thompson, “Sex Differences in the Recognition of Infant Facial Expressions of Emotion: The Primary Caretaker Hypothesis”, *Ethology and Sociobiology*, 6(1985), pp. 89 - 101.

③ 虽然我将在下面的单独章节中讨论她的著作，但 Arlie Hochschild 采取了一个相关的观点，她将情绪定义为一个直接的、无可争议的“来自自我的信号”。其含义是，女性可能会通过仔细反思和梳理性别歧视世界的文化噪音，以及从中习得的次要情感，来了解自己的真实感受。

④ Spelman, “The Virtue of Feeling”, p. 220.

析和/或社会历史语境的方式呈现其中的权力问题。

女性主义人类学家和历史学家吸纳了人类学标准的文化观和福柯的话语观以拓展有关女性和情感性的问题。此时的重心转移至在历史和文化变化中理论化地描述情感生活与(性别的同时也是阶级的和种族的)权力关系间的联系。① 同以上提到的理论家类似,她们认为情感讨论是政治性的,不过更与社会结构和政治经济相适应。她们追溯了情感话语在不同社会中的地位,这些社会具有不同的权力构造和不同类型的性别政治,不同的权力构造和性别政治源于诸如母系继嗣、游牧社会和父系分支-世系体系中的荣誉精神,以及阶级分层社会中的极端贫困条件下的生育和抚养。马乔(Mageo)在情感、权力和历史的研究中开辟了新的方向。她指出,萨摩亚和其他地区的发疯女性所表达出的情感痛苦不应被视为歇斯底里的症状,而是寻求"解决个人所遭受的文化-历史悖论"的创造性贡献。② 这种洞察将情感的言语

① Lila Abu-Lughod, *Veiled Sentiments: Honor and Poetry in a Bedouin Society*, Berkeley and Los Angeles: University of California Press, 1986, and "The Romance of Resistance", in *Beyond the Second Sex: New Directions in the Anthropology of Gender*, ed. P. Sanday and R. Goodenough, Philadelphia: University of Pennsylvania Press, 1990, pp. 41-55; Dorinne Kondo, *Crafting Selves: Power, Gender, and Discourses of Identity in a Japanese Workplace*, Chicago: University of Chicago Press, 1990; Catherine Lutz, *Unnatural Emotions: Everyday Sentiments on a Micronesian Atoll and Their Challenge to Western Theory*, Chicago: University of Chicago Press, 1988, and "Engendered Emotion: Gender, Power and the Rhetoric of Emotional Control in American Discourse", in *Language and the Politics of Emotion*, ed. C. Lutz and L. Abu-Lughod, Cambridge: Cambridge University Press, 1990, pp. 151-170; Jeannette Marie Mageo, "Spirit Girls and Marines: Possession and Ethnopsychiatry as Historical Discourse in Samoa", *American Ethnologist* 23.1(1996), pp. 61-82; Virginia Maher, "Possession and Dispossession: Maternity and Mortality in Morocco", in *Interest and Emotion*, ed. Hans Medick and David W. Sabean, Cambridge: Cambridge University Press, 1984, pp. 103-128; Emily Martin, *The Woman in the Body*, Boston: Beacon, 1987; Michele Rosaldo, "Toward an Anthropology of Self and Feeling", in *Culture Theory: Essays on Mind, Self and Emotion*, ed. Richard A. Shweder and Robert A. LeVine, Cambridge: Cambridge University Press, 1984, pp. 134-157; Nancy Scheper-Hughes, *Death without Weeping: The Violence of Everyday Life in Brazil*, Berkeley and Los Angeles: University of California Press, 1992; C. Nadia Seremetakis, *The Last Word: Women, Death and Divination in Inner Mani*, Chicago: University of Chicago Press, 1991; Stephanie Shields, Pamela Steinke, and Beth Koster, "The Doublebind of Caregiving: Representation of Gendered Emotion in American Advice Literature", *Sex Roles: A Journal of Research* 33(1999), pp. 467-489.

② Mageo, "Spirit Girls and Marines", p. 61.

作为历史苦难和历史意义的重塑，可以应用于详细阐释过去几个世纪美国女性与男性的情感准则的变化。① 其中的重要工作包括全球的经济结构调整是如何囊括了基于性别分配的、工作中的情感需求的历史变化。②

例如，阿布·卢赫德（Abu-Lughod）详细描述了奥拉德阿里（Awlad Ali）贝都因父系制权威随着定居和埃及国家向其社区的推进而衰落的过程。③ 侵蚀权力的关键表现是年轻女性和男性有策略地、常常是反叛性地运用爱情诗。这种情绪是对长者的一种相对直接的冒犯，因为长者对于性行为的绝对控制是维系世系男性间的稳固连结的关键。赛瑞麦忒克斯（Seremetakis）选取了一个类似的美学现象——希腊女性在葬礼上的挽歌，将其作为对女性劳动的文化关注的评论和恢复。④ 女性不被承认的工作包括农耕，以及在葬礼上哀悼的传统。在死亡仪式中，承认和反叛的力量明显体现在女性尖叫的身体中。女性在尖叫中被社会性地显现出来，也因此显得强大，即使她通过撕扯衣服和突破其他限制的隐喻方式离开社会。最后，维斯（Wiss）指出，尽管种族主义意识形态致使了对一个在 19 世纪早期被匿名带到欧洲的非洲！Kung 女子的解剖，但是欧洲人对她的感受的密切关注却不包括对她的声音的兴趣。⑤

当代中产阶级女性主义者的文化关注不仅体现在女性如何从理论上看待自己年幼的孩子的问题上，也体现在越来越多的关于爱情尤

---

① Francesca Cancian，*Love in America*，Cambridge：Cambridge University Press，1987；E. Anthony Rotondo，"Romantic Friendship：Male Intimacy and Middle Class Youth in the Northern United States，1800 - 1900"，*Journal of Social History* 23(1989)，pp. 1 - 26；Peter Stearns，"Gender and Emotion：A Twentieth Century Transition"，*Social Perspectives on Emotion* 1(1992)，pp. 127 - 160.

② Heather Ferguson Bulan，Rebecca J. Erickson，and Amy S. Wharton，"Doing for Others on the Job：The Affective Requirements of Service Work，Gender，and Emotional Well-Being"，*Social Problems* 44. 2 (1997)，pp. 235 - 256；Aihwa Ong，*Spirits of Resistance and Capitalist Discipline*：*Factory Women in Malaysia*，Albany：State University of New York Press，1987；Hochschild，*The Managed Heart*.

③ Abu-Lughod，"The Romance of Resistance".

④ Seremetakis，*The Last Word*.

⑤ Rosemary Wiss，"Lipreading：Remembering Saartjie Baartman"，*Australian Journal of Anthropology* 5. 1 - 2(1994)，pp. 11 - 40.

其是异性恋的历史著作中。[①] 虽然这项工作大多关注的是行为的规范标准,但它通常也会关注制造变化的社会语境,比如对理想的男女的情感形象的期望差距缩小。从维多利亚时期的两性情感分化的高峰开始,特别是在 20 世纪 20 年代及以后,女性和男性在家庭之外的接触的增加与女性劳动参与率的提高,导致了性别的规范差异在愤怒、恐惧和嫉妒情绪中有所下降。有人开始担心,通过控制愤怒情感的类似手段,男孩和女孩都能被社会化并适应工作场所。依此脉络,也有很多女性主义工作关注的是抑郁症。在西方和跨文化语境中,这种情绪症状都在女性中占主导地位。在已有的最详细的对抑郁症的语境研究中,它与无力感的情境因素相关,而非与情感的构成性因素相关。[②]

关于性别、情感和政治的一些最具挑战性的工作见于对德国法西斯主义的研究中。问题是要解释人类对制度化的恶和日常罪恶的大规模参与,而与我们相关的是,如果我们要理解性别认同与其中的情感投入在不断变化的社会环境中是如何塑形的,人又是如何反抗它的,就要关注到纳粹主义和大屠杀的高度性别化的存在方式。昆兹(Koonz)解答了女性在情感上是如何回应纳粹的要求的问题,即她们既放弃了有薪的工作,又要在反犹太主义和文化变革计划中合作。[③] 特韦莱特(Theweleit)研究了德国法西斯心理的问题,并描绘了一幅男性的画卷,他们对女性的恐惧与反共主义及他们对控制他们所认为的大众群体的企图交织在一起。[④]

---

① Cancian, *Love in America*; Barbara Ehrenreich, *The Hearts of Men: American Dreams and the Flight from Commitment*, New York: Doubleday, 1983; Jan Lewis, "Mother's Love: The Construction of an Emotion in Nineteenth Century America", in *Social History and Issues in Human Conscious ness: Some Interdisciplinary Connections*, ed. Andrew E. Barnes and Peter N. Stearns, New York: New York University Press, 1989, pp. 209 - 229.

② George Brown and Tirril Harris, *Social Origins of Depression: A Study of Psychiatric Disorder in Women*, New York: Free Press, 1978; Susan Nolen Hoeksema, *Sex Differences in Depression*, Stanford, CA: Stanford University Press, 1990; Janis J. Jenkins, Arthur Kleinman, and Byron H. Good, "Cross Cultural Aspects of Depression", in *Advances in Affective Disorders: Theory and Research*, ed. Joseph Becker and Arthur Kleinman, vol. 1, *Psychosocial Aspects*, Hillsdale, NJ: Erlbaum, 1991, pp. 67 - 99; Bonnie Strickland, "Women and Depression", *Current Directions in Psychological Science* 1.4(1992), pp. 132 - 135.

③ Claudia Koonz, *Mothers in the Fatherland: Women, the Family and Nazi Politics*, New York: St. Martin's, 1987.

④ Klaus Theweleit, *Male Fantasies*, vol. 1, *Women, Floods, Bodies, History*, Minneapolis: University of Minnesota Press, 1987.

战争中广泛使用的性别形式的酷刑，连同酷刑暴力塑造的情感话语，也被记录下来。[①] 镇压叛乱的恐怖结合危机中的父权制，通过与强奸相连的羞耻感与回忆本身的二次创伤性质使情感变得无法言说。[②] 特韦莱特将军国主义和性别研究带回美国，她对美国军国主义的生动研究对军国主义和性别作出阐释，为女性和平主义活动家在塞尼卡瀑布陆军基地受到暴力事件提供了详细的民族志意义。[③] 特韦莱特令人信服地指出，正是由于她们违反了社会对恰当的女性特质和(异)性气质的期望，而不是她们对核武器的强烈反对本身，激怒了周围社区。在这本民族志中，情感反应是军国主义男性政治，同时也是营地的女性之间，以及营地和村庄的女性之间冲突的索引。

在关注通过情感话语制定的权力关系时，女性主义民族志学家运用自我反思性的分析来审视他们自己的田野调查和写作如何在无意中对性别关系再生产，尽管它本该抵抗性别关系。摩根(Morgan)重新审视了她在新英格兰的一个女性主义健康中心的工作，因为它默认接受了理性和情感的二元认识论。[④] 这导致她忽视去认真对待医务人员表达的情感。自反性分析也被用来强调被研究的文化与研究者的文化背景对性别和情感的思考和感受的差异。[⑤] 拉维(Lavie)提供了一个说明反思分析价值的深刻例子，她描述了居住在西奈沙漠的贝都因人对于割礼的感受差异。在描述仪式、她的"参与者观察"以及手术的痛苦后果时，她写到了年轻女孩"惊慌失措地"跑到海里止血，而她自己则逃到了居住地的边缘。在那里，她开始不断呕吐和哭泣，并一直在思索："我哭泣究竟是因为女孩们从未知晓却已经失去的快乐，还是因为她们的母亲对割礼通过移除性欲能带给女人比男人更多力量

---

① Ximena Bunster-Burotto, "Surviving beyond Fear: Women and Torture in Latin America", in *Women and Violence*, ed. Miranda Davies, London: Zed, 1994, pp. 156–176.

② See also Janis H. Jenkins, "Women's Experience of Trauma and Political Violence", in *Gender and Health: An International Perspective*, ed. Carolyn Sargent and Caroline Brettell, Upper Saddle River, NJ: Prentice-Hall, 1996, pp. 178–291.

③ Louise Krasniewicz, *Nuclear Summer: The Clash of Communities at the Seneca Women's Peace Encampment*, Ithaca, NY: Cornell University Press, 1992.

④ Morgan, "Towards a Politics of "Feeling".

⑤ Kondo, *Crafting Selves*; Smadar Lavie, *The Poetics of Military Occupation: Mzeina Allegories of Bedouin Identity under Israeli and Egyptian Rule*, Berkeley and Los Angeles: University of California Press, 1990; Lutz, *Unnatural Emotions*.

的坚定信念，又或者是因为当我小心地介入 Mzeina 男人和女人之间的世界时，我自己的性欲似乎减弱了。"[①]

在这段摘录中，拉维感受中的修辞和威力提供了一种政治分析，即它面对的更加微妙和有效的心理矛盾。换言之，政治分析既不是简单的、化繁为简的，也不是摩尼教式的，因为多重批判的视角（在情感/认知上）承认女性主义的评估和行动在这种语境中的困难。

情感作为社会劳动的一种形式

西方女性主义历史学家将劳动的性别分工问题与情感意义的问题联系起来，阐述了资本主义制度下工作场所与家庭的分离，女性被分配到无偿劳动的家庭领域，和情感概念和利益概念的意识形态分裂之间的对应关系，表达的和工具性的作用与个性，与女性和那些二元论的情感一面密切相连之间的对应关系。随着时间的推移，家庭被重新定义为首要的情感单位。女性因而与家庭生活和情感更加紧密地联系在一起，因为她们充当着无情世界的心脏。这样做的结果包括将女性作为公司的储备力量保留，在企业世界中零成本地再生产劳动力等。女性、家庭和情感的文化综合体也部分地通过商业利益的活动而得到再生产，例如贺卡、花卉行业和治疗行业。

情感是社会生活所必需的这一观点导向了将情感视为一种需要女性的劳动形式，至少在现代工业世界是如此。这种阐释包含了唯物主义对文化女性主义（和更小程度上的话语分析方法）倾向于关注表现形式却淡化性别和情感意识形态之间的联系及资源分配问题的重新解读。霍克希尔德（Hochschild）在对航空公司空姐和银行催收员的分析中，对这一点进行了最早最详尽的讨论。[②] 她将马克思主义的剥削概念引入心理学领域，并在女性和男性的情感、劳动分工、劳动力成本、劳动力和利润的再生产之间建立联系。她着重关注了女空乘，她们的情感劳动包括在整个飞行过程中保持愉快的微笑，并让每位乘客感到她们（代表航空公司）很乐意为他们服务。大多数以女性为主的服务性职业都有这种情感要求。霍克希尔德还将催收作为一个职业群体进行了研究，他们的情绪要求是对愤怒的韧性。招聘催收——是以男性为主职业之一，遵循了对愤怒的性别特殊论。

---

① Lavie, *Poetics of Military Occupation*, p. 146.

② Hochschild, *The Managed Heart*.

情感劳动本身通常不被承认，这是其商业剥削的奥秘。剥削过程也发生在家庭中，正如迪列奥纳多(di Leonardo)在描述意大利裔美国女性所做的“亲属关系的工作”时所展示的那样。[①] 这项工作尤其是在家庭之间组织的，工作包括了计划和执行在一年中寄贺卡、买礼物和准备家庭仪式。这些重要的实践实际上是通过对情感纽带的唤起和再现来定义的，但作为一种劳动形式，它们被忽视或轻视了。此外，如果情感被定义为一种自然流露，并且如果女性对亲属的感情被认为是自然积极的或母性的，那么将女性的亲属工作视作愉快或休闲的，其思想激励作用就显得更强。

同样强调将情感作为劳动，霍克希尔德尖锐地描述了已婚中产阶级异性恋夫妇内部复杂的“感恩的经济”，以及它在维持如传统定义的不平等家庭劳动分工方面的作用。[②] 这项研究解决了一些女性主义工作研究女性和养育时的问题，它们只注意到了劳动者被剥削的属性，但没有注意到劳动的战略目的。这项研究就表明：“‘利他’(同情)和‘利己’(理性)不一定是相互排斥的文化结构。”[③]利他主义与情感(如同情、爱和对他人安全的担忧)的联系，和利己主义与冰冷的理性的联系，是将对女性劳动属性的重新定义看作是揭示情感和理性的二元论危害的关键的另一个原因。

在政治经济框架中，情感也被视为一种资源——就像资本主义制度下的商品一样，可以(比如在核心家庭之外)被重新分配或恋物化。茨维特科维奇(Cvetkovich)在对19世纪情感小说与批评的历史发展(及其在20世纪大众文化批评中的推论)的复杂而生动的解读中展示了这一点。[④] 她表明，19世纪六七十年代，英国中产阶级的出现与所谓的情感小说的读者和作家的庞大市场的增长有关。在批评家看来，情感小说的定义是小说能唤起读者的某种情感，一种在阅读主要是女性角色参与反常的(通常是犯罪或性)行动时的“反常的兴奋”。批评在当时更

---

① Micaela di Leonardo, “The Female World of Cards and Holidays: Women, Families and the Work of Kinship”, *Signs: Journal of Women in Culture and Society* 12.3(1987), pp. 440–453.

② Arlie Hochschild, “The Economy of Gratitude”, in *The Sociology of Emotions*, ed. David D. Franks and E. Doyle McCarthy, Greenwich, CT: JAI, 1989, pp. 95–113.

③ Di Leonardo, “The Female World of Cards”, p. 452. See also Medick and Sabean, eds., *Interest and Emotion*.

④ Cvetkovich, *Mixed Feelings*.

少关注的(性别和阶级之间)社会关系的指标,而更多地关注被定义为问题的情感本身。这一标准的建立,部分是通过将阅读的本能的情感反应与高雅的审美反应对立,尽管实则是性别和阶级冲突,而不是对立于理性的,自主的情感文化思想引发了批评家的行为和标准的形成。

无论是表达还是克制情感,中产阶级就像女性一样,都是通过他们与情感的关系的方式来被定义的。并且,就像不断家庭化和私有化的中产阶级女性生活一样,情感也被定义为一种隐秘的现象。对于女性和情感而言,解放似乎就需要将隐秘的痛苦或问题公之于众,甚至作为(某种情理上不必要的)奇观呈现;于是保守派的批评家显然得对情感小说作出负面评价。在文学之外,茨维特科维奇还敏锐地指出了关注女性生活中的情感痛苦的具体实例时的两难困境:这样做“既能引发关注,又模糊了复杂的社会关系,既能激发社会行动,又能取代社会行动”①。

女性主义分析默认将情感定义为劳动和资源,不同的社会时期中与母亲相关的各种感情常常是其分析的中心。② 但是谢佩尔-休斯(Scheper-Hughes)在其关于巴西棚户区妇女的民族志中,对母亲和孩子之间存在自然的强烈依恋的一般观点提出了质疑。③ 她追溯了这些女性在阶级和种族上的情感伤痛,以此指出在贫困和种族主义的条件下有时会发展出的与儿童的竞争和对儿童的冷漠。她的分析努力避免(尽管有时会)重现对女性的禁令,即要有多余的资源给她们的孩子,而这些巴西女性显然没有这种能力。

情感作为社会边缘的生活

女性在社会边缘的生活可以激发情感反应,甚至可以通过对比那些居于主流或中心位置而被(错误地)视为理性的人,以建构有关情感本身的观点。一些理论家将女性的情感性/边缘性作为一个阶级来概述,而另一些理论家则关注女性在疯狂中的情感暴力,以及这些疯狂情绪中的真相或抗争。④ 切斯勒(Chesler)对这一观点作了有力的早期陈述,指

---

① Cvetkovich, *Mixed Feelings*, p. 5.

② For example, Maher, “Possession and Dispossession”; Scheper-Hughes, *Death without Weeping*; Shields, Steinke, and Koster, “The Doublebind of Caregiving”.

③ Scheper-Hughes, *Death without Weeping*.

④ Phyllis Chesler, *Women and Madness*, New York: Avon, 1972; Lavie, *Poetics of Military Occupation*; Nancy Scheper-Hughes, “The Genocidal Continuum: Peace-Time Crimes”, in Mageo, ed., *Power and the Self*, pp. 29 - 47; and William S. Lachicotte, “Intimate Powers, Public Selves: Bakhtin's Space of Authoring”, in ibid., pp. 48 - 67.

出对女性的完整人格的否认导致了一些女性的疯狂。这种疯狂本质上是一种女性对生理、性和文化的阉割的强烈体验,也是一种对力量的注定失败的搜寻。这种搜寻通常涉及身体攻击、妄自尊大、性和情绪化的错觉或表现。在父权制的精神病院(patriarchal mental asylum)中,女性的这些特征会引起恐惧和受到惩罚。①

一个展现情感与边缘化之间的表现的例子是由赛瑞麦忒克斯(Seremetakis)提出的,她生动地展现了希腊农民妇女破碎的生命。和切斯勒一样,她探讨了女性被否认具有完整人格的情感语境。她对社会边缘的益处和用途进行了论证,她写道:"(碎片)可能是边缘的,但它不一定是依赖性的,因为它能够否定对任何中心的认同。"这些女性的情感被阐释为"变革性的",而不仅仅是表达性的:作为一种物质上强大的身体行为,情感上的痛苦和哀叹可以将破碎的自我重新构建为至少"暂时的、强大的整体"。她们的情感、身体和不洁的实在性赋予了女性以力量。这尤其是鉴于她们位于现代希腊国家的边缘地带,所以没有经历过公共与私人、情感交流与经济交流的分裂:她们可以将挥洒眼泪作为她们与他人之间联系的标志,而城市中女性则不能。葬礼上,"自我[也即,女性的眼泪]"的碎片"随着空缺的逝者消失"并宣告一些事物已经被割开,包括生者与死者之间的关系,妇女的农作与她们被社会认可的工作之间的关系。②

毫不奇怪,这些理论家在很多情况下都是关注双重边缘化问题的人,比如特拉威克(Trawick)描述了一个南印度的贱民妇女,而巴特勒研究了(西方)女同性恋者。③ 她们两位研究者都将"低贱"视为一种门类,既描述被社会排斥的人,又描述一种感受。她们两位在讨论颠覆性的快乐和被剥夺完整的主体地位的痛苦时也有重要创新。巴特勒关于被"舒适地"认定为女同性恋的矛盾或不可能性的写作是具有启发性的,她的分析伴随着对情感的精确定义和识别,并站在边缘身份的视角,如女性或感情化的人的类别下。她的论点可以用来反驳这样

---

① Chesler, *Women and Madness*, p. 117.

② Seremetakis, *The Last Word*, 1. p. 216.

③ Margaret Trawick, "Untouchability and the Fear of Death in a Tamil Song", in Lutz and Abu-Lughod, eds., *Language and the Politics of Emotion*, pp. 186 - 206; Judith Butler, "Imitation and Gender Subordination", in *Inside/Out*: *Lesbian Theories*, *Gay Theories*, ed. Diana Fuss, New York: Routledge, 1991, pp. 307 - 320.

一个观点，即对女性和女性主义科学来说，一项积极的工作应该是情感透明的，即是说一个人的感受和政治有清晰和单一的特质。巴特勒的性别麻烦的概念可以扩展并应用于所谓的情感麻烦。后者能用于突出情感的表演性方面及其本体论上的不稳定特征。任何情感都会被视为一种表演，而不是一种确定的对潜在的心理学或社会心理学的现象的表达。就像性别本身一样，在巴特勒看来，情感也会被生物学上原始感觉的概念所遮蔽，因此任何一种情感都变成了可怜的模仿。

定义和国家研究议题：规范中心和女性主义边缘

在更大的范围内，绝大多数关于情感的研究都是在心理生物学和非女性主义定义的框架内进行的。与中心位置的政府资助的研究（如国家心理健康研究所，这是一个主要围绕大脑，因而以个体作为研究单位展开研究）相比，情绪的社会定义仍然是边缘的。此外，在与（特定的国籍、种族和阶级的）大学生的实验工作中产生的情感数据被认为是可进行概括的，而在非洲裔美国女性民族志中收集的情感数据却被视为特殊的和相对难以找到的。其结果是，进入21世纪后，科学还在继续询问关于情绪的一些问题，而非询问另一些，尤其社会群体面临的最常与情感相连的紧迫问题。

即使在情感的社会定义被认真对待的地方，女性主义在其发展中的作用以及性别在社会中的地位也被边缘化了。这绝非巧合，学院对情感本身的强烈兴趣在20世纪80年代得到发展，同时伴随着80年代女性运动的成熟，女性以及在较小程度上的少数民族涌入研究岗位。虽然这些社会变化帮助创造了上文所提及的女性主义著作，但是规范科学也在同一时期将情感作为值得科学研究的对象重新评估。这后一项工作也许至少一部分是被撤除情感与女性和非理性的联系的企图所激发的。女性主义的努力是被边缘化的，即使在学院的某些部分不是这样，在对照于心理学实验室的情感科学的中心时也一定是这样。莫德尔斯基（Per Modleski）分析了20世纪80年代的通俗文化，认为其讽刺的特点是部署了“没有女性的女性主义”。她认为普遍的文化抵制会得出在情感研究没有女性的学术推论。然而，也可以说，白人中产阶级关于情感问题的女性主义著作的出现，意味着通过允许将情感、抗议和女性特质相融合，它经常使用的情感的定义是暗中消除女性之间的种族和阶级差异的。[1]

然而，在学术界之外最具影响力的是情绪的规范科学。它通过女性杂志、科学新闻和其他媒介传播。它的影响力从科学家那里流向社区又流回科学家，这是我在与一位心理学家的交谈中获得的感触。当我们一起参加一个审查联邦拨款提案的讨论组时，她开始告诉我她的两个孩子间的差异，她的儿子要比她的女儿更具攻击性。她说，起初这让她非常焦虑，并且费了很大努力以更平和的方式矫正他的行为。然而，在她的朋友推荐她读了一本叫《脑内性别》的畅销书后，她就没有那么烦恼了。[2] 这本书从心理学研究角度论证了大脑发育和行为举止中的特定性别的荷尔蒙和其他生物学因素。她和其他人还可以得出结论，男孩天生更具攻击性也更容易生气，并且社会、情感和政治改变是不可能的，或只有在严格的限度内才可能。

从20世纪70年代开始一直到现在，许许多多思考情感问题的女性主义都对情感是什么以及情感的作用的规范概念提出了挑战。规范性科学的力量在于它持续获得大量资助，是生物学的，并与社会关系分析相关，其研究通常只停留在母婴关系上。几十年来，女性主义对情感的重新定义使一些全新的问题得以提出，使"我们并不是无能为力"的双重否定观点得以成为可能，也使重塑情感定义和研究问题以满足新的社会关系得以实现。

（作者单位：美国布朗大学沃森国际和公共事务研究院）

（译者单位：华东师范大学中文系）

学术编辑：李素军

① Modleski, *Feminism without Women*.

② Anne Moir and David Jessel, *Brain Sex: The Real Difference between Men and Women*, New York: Carol, 1991. 中文译本，安妮·莫伊尔、戴维·杰塞尔著，梁豪、邵正芳译，《脑内乾坤：男女有别之谜》，上海译文出版社2003年版。

探索创伤、内疚和情感的谱系：鲁斯·莱斯[①]访谈

[美]玛琳·戈德曼 采访
郭 枫 译
张春田 校

内容提要 在这次访谈中，鲁斯·莱斯谈及她作为科学史学者的职业生涯，以及她对当代人类科学发展方面所进行的研究——包括已经出版的《创伤：一项谱系》《从内疚到羞耻：奥斯维辛及其以后》，及目前正在进行的关于20世纪60年代至今对情感的实验和理论方法之谱系的研究。她这些研究所关切的问题包括：模仿或模拟在创伤理论中所扮演的角色；为什么羞耻取代了内疚而成为西方社会主要的情感参照；从内疚到羞耻的概念转换如何参与到人们对行动到身份的关注的转变，从关注"你做了什么"到关注"你是谁"的转变；为什么从讨论人们的意向与行动转而讨论人们情感经验的首要要素导致的后果之一，便是从能动性到身份的关注转变；近年来文化理论中情动转向的重要意义；以及为什么新的情感理论家致力于支持情感系统在根本上独立于意向和意义的观点，因为他们将其认为是身体的一个物质系统。

关键词 创伤理论 情动转向 内疚 羞耻 意向主义 物质主义

---

① 鲁斯·莱斯(Ruth Leys)，美国约翰·霍普金斯大学克里格艺术与科学学院教授，研究领域包括科学史、神经科学与精神分析的历史与理论、情感研究等。著作包括 *From Sympathy to Reflex*：*Marshall Hall and His Critics*（Garland Publishing, Inc., 1991）、*Trauma*：*A Genealogy*（University of Chicago Press, 2000）、*From Guilt to Shame*：*Auschwitz and After*（Princeton University Press, 2007）、*The Ascent of Affect*：*Genealogy and Critique*（University of Chicago Press, 2017）。

原文信息如下：Ruth Leys, Marlene Goldman. "Navigating the Genealogies of Trauma, Guilt, and Affect: An Interview with Ruth Leys", *University of Toronto Quarterly*, Volume 79, Number 2, Spring 2010, pp. 656 - 679.

玛琳·戈德曼(下以玛代之):您在《创伤:一项谱系》和最近出版的《从内疚到羞耻》两本书中都明确运用了谱系学的形式,能否请您告诉我们为什么这一形式在进行情感研究方面如此吸引您?谱系学方法的优势和不足分别是什么?您会如何描述这一方法在社会政治维度的价值?

鲁斯·莱斯(下以鲁代之):我自认为是一名思想史学者,我的写作方式被我自己称为"当下的谱系学",即意味着我倾向于探究和书写当代人类科学中的发展或范式,这些都有着相对近期的(也相对密集的)历史或系谱。我的目的是同时书写令我感兴趣的那些发展、范式(或概念、议题)的历史,以及通过对当下的讨论进行谱系式定位和批判式论析来对其进行干预。

我关于创伤的那本书便采取了这样的方式。在书中,我描述了自19世纪末至今关于精神创伤之概念的谱系,并且,我以两章关于当代人物的讨论作结,他们的理论或观点可以被证明与一些早期的理论有许多相同之处,而那些理论我并不同意(如 Bessel van de Kolk 和 Cathy Caruth 的著述)。我在2007年出版的关于"幸存者内疚"概念变迁的一书中也采用了类似的方法。我将"幸存者内疚"的概念起源追溯至弗洛伊德及其追随者的著述,追踪了这一概念在战后的发展,即战后精神分析师和精神病学家试图运用"幸存者内疚"的概念来帮助纳粹集中营的幸存者时所展开的工作,并以最后两个章节对晚近的理论家进行批判性评估,如伊芙·塞奇维克(Eve Kosofsky Sedwick)和阿甘本(Giogio Agamben),他们将内疚的概念置换为羞耻,所采用的方法具有一些共同的关键性特征,这些特征也是我试图进行描述和批评的对象。

我在哈佛大学接受科学史的训练时,正值福柯和托马斯·库恩(Thomas Kuhn)开始产生广泛的影响。但当我表达对他们著作的兴趣时,却几乎没有在教研人员中得到鼓励。这种情况在我1975年来到霍普金斯大学之后发生了变化,因为在霍普金斯大学,尤其是它的人文研究中心,人们对于理论兴趣浓厚,特别是其时法国的理论(不仅是福柯,还有德里达、基拉尔、斯塔罗宾斯基、拉康,以及其他理论家)。我很快意识到,如果我想要参与到霍普金斯大学知识分子圈层的生活中,就需要做些追赶的功课。多年来,我经常向本科生和研究生教授一些福柯的著作,尤其是他的《疯癫与文明》、《性史》(第一卷)、《规训与惩罚》,以及《精神疾病与心理学》。正是在这些年中,我读到了他的文章《尼采·谱系学·历史学》。

在福柯提出的谱系概念中,我发现很有价值之处在于,他基于强调某种可称作是更结构性的方面,而拒绝对历史采取线性的、目的论式的处理方式。当我自己开始撰写一部关于创伤概念的历史时,我觉得也需要采用他这种谱系式的方法。过去被尝试运用过的线性方式并没有,也并不能合理地处理我所看到的结构性重复,这种结构性重复是关于心理创伤持续理论化的特征,是某些理论及实证实践中确实存在的困难和张力,它们倾向于在不同的历史时刻与关键节点一再地浮现。在我看来,去关注每一个那样的时刻和结点的独特性,同时也对盘绕着它们的那些结构性重复保持警惕,是很具有挑战性的工作。正如福柯的观察:谱系学"在一个互相缠绕、混乱的羊皮纸上的领地中运作,这些羊皮纸上已被划过和重写过多次"。他还指出,谱系必须记录"任何单调乏味的终结性之外的事件的独特性",它必须"对这些事件的反复出现具有敏感性,这并不是为了为它们的演变追迹一个渐进的曲线,而是为了对它们在其中扮演着不同角色的不同场景予以分离"①。在我自己的研究中,我试图对福柯的这些教导作出回应。

在关于创伤的书中,我所感兴趣的结构是关于模仿在创伤受害者受震惊的体验中所扮演的角色,特别是创伤理论中以模拟的语汇而想象创伤,及相反的——以反模拟的语汇理论化创伤之间持续的张力和摆荡。

我想说明的是,一方面,创伤受害者的体验被理解为涉及一种对他人的模仿或模拟的沉浸中,其如此之沉重以致否决了创伤受害者与侵犯者之间的任何区别。在这种模拟模型中,创伤受害者被想象为被相当程度催眠的人,他们被卷入催眠师的指令中,对其产生认同,由此,他们无法与催眠师拉开距离,而是以一种强迫式地重复或演练进行盲目模仿。因此,模拟模型将作为创伤冲击特征的失忆视作催眠后造成的遗忘之翻版。此外,正如我在关于创伤的书中所解释的,在模

① Michel Foucault, "Nietzsche, Genealogy, History", in *Language, Counter-Memory, Practice: Selected Essays and Interviews*, ed. by Donald F. Bouchard, Ithaca: Cornell University Press, 1977, pp. 139 - 140.

拟模型中,对侵犯者或其他人无意识地模仿引起了对受害者证词有效性的怀疑:因为受害者被理解为受到创伤而进入一种模仿-产生认同的被暗示状态,模拟模型让人不能不担心其中存在的催眠暗示和或多或少捏造虚假记忆的问题。最后,由于在模拟模型中创伤受害者被认为与侵犯者产生认同,他们便被判定为既为直接针对他们的暴力所占有,又正因此而与之同谋。

第二种模型,或称反模拟模型,也同样倾向于将模仿作为创伤体验的基础,但其对模仿的理解有所不同。反模拟模型并不设想创伤时刻的受害者盲目地、被催眠式地沉浸于暴力场景中,而是想象他们能够模仿式地屈服于施暴方,不过这种屈服允许他们保持旁观者的模式,能够目击并向他们自己再现正在发生的事情。结果是否认创伤受害者沉浸在创伤暴力中并因此与之共谋的观点,在受害者和外部事件或侵犯者间建立起严格的二元对立。正如我所论证的,反模拟模型与以下观点一致,并经常让位于以下观点:

> 创伤是发生在被动主体身上的一个纯粹的外部事件。无论受害者的心理整体上受到了怎样的损害,他最终都会从创伤中恢复,这在原则上是没有问题的,虽然带来恢复的过程或许会漫长而艰辛。模拟理论假设受害者无意识地与侵犯者相认同,与之相对,反模拟理论将暴力简单描述为来自外部的袭击。这样做的好处在于,将受害者描述为决不可能与针对他们的暴力产生模仿式共谋的一方,就他的证词是可靠的而言,就不会产生催眠带来的复杂效应,这支持了创伤事件无可置疑的事实性。[①]

在这些互竞的创伤模型中,我感兴趣的是,自19世纪末起,理论家们在模拟和反模拟模型之间游移摆荡的方式。我的论点是,创伤概念的结构以这样的方式被历史性建构:它同时引发人们从模拟-反模拟两极摆荡中的任何一端来解决,并抵制且最终使得所有这样的尝试都失败。我的主张是,这种模拟-反模拟的两极摇摆赋予了从那时以来关于创伤性质争论以结构,我在以往著作中试图识别和分析的正是

---

① Ruth Leys, *From Guilt to Shame: Auschwitz and After*, Princeton: Princeton University Press, 2007, p. 9.

这种结构。我并不想以一种线性的方式去呈现创伤之历史的重要片段，或是将其作为持续展开的历史发展的一部分，而是想要表明，这些事件既具有爆发性特征——好像涉及的问题都是第一次出现，亦具有重复性特征——因为每个片段都重复着同样的困难和矛盾，这些困难和矛盾自始以来便困扰着对于创伤的概念化。

我更近期的研究关注第二次世界大战后"幸存者内疚"概念的变迁，以及近年来内疚被羞耻概念所取代，在此研究中，我再次发现从谱系来着手多么有用。我试图表明，幸存者内疚的概念与受害者对他人或侵犯者的模拟关系（催眠式—沉浸式）——或认同关系密不可分，而如今的羞耻理论则把焦点从"内疚主体在无意识模拟中屈从于侵犯者"转移到"羞耻主体通过反模拟的意识而被目击"。不过，我在这本书中并不像在之前关于创伤的书中那样，侧重去表明模拟和反模拟之间不可避免的张力出现在每一个我所讨论的文本之中，而是更侧重追踪近年来从内疚到羞耻的整体转向。

换言之，在我看来，运用谱系学方式的一个明显优势正在于，它有助于显示出这种历史上反复出现的结构特征。而它的弱点，正如运用任何一种既定的方法一样，如果没有进行充分的研究和采取批判性的策略，那么对于谱系的询唤必然成为一种空洞的姿态。

由于我不相信任何历史学的研究方法或途径仅就其本身而言具有具体的社会政治预设，我也不认为我所采取的这种谱系学方法有任何具体的社会政治价值。[①] 不过，根据我所追溯的历史，我确实看到了一条共同的、连接式的线索将我的两本书联系起来。这条链接线索关

① 我的观点并不是说任何一位学者采用的研究方法都不具有政治价值，而是说，任何研究方法都不指向具体的政治含义。换句话说，政治含义都可以被任何研究方法、路径（或根据）所负载。在19世纪末期，"同性恋是生物性的"是政治进步的假定，而同样的假定，则很快又成为保守政治的一部分。我确信，谱系学也同样可以轻易地服务于政治的保守一端或进步一端。我记得，曾有一位年轻同事读到我的第一篇关于弗洛伊德和相关文本中整个认同问题的文章（"The Real Miss Beauchamp"）时，她对模拟在政治上是好的这种想法而感到兴奋，因为模拟概念提出，在模拟或反模拟的影响下，主体是可塑的，可以发生各种变化。我不得不阻止她这样想下去，并提醒她，不要在概念或根据和所谓的"政治正确"立场之间假定这样简单的关系。正如我在关于创伤的一书结尾所指出的，在第一起致力于将"强奸"作为可诉讼的战争罪的法庭尝试中，被告律师以"暗示性"导致受创伤的妇女的证词和记忆可疑来要求停止审判，他利用的正是遭受反复强奸的穆斯林受害者被诊断为创伤应激障碍这一点。在这里，很明显，创伤经验的模拟一面成为一种明显可憎的、倒退的、变态的政治意涵的根据基础。

涉的，是我认为当代创伤和羞耻理论中被我称为反模拟的倾向所导致的错误后果，这些后果在部分层面是伦理性和政治性的。但在这两本书中，我的主要目的在于展开分析，其次才是论及社会政治的层面。

玛：*是什么吸引您去探究创伤，或者借用你的说法，研究"一种特殊形式的遗忘"？更确切地说，是否有具体的关于创伤的特征促使您去质询创伤概念的发展？这些特征可能存在于惯见的、更理论化的对于创伤的理解之中，包括《精神障碍诊断与统计手册》(Diagnostic and Statistical Manual of Mental Disorders)中的条目。*

鲁：我在20世纪90年代开始研究创伤问题，这几乎可以说是一个意外。我来到霍普金斯大学后，其中一项工作是花了几年的时间来整理阿道夫·迈耶(Adolf Meyer)的文稿，包括其个人的以及在机构中的文件。他是一位德籍瑞士裔的神经科学家，于1892年来到美国，担任过各种重要岗位，主要是霍普金斯大学的首任精神病学教授，对20世纪上半叶整个美国精神病学的发展产生了决定性的影响。迈耶秉持着瑞士人的好习惯，保留了他所收到或撰写的人们可能想到的每一封信件、文件或文章，因此，由于他认识所有重要的人物并参与过领域的一切事务，他所留下的文稿构成了体量丰富、内容精彩的收藏。基于我整理迈耶遗留文稿的工作，我对20世纪精神病学和精神分析的发展开始有了很好的把握(迈耶在思想领域最大的对手是弗洛伊德，有关精神分析的问题始终困扰他的理论路径，他称之为精神生物学)。虽然迈耶的名字可能并不为许多对精神分析或更广义的人类科学领域感兴趣的人们所知，但值得注意的是，他的一些观点被拉康在早期对于偏执和人格的著作中一再提及。①

我作为研究19世纪英国神经科学发展的历史学家开启了自己的职业生涯，我尤其关注围绕脊髓反射概念最初构形的种种争议，这也是我学位论文的课题。马歇尔·霍尔(Marshall Hall)和乔安娜·慕勒(Johannes Muller)在1832—1833年间声称，延髓(medulla

---

① 迈耶所提出的精神病学方法的性质是一个复杂的问题，在此我想特别提到我自己对此问题作出的研究，参见：Ruth Leys, "Introduction", in *Defining American Psychology: The Correspondence between Adolf Meyer and Edward Bradford Titchener*, eds. by Ruth Leys and B. Evans, Baltimore: Johns Hopkins University Press, 1990; Ruth Leys, "Types of One: Adolf Meyer's Life Chart and the Representation of Individuality", in *Representations* 34 (Spring 1991), pp. 1 - 28.

oblongata)以下的神经系统"机械式"地以严格的"感官-运动"或"输入-输出"反射基础的方式运作,这似乎提出了人类行为的物质主义解释,并因此威胁到被珍视的关于心灵或灵魂的非物质性的宗教观念。因此,关于脊髓反射概念的有效性与意义的论辩预示着后来关于达尔文进化论的争议,也在某种程度上为其奠定了基础。不过,我现在开始把注意力转向 20 世纪人类科学的发展,尤其是精神病学与精神分析在 20 世纪的发展历史。我发表了一些文章,探讨了迈耶与弗洛伊德、厄内斯特·琼斯(Ernest Jones)、荣格(Carl Jung)、约翰·布鲁德斯·华生(John Broadus Watson)及其他重要人物之间的关联。①

此外,在霍普金斯大学工作的那些年里,我应精神病学系主任保罗·麦克休(Paul McHugh)之邀,定期参加该系的大巡诊活动,麦克休曾受教于英国精神病学家奥布里·刘易斯(Aubrey Lewis)——后者也是迈耶从前的学生。那是一段对我而言非常有用且极具启发性的经验,在我脑海中激发出风暴般的疑问。精神病医生和病人之间的互动既令我着迷,又令我困扰。我感到,职业的精神病医生对那些实证的科学知之甚广,但对于病人和精神病医生互动中"交互的/互涉的"维度却大多并不敏感。他们专精于将病人看作样本、案例,或是各种临床诊断类别的代表,以及从客观的因素和趋势方面探讨个体的生命历程,但对于那些在过程中也会发生作用的微妙的、无意识的力量,以及作为非弗洛伊德派的他们实际上在意识形态上坚决忽视的互动,他们却缺乏处理的能力。不过,在那期间,我了解了海量关于科学意义上的精神病学如何被运用和处理临床问题的知识,这尤其是因为大巡诊议程中关于病人的报告很大程度上仍然符合埃米尔·克雷佩林(Emil Kraepelin)在 19 世纪末引入的临床模式。这段经历对我而言非常宝贵,我一直很感激能有这样的机会,以这样的方式亲证了精神病学在实际中的运用。在我进行迈耶的档案整理工作的那些年里,我与兰德·埃文斯(Rand Evans)共同出版了迈耶和重要的英国心理学

---

① Ruth Leys, "Meyer, Jung, and the Limits of Association", in *Bulletin of the History of Medicine* 59 (1985), pp. 345 - 360; "Meyer, Watson, and the Dangers of Behaviorism", in *Journal of the History of the Behavioral Sciences* 20 (1984), pp. 128 - 149; "Meyer's Dealings with Jones: A Chapter in the History of the American Response to Psychoanalysis", in *Journal of the History of the Behavioral Sciences* 17 (1981), pp. 445 - 465.

家爱德华·布雷德福·铁钦纳(Edward Bradford Titchener)的通信集,[①]他们这段发生于 1909 至 1918 年间的通信讨论了关于人类科学的基础,并因两人无法达成共识而发生两次中断通信。这些信件非常有意思,我很享受合作编辑这些材料的工作。

这一切的经历,使我得以沉浸在 1890 至 1920 年间美国的精神病学、精神分析学、心理学和哲学思想中。那时我已经对弗洛伊德有相当多了解,不过,当时我所接触的大部分人文学者都在读拉康的著作(一部分人也读弗洛伊德),我也在同时阅读 19、20 世纪之交美国临床和学院机构层面有关精神病学的艰涩文本,以及威廉·詹姆斯(William James)、杜威(John Dewey)、乔西亚·罗伊斯(Josiah Royce)及其他迈耶所打交道和阅读的人的著作。我给本科生和研究生讲授这些材料,包括开设了一门围绕詹姆斯有关自我和意识观点的课程。

新英格兰心理治疗师莫顿·普林斯(Morton Prince)的一部著作格外吸引我,这本书曾经有名,和弗洛伊德的朵拉案例同年问世,不过当我读到这本书时,它已经基本被人们遗忘。这本书专门分析了一个病人,被作者称为博查普小姐(Miss Beauchamp)的年轻女患者,她患有多重人格。[②] 作者普林斯对其病人的病史进行了非常详细的记述,不仅表明模仿和催眠的主题对于理解创伤和解离(dissociation)概念多么重要,亦显示出作为心理治疗师的作者把握这个案例时的难度。这个文本成为我的一个心结。我想要了解那些特定场景之所以发生的意义和重要性,即病人和普林斯之间进行催眠式模仿-产生认同的场景和画面。正在那时,我有幸读到了米克尔·博奇-雅各布森(Mikkel Borch-Jacobsen)的《弗洛伊德式主体》[③](*Le Sujet freudien*)(后被翻译成英文),这本书以解构的精神对弗洛伊德提出的认同和欲望概念之间的关系进行了精彩的哲学分析。

---

① Ruth Leys and Rand Evans, eds. *Defining American Psychology: The Correspondence between Adolph Meyer and Edward Brandord Titchener*, Baltimore: Johns Hopkins University Press, 1990.

② Morton Prince, *The Dissociation of a Personality*, 2nd ed. , New York: Longmans, Green, 1908.

③ Mikkel Borch-Jacobsen, *The Freudian Subject*, trans. by Catherine Porter, Stanford: Stanford University Press, 1988.

拉普兰什(Laplanche)和庞塔利斯(Pontalis)将“认同”定义为这样的一个心理过程：主体“吸收对方的一个方面、特征或属性，并全部或部分地按照对方提供的模型发生转换”，他们还补充道：“正是通过一系列的‘认同’过程，人格才得以被构成和确立”[①]。通常，弗洛伊德将歇斯底里患者的认同视为主体对于所爱之物的无意识的欲望所导致的结局或后果，因此，他将认同置于次于主体的力比多趋向的位置，或是视为后者的一种表现。不过，博奇-雅各布森通过对弗洛伊德艰深文本的细读，提出弗洛伊德同样颠覆了他自己展开分析的条件，弗洛伊德将认同视为原始的，即先于欲望的存在，而因为认同牵涉到一个自我对他者的模仿，就所有的意图和目的而言，这一过程都无法与其中的自我相分离，这一过程也必然已使得欲望被包含在其中。

针对博奇-雅各布森的讨论，精神分析中催眠和暗示所扮演的角色至关重要。因此，博奇-雅各布森表明，对弗洛伊德而言，自我和他者之间的催眠式的和谐关系体现了这种原始的、无意识的认同运作。而且，众所周知，弗洛伊德对暗示催眠现象着迷，并为之所困惑，这集中在催眠-模拟认同过程的性质问题上。催眠的性质问题在弗朗索瓦·鲁斯唐(François Roustang)看来也同样重要，他是一位杰出的法国精神分析学家，曾经接受过拉康的精神分析，他在 20 世纪 80 年代常常来访霍普金斯大学，我也与他成为朋友。

我为茱蒂丝·巴特勒(Judith Butler)和琼·斯科特(Joan W. Scott)所编的《女性主义者的政治理论化》(*Feminists Theorize the Political*)一书撰写了一篇关于莫顿·普林斯书中的博查普小姐案例的论文，[②]我想我是女性主义圈子里最早通过强调认同的概念来理论化身份认同和性别议题的学者之一。在那之后，我很快便看到了写一部以创伤概念为主题的专书的可能性，因为普林斯发表了他的博查普案例时，歇斯底里或解离作为一种创伤性紊乱观念已经是人们的共识。而我的书可以围绕其他主题来组织，譬如围绕多重人格或是解离。实际上，当时伊恩·哈金(Ian Hacking)就曾邀请我到多伦多大学

---

① J. Laplanche and J. －B. Pontalis, “Identification”, in *The Language of Psycho-Analysis*, trans. by Donald Nicholson-Smith, New York: Norton, 1973, p. 205.

② Ruth Leys, “The Real Miss Beauchamp: Imitation and the Subject of Gender”, in *Feminists Theorize the Political*, eds. by Judith Butler and Joan W. Scott , London: Routledge, Chapman and Hall, 1992, pp. 167 – 214.

发表关于我研究的演讲，他自己也正在进行关于多重人格的研究，[1]与我的研究形成丰富而有意义的交叠。但我发现，对我来说，最有成效的方式还是将我感兴趣的材料作为对创伤概念谱系的贡献来进行发表。我的关切在于，对创伤后应激障碍的诊断一直处于中心地位，这使得创伤主题是当代美国精神病学发展进程的题中应有之义。

在构思创伤一书之前，我还发表了一篇分析"炮弹休克症/弹震症状"(shell shock)和催眠问题的文章，[2]其中包括对皮埃尔·詹妮特(Pierre Janet)研究的讨论。当时，我对他的著作以及如茱蒂丝·赫曼(Judith Herman)这样的当代创伤应激障碍领域重要学者的著作进行了大量的研究。写这篇文章，是出于我对暗示或催眠在治疗战争官能症过程中发挥的作用这一问题的兴趣。我发现了瑞士心理学家爱德华·克拉帕雷德(Edouard Claparède)对情感记忆的精彩论述并为之着迷，他利用弗洛伊德对情感的讨论来批评同时代其他人所认可的情感再现概念。在克拉帕雷德的讨论中，一个关键的问题是，情感是否属于一个可以与本能和驱力相比较的再现系统。大多数以催眠来治疗弹震症受创者的精神病学家认为，战争官能症患者所经历的那些惊恐一类的情感会在患者脑海中持续而逼真地存在，就如同电影卷轴上的影像一样。这就是为什么，根据他们的说法，病人的情感/情绪可能被解离或压抑，但不会消失，而是以被遗忘之记忆的形式载入了潜意识之中。对这些精神病医生来说，正是因为情感与其他经历一起参与到同一个再现的系统中，所以可以在疏泄性-催眠性治疗中被召唤和再现。换言之，医生认为病人无法遗忘任何事，即使进入这些情感记忆的意识被阻断，病人们也会无意识地保留每一个曾经发生在他们身上的每一个事件的完整记录，即使是细枝末节。结果是，原则上，这都会使得那些记忆可以在疏泄-催眠的治疗过程中被带入意识和再现之中来把握。

不过，克拉帕雷德对这一假设提出了质疑。他提出，对战争官能症的催眠-疏泄治疗的成功并不取决于复苏患者过去所经历的那些情感事件——作为"过去发生过的事情"的再现，而是取决于在当下重复

---

① Ian Hacking, *Rewriting the Soul: Multiple Personality and the Sciences of Memory*, Princeton: Princeton University Press, 1995.

② Ruth Leys, "Traumatic Cures: Shell-shock, Janet, and the Question of Memory", in *Critical Inquiry* 20 (Summer 1994), pp. 623 - 662.

最初的情感经验、保持与最初同样的强度。因此,他提出,在疏泄-催眠治疗中那些充满感情的再生或重现(或我们现在所说的“闪回”)特征并不能被用来找回情感记忆,最充分的理由是,那些记忆并不存在。克拉帕雷德提出,实际上,情感违背某种再现经济的逻辑,因为正像弗洛伊德也曾指出的,情感的连结与认同总是在当下被经历,而不是像回到过去一样。这一主张唤起了一系列令人兴奋的问题,即疏泄或催眠,或实际上的移情,如果真的有效,是如何达到治疗效果的。它是否是通过将解离或压抑的事件转化为可以在之后被叙述和重置于事件发生时的过去中的再现,从而使得弹震症受害者或歇斯底里患者记得这些创伤事件来达到治愈效果?又或者不是这样,而是通过使患者在当下释放情感,就像事件重新发生了一遍一样以达到治愈效果?如果实际情况是后者,那么,通过催眠使病人能够记起并讲述其受到创伤刺激的经历而达到治疗效果,这样的观点便会受到挑战。这些问题直至今日仍持续困扰着创伤领域的研究,正因如此,克拉帕雷德的论述才显得十分重要,如果得以准确地解释。这也是为什么我对他的研究如此重视,并同样关注詹妮特对解离和催眠的相关讨论,以及关于第一次世界大战中战争官能症的整个讨论。

疏泄治疗或暗示性治疗的问题也是费伦茨(Ferenczi)晚期关于战争官能症研究的核心,因此,我理所当然地也讨论了他的观点。这其实格外必要,因为在我看来,费伦茨晚期对于创伤、歇斯底里和解离的研究总是受制于关于创伤和儿童虐待在歇斯底里中作用的最简单的那些观点。因此,我花费了一段美妙的时光,来弄清楚费伦茨非凡的《临床日记》(*Clinical Diary*)在我看来的意义。这本日记当时才第一次出版,记录了他在理论和实际治疗方面复杂而相互交织的思考。在我的书中,其他章节也依序展开,包括讨论弗洛伊德本身,讨论英国精神病学家威廉·萨根特(William Sargant),后者为在敦刻尔克战役后患有战争官能症或歇斯底里症的士兵进行治疗。我也讨论到同为精神病学家的贝塞尔·范·德·克尔克(Bessel van der Kolk),以及文学批评家凯西·卡鲁斯(Cathy Caruth)对创伤理论的贡献。我记不清是如何接触到阿兰·扬(Allan Young)关于创伤应激障碍如何被发明的研究了,不过我在撰写创伤这本书时读到了他的著作,并印象深刻。我吸收了阿兰的见解,一直以来,他都是对我研究颇有助益的对话者。另一位让人珍惜的对话者,这可以追溯到很久以前,是文学研究学者和理论家沃尔特·本·迈克尔斯(Walter Benn Michaels)。

玛:在你对创伤的研究中,你对反认知模型存在的问题进行了概述,根据你的观察,这些模型"通过神经生物学话语来解释创伤记忆",将研究的关注点"从'思想'(mind)转回到'身体'(body)"层面[①],为什么这些包括凯西·卡鲁斯观点在内的反认知的模型仍旧如此受欢迎?换言之,为什么那些主体间的、对象关系式的、认知主义的路径对于创伤研究来说缺乏说服力?

鲁:如今,以非认知方法来处理创伤吸引了这么多人,用弗洛伊德的概念来说,是"多重决定的"(overdetermined)。原因包括人们对精神分析的反应,体现在美国精神病学协会出版的第三版《精神障碍诊断与统计手册》(1980)中,该手册摒弃了作为组织心理疾病模版的精神分析,而倾向更早期的、看起来非理论化的分类模式,以有机疾病的模式来理解精神障碍;原因还包括,今日的文化理论家和批评家对各种具身化的迷恋,以及身体在关于主体性的研究路径中被忽略了的广泛认知;同时,人文和社会科学学者出于对神经科学的着迷,常常天真而不加批判地引用科学家的著作,如安东尼奥·达马西奥(Antonio Damasio)的研究;与之相关,文化研究领域中的情动转向也是原因之一,这一转向通常涉及认为情感必须脱离认知而形成独立系统的观念;原因还包括对人类之外动物问题的关注有加,这种关注提出怀疑:如果认知主义,如同哲学家们常常认定的那样,被定义为涉及非人类动物并不具备的"命题内容"的评价过程,那么对动物的关注就会引起对"动物的情感也会有认知维度"这一观点的怀疑。这种种原因,加上其他的因素,造成的共同结果是,人们倾向于排斥创伤和情感涉及任何一种认知的观点,而是把创伤当作发生于身体的生理过程。

反认知主义的流行,尤其是在后现代主义或后历史主义理论家中受到青睐,还有另外一个原因。乍一看,我们很容易认为对于如伊芙·塞奇维克这样思维复杂的后现代文化理论家来说,精神病学家贝塞尔·范德克尔克关于创伤生理学,或是心理学家保罗·埃克曼(Paul Ekman)提出的观点太过于简约了。后者认为六种或七八种基本的情感在大脑中固定发生自动运行,并不涉及这些情绪感受对有机

---

① Ruth Leys, *Trauma*, *A Genealogy*, Chicago: University of Chicago Press, 2000, p. 6.

体的意义。但我认为，创伤和情感非认知理论在后现代理论家中流行，一个主要原因是文化理论家和批评家与他们所热衷的科学家的观点之间存在着深刻的一致性。

因此，在我关于创伤的书中，我提出解构主义批评家凯西·卡鲁斯被范德克尔克关于创伤的神经科学方法所吸引，这是因为他们有着相同的认识论-本体论的追求。他们都认为，对创伤经历的闪回和噩梦都是对过去创伤事件的真实记忆。他们也同样认为，这些症状是对创伤的确切完整复制或再现，并以此存在于再现之外。范德克尔克认为，创伤闪回或记忆重现的本质意义是其属于一个不同于普通记忆的创伤记忆系统，并以此切断或解离了与普通追忆、符号化及意义的关联。在卡鲁斯的论述中，同样的观点以解构的形式被表达。她声称，被范德克尔克等人认为受害者创伤经验中特征化的意识或再现中的困境(aporia)或差距(gap)，代表了在德曼(Paul de Man)看来的"能指的物质性"，那个物质性的时刻同时属于语言，但又与表意或意义的言说行为悬置性地隔绝。

同样，我在近期关于内疚和羞耻的书中试图表明，当后现代理论家伊芙·塞奇维克提倡某种关于羞耻的说法时，她同样标举这种非认知主义的名义，如同情感理论家和科学家西尔凡·汤姆金斯(Silvan Tomkins)所致力发展的观点。我想表达的是，塞奇维克放弃了对于情感的精神分析性描述，转而依据汤姆金斯及其追随者提出的进化式方法，认为情感是大脑中离散的、基因上的"硬件程序"，由我们所称的"对象"所触发，不过对象也不过是内置的生理-行为反应程式的触发点。汤姆金斯的论述之所以令塞奇维克感兴趣，正是由于其这样的观点：情感构成了一个与认知彻底分离的系统，情感作为独立的系统，因此可以以自我激励或自我惩戒的方式释放，与任何的对象无关。

我目前正在撰写一本研究从 20 世纪 60 年代至今关于情感的实验和理论方法之谱系的专书。我会用几个章节来截取第二次世界大战后关于情感研究的历史，包括介绍汤姆金斯、拉扎勒斯(Lazarus)、扎荣茨(Zajonc)、艾克曼(Ekman)及其他学者的著述。我的目的之一，在于考察和强调对占据主导地位的汤姆金斯—艾克曼范式提出挑战的那些研究，以此来表明，在汤姆金斯—艾克曼范式名下的那些主张所成立的实证基础，并不像这一范式的支持者们所认同的那样稳固。我还会在书中论及近期情感研究的发展，包括在文化批评领域中广泛流行的情动转向。

我所感兴趣的是，为什么这么多文化理论家——包括地理学家、政治理论家、新媒体研究者及其他分支领域的学者对情感的议题如此热衷，并被一些神经科学家，如勒杜(LeDoux)和达马西奥的论述深深吸引。因为我认为，支持以非认知方法处理情感的实证依据很薄弱(我已经在关于内疚和羞耻的书中尝试指出这一点，并将在我的下一本书中详细论述)。这一点是可以被证明的。那么既然如此，为什么有那么多人对这种方法如此着迷，这是令我更感兴趣的问题。我给出的答案是，尽管文化批评和神经科学之间的交叉讨论如此复杂，但在根本上将这两个领域的研究者联系在一起的，是他们共同的反认观，或我更愿意称之为他们共同的反意向主义。我的观点是，无论文化理论家和他们希望引用其研究成果的神经科学家之间存在怎样的学术取向差异，重要的一点是，我们要认识到他们共同的理念：他们都相信，因为情感是关于身体的物质性过程，所以从根本上独立于意向和意义。简言之，他们致力于表明这样的观点：情感是一个系统，意向或意义或认知是另一个系统，两者之间有着彻底的分离。对于文化理论家，以及对他们来说跨越了学术背景、研究方法和方向差异的神经科学家而言，情感都是一个自动反应的过程，被认为发生于意识和认知的限度之外，而完全扎根于身体本身。换一种说法，即他们共同致力于表明：在主体情感和其对其所处情感处境的判断之间存在着一个落差，以至于认知或想法来得“太迟”，使得意向、理念或意义来不及对通常由它们导致的行动和行为发挥作用。结果是，行动与行为被独立于思想的物质-身体性质的情感程序、特性或系统所决定。再换一个角度来看，我要研究的那些文化理论家们对各种事件、人物或文本可能对主体在认知和意义方面产生的影响并不感兴趣，这包括政治事件、文章、讨论、电影或其他的表现形式。他们感兴趣的是这些对于观者身体层面上产生的无论大小的情感影响。近来文化批评领域整体的情动转向，其要旨在于将注意力从政治讨论或意识形态层面转至个人阈下的或次人格的物质-情感反应中，认为政治的影响在这里才真正发挥了作用。我将论证，理论家布莱恩·马苏米(Brian Massumi)和其他观点相似的学者们作出的**意识形态**与身体以及意义和情感的脱节的假设，其导致的其中一个后果是，人们对政治思想与理念的关注相对减少，转向一种“本体论”式的关切，是关于人们周边政治意象与政治再现引起的身体-情感经验。

今天这么多的情感理论家都提出情感与认知的分离，其整体意义在于使情感与观念或意义之间的关系变成任意的、偶然的，这种方式与弗洛伊德的情感压抑说不同。正如我在关于内疚和羞耻的书中所指出的，弗洛伊德的"自动游离性焦虑"似乎是出于压抑的作用，脱离了明确的对象而自由地、不受约束地出现，但是焦虑的人并不是真的不为任何东西而焦虑。但对汤姆金斯及其追随者而言，新生儿不知所谓的哭泣这种焦虑，正是"无对象"情感的典型范式。由此，他们认定，对象引发情感可能是一种错误的观点。认知论者和非认知论者观点的分歧或许可以追溯到对威廉·詹姆斯情感理论的讨论，不过我最感兴趣的还是二战之后所展开的论争。

认知主义被认为不如非认知主义具有说服力，另一个应被提及的原因是，前者常常囿于对认知的某种特定图像，在此图像中，认知与提出命题或秉持"命题态度"有关。换言之，认知主义被认为与人类做出语言命题的能力相关，这种立场似乎在人类和非人类动物之间划出了一道鲜明的鸿沟，认为后者不具备人类语言的能力。这便是科学哲学家保罗·格里菲斯(Paul Griffiths)对认知主义立场的界定，并以此来表示反对。我认为这种理解是错误的。在我看来，认知主义立场并没有以这样的方式把意向限定于人类。我们没有理由否认，非人类动物具备一些认知和意向性的能力。事实上，在我关于二战后情感研究方法之谱系的新书中，我将回应的一个挑战便是为动物的认知和意向性描述正名。我对**意向性**一词的使用取自布伦塔诺(Franz Brentano)之意，指涉直接针对对象的精神状态，包括信念、判断、愿望和认知。这显然是一个庞杂而棘手的问题，也是我认为无法回避的难题。在这方面，我注意到曾对艾克曼情感和面部表情研究方法做出精彩批判的科学家艾兰·弗里德隆德(Alan Fridlund)把情感作为意向状态来处理，因此，这一议题在情感研究中非常值得被讨论。我将利用所能找到的材料来帮助自己思考这一问题。我在一些哲学家的论述中发现了对这一议题以及对非人类动物的意向性的相关讨论，包括约翰·麦克道威尔(John McDowell)、大卫·芬克尔斯坦(David Finkelstein)、杰森·布里奇斯(Jason Bridges)和其他的一些学者，非常具有启发性。我还希望补充，**认知**这一术语可以暗示着对认知心理学和信息处理系统的关注，这与我所讨论的理论家们赋予这一术语的含义相去甚远，这也是为什么我更愿意把对情感性质的讨论厘定于意向主义和/或反意向主义的框架,而不是认知主义和/或反认知主义的框架。

最后,认知方法被认为缺乏说服力的原因还在于,它被指责与生命科学尤其是神经科学的发展甚少关联。哲学家们倾向于赞同认知主义立场,而由于他们在整体上不太愿意把自己的论述带入到实证科学的发现之中,所以他们的观点看起来与之脱节,不具说服力。不过,时至今日,一些哲学家开始愿意在自己的领域与科学家相逢。例如,我想到哲学家肖·加拉格尔(Shaun Gallagher),他对去神经化病人的身体意象和身体示意图,以及语境化在脑损伤功能恢复中的作用进行了讨论。① 去神经化的病人是那些失去了可以支配日常行动习惯的正常反应感的人。加拉格尔讨论了一位这样的病人,他从颈部以下失去了触觉和身体感受,因而缺少控制行动所必要的正常反应能力。因此,他不得不为尝试做出的每一个简单动作做出有意识的心理决定,这使得他几乎完全无法自然地移动。加拉格尔从具身现象学的角度对病人的活动受限做出了具有说服力的分析,总体看来,他非常密切地关注着神经科学最近的发展。

一些哲学家可以被定性为扶手椅上的空谈理论家,他们并不承认当代科学的贡献,但是在任何情况下,这并不是我们把有效性存疑的实证发现当作真正事实的借口,就像格林菲斯在认可艾克曼关于基本情感的研究时所做的那样。

玛:很有趣的一点是,您在《从内疚到羞耻》一书中追溯了与上述讨论相反的趋势,即以反模拟的、认知的方法处理集中营受害者情感反应的历史。从内疚到羞耻的这种转变对我们理解自我与身份的文化概念有哪些启示呢?

鲁:从内疚到羞耻的转变告诉我们,在今天关于羞耻的理论中,以及当今文化理论研究领域突出的、普遍性的情动转向中,对意义和能动性的关注已经被对身份和个体差异的兴趣所取代。我的论证是,经历大屠杀之后,纳粹集中营的受害者表示,他们为自己在那么多人死

---

① Shaun Gallagher, "Where's the Action? Epiphenomenalism and the Problem of Free Will", in *Does Consciousness Cause Behavior? An Investigation of the Nature of Volition*, eds. by W. Banks, S. Pockett and S. Gallagher, Cambridge: The MIT Press, 2006, pp. 109 - 124; Shaun Gallagher and J. Cole, "Body Schema and Body Image in a Deafferented Subject", in *Journal of Mind and Behavior* 16 (1995), pp. 369 - 390.

亡的情况下能够存活下来而感到内疚,这种幸存者内疚的概念之后被战后精神分析学家等人作为"幸存者综合征"的决定性特征,以之来持续关注集中营经历带来的长期影响,以及帮助这些幸存者向西德政府索要赔款。无意识地认同他人的想法是幸存者内疚概念的核心,这意味着幸存者内疚的理论化仍在一种意向主义或认知的框架内进行。

因此,根据共识,内疚感关涉一个人的举动,即你所做的事,或你希望、幻想你所做过的事,因为对弗洛伊德而言,无意识并不区分意向和行为、虚拟和现实。不过,正如我在书中所呈现的,羞耻感所涉及的并不是一个人的举动,而是你是谁——你与其他人的所有不同之处。据羞耻理论家们看来,羞耻并不意味着对于你想象的或真实做出的行为而感到内疚,比如:在恐怖的时刻无意识地认同掌有权势者,因为你暗自希望自己处于某个地方,而不是这种卑微恐惧无力的境地;羞耻仅仅意味着一些独属于你的个人经验,这些经验决定了你是谁。并且,虽然羞耻通常被认为是一种负面的经验,但它却被理解为是比内疚更积极的情绪,因为它蕴含应急和变化的可能性。使人产生内疚感的真实或幻想的行为在原则上无可挽回,而羞耻感虽然是令人感受剧烈的负面情绪,但从自我的一些方面考量,是可以进行改变、修正的。例如,我可能会因为我的酷儿身份感到羞耻,但我也可以学着因此而自豪,又或者,我可以决定去改变我身份中任何令我不适的方面。

换句话说,从内疚到羞耻的转换中所发生的,是从内疚理论的那些关注点——个人的意向和行动的意义,转为关注一个人情感经验(羞耻感)的要素,或如我所说的,关注个体差异。这种转变被塞奇维克及其他学者当作规避与内疚概念有关的道德观的一种手段。因此,羞耻理论的兴起可以被置于整个对弗洛伊德"压抑假说"进行质疑的背景之下。

在情感和认知/意义之间有一个落差,这种想法正是汤姆金斯、塞奇维克以及今天许多沉浸于情动转向趋势中的人们所感兴趣之处。对于汤姆金斯和其他理论家而言,我看到一条蛇即抛开,我这么做,不是因为我知道有一个危险的对象在我面前而不希望被其咬到。蛇令我惊恐,因为它们在进化史上曾惊吓到我的先祖。在这个假设模型中,蛇并没有在我的信念、欲望或意向中扮演对象,而是作为一个"触发点”或触线，引发一种自然而然的、固有装置性的反应，在我情感系统还没有了解或认知触发它的对象时，这种反应便迅速释出了。对于塞奇维克来说，她所感兴趣的，正是我的感受和我对引发这种感受的事物的认识之间存在的那个落差、滑距，或称“配合失效”。因为，根据她的说法，这个落差能够产生暧昧性和误导性，因此使变化得以发生：我的情感系统和我的认知系统之间的配合失效恰可能使我对导致我感受发生的对象认知错误，而正因此，我就有可能去做出改变。

塞奇维克认为，弗洛伊德观点中的那种关于情感的意向性描述通过强调被压抑的过去而压制了主体，就好像内疚的俄狄浦斯场景无情地强迫主体进入过去的重复和循环中，而没有松动与改变的可能性。在这方面，汤姆金斯的情感程序理论吸引着塞奇维克，在她看来，正是这一理论提供了改变与转变的更多可能性，因为此时我的感受(羞耻)和令我感到羞耻的东西(我的性取向、鼻型、头发的颜色等等)之间的关系被认为是完全偶然和不确定的。根据汤姆金斯的羞耻理论，羞耻经验激进的偶然性正是羞耻蕴含能量之所在，使之可以附着于自我的任何方面。这意味着，羞耻允许个人经验以激进的不确定性和偶然性，而避免了内疚的俄狄浦斯情景的代际锁定。正如我在最近关于这个话题的讨论中所言，在这样的情况下，羞耻“在不涉及任何道德主义的情况下使身份产生和转变，并且，并没有在实际上赋予身份任何具体的内容”。塞奇维克也对羞耻的政治层面感兴趣，因为羞耻“生产并合理化了操演冲动源头的身份位置(即身份问题)，但这并没有为身份的位置空间予以实质”。简言之，羞耻是一种技艺，将酷儿身份建立为一种纯粹的差异经验：“羞耻的一部分旨趣在于，它是一种标明身份的情感，但这种标示与描述并不会定义身份或赋予其具体内容。羞耻与内疚相对，它是一种负面的感觉，并不依托于一个人做了什么，而是依托于一个人是什么……羞耻是一种依托于个人是什么的不好的感觉：一个人在经历羞耻感之时，便因此是怎样的人。”[①]

在我书中的结论部分，我对倡导羞耻方法的研究者们为什么会被它吸引提出了一些猜想，并指出，这使重新看待主体成为可能。这种

① Ruth Leys, *From Guilt to Shame: Auschwitz and After*, Princeton: Princeton University Press, 2007, p.164.

关于主体的观点,并不聚焦于针对一些真实(或想象幻想中的)行为的内疚体验,而是关注羞耻的个人经验与感受,这些经验独属于你,并使你成为你自己。这种观点避免了与内疚理论相关联的道德主义——无论内疚的概念怎样被理论化,它都始终内蕴着责任的意涵。事实上,幸存者内疚的说法一直引发着反对者的声音。他们认为,无论受害者多么无辜,都因其无意识地与侵犯者相认同,而承担着与暴力共谋的指控。然而,羞耻理论通过强调我们的个人身份与属性,将上述种种对责任的考量取而代之。实际上,如我书中所言,对塞奇维克及其追随者来说,羞耻相对于内疚的价值,在于它是一种确保一个人的属性将不同于任何其他人的技艺,而事实上,它也是将(酷儿)身份作为关于纯粹差异的经验来生产的途径。最重要的是,我认为,一种在情感和意义/认知之间划出区别的理论使得讨论和意见分歧无关紧要。在我看来,塞奇维克关于羞耻的研究,包括推及汤姆金斯整个的情感程序理论,都符合一种特定的后历史主义逻辑,这种取向包含着一系列的努力:从致力于反意向主义,到支持物质主义,再到聚焦身份或个人差异的要素,凡此种种,都使得关于意念信念的意义不再具有讨论的重要性,而我们个人的感觉、经验则变成了唯一重要的关注点。我论点中的关键之处,在于强调这样一种逻辑,它突显出身份问题的重要,而不再耽于意义的讨论。塞奇维克认为,在对身份的理论化中,尤为重要是表明它是可塑的以及是由情感的多重性及其他或独立或相依的元素组合而成的。不过,在我而言,无论你认为主体是固化而稳定的还是多元而流动的,都并不重要。在这两种情况下,你都在致力于强调身份的首要性,而因此离开了对于情感意义的讨论。在我看来,这样的结果是,当人们有着不同的经验和感受,他们并不是产生分歧,而仅仅是不同。

因此,从内疚到羞愧讨论的转变,其意义在于令我们的信念冲突变得无关紧要,因为从不同人的角度去看待或感受一件事,就是以不同的方式去看待同样的事,彼此之间并没有冲突。如果你说你对同一件事产生了与我不同的感受,我有什么资格来反驳你呢?由此,从内疚向羞愧、从对情感的认知途径到非认知途径的转变,更大的意义在于它完全摆脱了阐释或意义。我将这看作是一个错误,一个既在实证上被误导又在理论上有问题的错误。在这一点上,我的论点与沃尔特·本·迈克尔斯在其精彩绝伦的《能指的形态》(*The Shape of the*

Signifier)一书中的观点有着密切的对话。[①]

玛:在您最近于多伦多大学发表的演讲中,我不禁注意到"F"打头的一词出现了很多次——当然,我所指的是弗洛伊德。您是否认为人们或许受到杰夫里·马森(Jeffrey Masson)这样的批评家的影响而误读了弗洛伊德?现在是否正是我们回看弗洛伊德本身的批评洞见之时?以及,为什么"认同",作为弗洛伊德理论的一个基本前提,会问题重重?

鲁:我常常觉得弗洛伊德很适合品读思考。我相信很多人都误读了弗洛伊德,倒不一定是受到杰夫里·马森的影响。我觉得同样有趣的是,有一些人没有误读弗洛伊德,并且对他的文字有着出色的解读,例如博奇-雅各布森和塞奇维克,但他们后来都转而反对弗洛伊德的观点。的确,我们生活在一个后精神分析的时代,以至于当一些理论家心血来潮重返弗洛伊德以洞悉人类精神的本质时,他们对弗洛伊德的学说进行了物质主义式的解读,以使他的思想与晚近的神经科学的发现相合。仿佛有一种深入的、梦游一般的文化趋势,以对身体和生物科学的偏爱湮灭了任何有关心理无意识的理论。在我看来,在今天如此汹涌的关于情感的文化批评中所缺失的,正是与他者之关系的讨论,或者说,对相配、契合关系问题的关注。在弗洛伊德那里,这始终是一种精神关系,一种认同性-力比多式的关系,这种关系在本质上是冲突的和模棱两可的,它既是沉浸的、认同式的,又是非沉浸的(或反射性的)、相竞的。但是,当情感被设想为由六种或七八种相互离散的"情感程序"所组成,当更为复杂的情感,如内疚,被认为由更多的基本元件混合而成时,我们还如何去理论化上述关系中的冲突?

换种方式言之,情感程序理论本质上是原子论式,设想存在着一套彼此离散的基本情感,其中更复杂的那些被声称通过一个添加或混合的过程而被释放出来。弗洛伊德那套关于爱与恨之间原始冲突的理论,让位于情感是自主而互相离散的这种想法。此外,对于汤姆金斯来说,情感本身具有"自主性",即情感可以独立于对象、以自我奖励或自我惩戒的方式释出,因此在一个重要的层面而言,主体根本不需要自身以外的外部世界。因此,汤姆金斯的情感理论把主体的感受置

① Walter Benn Michaels, *The Shape of the Signifier*: *From 1967 to the End of History*, Princeton: Princeton University Press, 2004.

于首位,这一主体并不需要一项心理学,并不需要一个外部世界。而在弗洛伊德式或任何持意向主义或认知论者的论述中,外部世界或他者是情感反应的重要因素:我们的情感是"关于"他者的(据弗洛伊德),我们对于他人或对象的(意义的)评价——一个在弗洛伊德看来必然是冲突的过程,挣扎在吸引与排斥、喜欢与相竞或爱与恨之间。

为什么认同的概念如此问题重重?其中的原因很复杂。正如我在关于内疚和羞耻的书中指出的,几乎从一开始,人们就对这个概念感到不适,它内化于幸存者内疚的观点之中,认为在创伤发生的时刻,受害者无意识地认同了侵犯者或施暴者。幸存者内疚提出了一种令人困扰的景象,即受害者在心理上与暴力共谋。因此,幸存者内疚的批评者们并不是将弗洛伊德式的构想看作一种对被暴力围困的可怜心境的同情性想象,而是认为那些受害者通过被指责与强势的侵犯者共谋,而再次沦为替罪的羔羊。因此,几乎从幸存者内疚被提出并被认定为纳粹集中营受害者受折磨、被压抑状态之关键的那一刻起,批评者如特雷斯·德普雷斯(Terrance Des Pres)等便开始对其整个概念发起攻击。他们所强调的,是一种前弗洛伊德式的或非弗洛伊德式的描述,即关于社会纽带、互相关怀以及全面抵抗等方面在受害者的幸存经验中发挥的作用。德普雷斯及其他反对者认为,如果认同真的在集中营中发生,那么所谓的对侵害者的模仿并不是以无意识的共谋式认同的形式发生,而是由被囚者和反抗者们实施的有意的、策略式模拟,这是为了确保自身在集中营的影响地位,并帮助其他被囚禁的人。也有人会说,德雷普斯对弗洛伊德关于受害者会无意识地屈从认同敌方的观点的反对,提供了一种前弗洛伊德式的主体叙述,即主体表现出有意识的、有计划的方式来达到自己的目的。

在德雷普斯关于幸存者的讨论中,这种理论化与身体主题化突显携手并进,与当下对具身性理论化的关注有着惊人的相似。不过,整个关于精神无意识的说法目前都遭受着攻击,因为人们渴望将身体和具身化作为纯粹物质性的、区别于认知的主题来对待,仿佛如果不拒斥精神无意识,便不能谈论身体。在我看来,今天许多情感理论家的观点事实上相当的二元论,即使他们自称是反二元论者或直接是一元论者。他们提出了意识和身体,再没有第三个词语,譬如精神现实或无意识。即使对弗洛伊德感兴趣,他们也只是汲汲于为弗洛伊德的作品提供一种物质主义的诠释,而通常的结果都是天真浮泛或乏善可陈。在这种情形下,值得谨记的是,弗洛伊德其实并没有忽视身体。的确,我们把“身心交关”(psychosomatic)概念的提出归功于弗洛伊德,没有人对身体如何以身体症状的形式承载了精神意义和冲突进行过更出色的解读。然而,如今围绕具身化的理论化却是以倾向于排斥弗洛伊德的见解或至少是将其彻底“物质化”的方式进行的。

对于以上种种,我还想从人文科学研究本身的角度来补充一下,弗洛伊德对情感的论述或评价理论中所询唤的那种叙述,对于科学家而言是很难适应的,因为它们不易符合实证科学的规范。如果赞同弗洛伊德和评价理论学家那种对于情感的意向主义诠释,那么便会发现,我们需要被迫在或多或少的自然、日常环境中提供关于生活经验车载斗量的描述,这种描述对于人类学家和弗洛伊德来说十分熟悉,也的确常见于伟大的文学作品中,但是它们却被普遍认为有悖于科学。同时,认同弗洛伊德和评价理论的人,也不得不触及一系列关于意向性之性质的极其困难的问题,包括传统上属于哲学范畴的问题,如非人类动物的意向性。持情感程序理论观点的人们在很大程度上避免了上述问题,因为他们依靠的是科学研究方法,如在测试情境下使用设置好情感表达的静止图像,这种方法方便易行,并与最新的成像方法兼容,如PET扫描和fMRI。如今,在实验室中研究情感的方法并不涉及用任何叙述性细节去记录实验主体的主观经验,因为他们只需要对表达各种各样情绪的照片或其他情感测试的刺激源做出反应。反向来看,实验主体的杏仁体和其他脑部区域的反应会被作为情绪反应的证据,因为情绪波动被等同于脑部激活。以这样的方式操作情感,就不再需要担心怎样去收集主体关于自身实际感受的详细记录。用“强迫选择”法来标记情绪反应包括要求实验主体从有限的情绪词汇列表中选择一个标签,作为自己的情绪表达,这种方法及相关技术的使用也有助于将记录主观反应的需求最大化地降低。

玛:在您看来,对反模拟方式的过分强调忽略了哪些自我与身份建构的其他方式?我想到了您对费伦茨做出的有价值的分析,而您没有论及温尼科特(Donald W. Winnicott),这其中是否有什么特别的原因呢?

鲁:心理学家拉扎勒斯是近年来在情感程序理论的启发下尝试对自我与身份建构提出其他描述的学者之一。在1960年代,拉扎勒斯进行了重要的实验,表明目睹令人不适或紧张的电影会引起实验对象情感和心理的强烈反应。不过,他对于当时许多关于紧张感的研究持批评态度,因为他认为,研究者总是对刺激源做出判断假定,如判断作为刺激源的电影是否会带来紧张感,但不会考虑主体对此的个人评价,以及这种刺激对其而言意味着什么。拉扎勒斯在他的实验中改变了制造紧张感的电影的音轨,这在他的受试主体那里诱发出不同的反应。他总结道,这种紧张的威胁感并不是作为刺激源的一种属性而原本就"在那里",威胁感的价值其实取决于主体的意念和处理方式。因此,拉扎勒斯强调主体对于电影刺激源反应的复杂性,这种复杂性同时出于电影内容的复杂性和人类反应的复杂性,前者在其他研究者那里往往被以过分简化的方式来诠释。由于提出了这些论点,拉扎勒斯在维护认知主义或评价观的立场以针对那些反认知主义的方面发挥了显著的作用。他在 20 世纪 80 年代与扎荣茨的著名论战中就体现了这一点。为了公正对待评价观中的人格问题,拉扎勒斯将他的研究越来越多地集中于临床方面,放弃了他曾经在实验室中进行的虽精致但人为设计痕迹颇重的那些实验。他在关于情感、认知以及人格方面的著述持续高产。不过在我看来,由于缺乏弗洛伊德在概念与叙述方面的独创性,拉扎勒斯提出的关于自我的框架描述最终显得赘余并有些枯燥。我觉得,相比于拉扎勒斯晚期退回到诊所之中,以便在更自然的日常环境里获取关于情感的描述,早期的他更为有趣,那时他是实验室中的科学家,但他看到了许多关于情感研究的实验室方法中的缺陷。当回到诊所的他开始用一些特定的"核心关系性主题"来形构自我的建构时,他的叙述总是变得冗长而相当无趣。或许去阅读一本小说也能带来相当的启发,且更为有趣。

我没有讨论温尼科特是因为对于精神分析的英国学派我还没有像对弗洛伊德和费伦茨那样有足够的钻研,这是唯一的原因。我也很希望能对他的著述有更多了解。

玛:谈到您目前的研究,您觉得卡鲁斯关于创伤的概念和情感程序理论学者对所谓的普遍情感反应的处理有什么相似之处?

鲁:如我之前所说,我认为卡鲁斯和今天的情感程序理论家之间的链接或关联,可见于他们对于物质主义、反意向主义的共同取向。在我看来,这才是关键所在。

在我研究卡鲁斯的时候,惊讶地发现,她如此明显地被医学-精神科学领域重量级的创伤理论家所吸引,如范德克尔克。我阅读了很多范德克尔克的作品,觉得它们并没有很具说服力。对我来说,值得探究的问题在于,在自己的领域中,卡鲁斯显然在与德曼相关的高级理论体系里占有一席之地,为什么她开始对范德克尔克的论述心有戚戚?是什么纽带将那些看起来研究路径和方式如此不同的思想家联系在一起?在我看来,答案很快便十分清晰。他们共同致力于表明这样的观点:创伤存在于所有的再现之外,因为在创伤条件下,正常的意识和记忆机制都被暂时破坏了。他们声称,这导致的结果是,创伤事件发生了一种未被扭曲的、物质层面的或"字面意义"的注记,它的发生不能被意识到或再现,而会以"闪回"和其他形式的重复现象来延迟性地回返。范德克尔克用神经生物学的术语来解释了这个过程,卡鲁斯则诉诸德曼式的解构观解释定义创伤体验的意识和再现之间的落差或困难。不过,在这两种情况下,都有同样的诠释冲动在起作用,这也是为什么他们两者都在彼此的论述中找到了支持自身观点之处。我认为,今天的情感理论家同样支持一种反意向主义或物质主义的立场,因此,在这一意义上,创伤理论和情感理论是交叠的。

玛:您认为,对内疚的强调会如何改变我们对于酷儿身份建构的理解?

鲁:对内疚的强调至少会使意义和能动性的问题成为核心关注,正如我前面提到的,因为内疚关涉的,是一个人在实际或想象中以特定方式去行动的意向,而羞耻则将关注从这种能动性和意义的问题转向了个人身份的问题。因此,如果你对个人差异的问题感兴趣,那么羞耻理论绝对是你应该去求索的路线。我认为,这种对个人身份的兴趣与其他的一些理论取向携手并进,包括物质主义和反意向主义,共同达成了一种我觉得很有问题的单一逻辑。不过,你们也会注意到,针对今天的羞耻理论,我的任何批评都并不意味着否认这一点:羞耻或许是对某些情况的一个合理反应。我这本书的目的并不在于否认羞耻对当下的适切性,而是去质疑那些在今天对羞耻及更广泛的情感研究中正在被理论化的语汇条件。此外,有关羞耻的其他描述也是可能的,如那些并不坚持情感程序理论,反而更接近精神分析框架或评价理论范式的看法。例如,莱昂·沃尔姆瑟(Leon Wurmser)在他那本有趣的《羞耻的面具》[①]中,谈论羞耻的方式就未与精神分析词汇和

① Leon Wurmser, *The Mask of Shame*, Baltimore: Johns Hopkins University Press, 1981.

概念意义相分割。

玛：理想情况下，你希望你的研究对人们在文化和科学意义上理解情感产生什么影响？

鲁：对于我的工作能够对实际的科学进程产生影响，我的期待十分微薄。但在另一方面，我非常享受和一些情感领域的科学家的合作交往。当我开始钻研有关内疚和羞耻的文献时，我开始确信一些当下情感研究领域所倚重的关于情感程序理论及面部表情的关键论据是有问题的。我偶然发现了科学家艾伦·弗里德隆德写了一本极好的关于面部表情的书，他的角度来自艾克曼的一个学生。后者最初是主流研究范式的拥护者，但已经开始怀疑那种范式的有效性。我立即联系了艾伦，向他提出了许多问题，他的回复热情洋溢，从中我感到鼓舞且获益匪浅。我也自此与他电邮往来，建立起卓有成效而令人兴奋的友谊。

现在，我会毫不犹豫地去联络那些令我感兴趣的科学家，也会毫不迟疑地把我的研究发给他们寻求意见。令我印象深刻的是，情感研究领域在事实上并非铁板一块，而是存在着我可以称之为“小众”的一角，正在对普遍流行的假设和规范提出一些非常犀利而严肃的问题。这些科学家和他们对我问题的慷慨回应给了我信心，使我无论被他们引至何处，都能展开我自己的批评，尤其是我的对话者们总是一直都未能彼此认同，因此而为质疑和批评留出了充裕的空间。最近，另一位科学家詹姆斯·A·拉塞尔(James A. Russell)邀请我为他所编辑的《情感评论》(*Emotion Review*)撰稿，他曾对一些关于情感的基本实验范式做出过出色的批评。我很乐于借此被邀的机会参与到正在进行的关于情感的持续讨论中。我也很高兴与一些哲学家来往，他们中的一些人是我最好的读者，文学批评家也是一样，比如您。如果我能够说服包括他们和您，以及其他人在内的各领域的人都认为我的论述言之有理，具有意义，那我将非常满足。

（作者单位：美国约翰·霍普金斯大学克里格艺术与科学学院）
（译者单位：爱丁堡大学东亚系；华东师范大学中文系）
学术编辑：李素军

新先锋

杨娟娟

在现当代艺术史中，新先锋一词往往特指20世纪下半叶在欧美发生的激进的、实验性的艺术流派或运动。因为新先锋之“新”是就历史先锋而言，历史先锋指的是20世纪初的达达主义、超现实主义、未来主义和俄国构成主义与生产主义等流派；新先锋则是指后人对于历史先锋艺术的一些手法、模式和理念的重新发掘运用。广义的新先锋的年代也可以一直延绵至今，与大部分的“当代艺术”重合，因“先锋”一词本身就蕴含了对于线性的、进化论式的艺术史的反叛，这使得先锋艺术不只属于20世纪初，它所蕴含和激发的种种批判，也常常契合我们如今的时代。正如历史总是在重复自身，新先锋也只好反复回归当下。①

在两次世界大战期间，纷纷前往美国避难的欧洲艺术家、学者和收藏家在纽约形成了新的艺术世界的中心。1913年纽约军械库展览，1929年现代艺术博物馆（MoMA）开馆展览等等，都不断将欧洲的各种先锋艺术带到了美国文化界。但主流艺术圈对先锋艺术的接受是滞后的。在20世纪四五十年代，以格林伯格为代表的主流批评家关注的是“纽约画派”，也就是“抽象表现主义”的崛起，认为美国终于有了一种可媲美欧洲大师的艺术。最早从20世纪40年代就初露苗头的各种激进的当代艺术模型，如波普艺术、偶发艺术、行为艺术、集成艺术、极简艺术、环境艺术、观念艺术等，直到50年代后期才开始获得主流媒体的重视。总的来说，这些艺术实践突破了从古典艺术到抽象表现主义的“高级艺术”范式和媒介局限，更是挑战了传统艺术体制中由少数权威论定的审美标准。

---

① 参见哈尔·福斯特《实在的回归：世纪末的前卫艺术》一书的导论部分和第一章，杨娟娟译，江苏凤凰美术出版社2015版。

新先锋艺术的崛起伴随的是西方社会文化中“60 年代”的兴起，与西方经济“黄金三十年”(1945—1973)密不可分。随着大批中产阶级及其后代的成长，传统社会中关于种族、性别等种种等级规训开始松动。这是一段抗议活动最为密集的时期，无数年轻人频繁走上街头，支持环境保护运动、女权运动、少数族裔平权运动和反战运动。一度主要在艺术界内部流通的先锋艺术潮流也随之走向了大众。随着杜尚、达达主义和黑山学院[①]给艺术界输入的观念变革，以及多种社会因素和紧张的政治氛围的交织刺激，更具表演和行动性质的艺术大为流行，论题也更多触及现实社会和政治。正如乔纳森·费恩伯格(Jonathan Fineberg)所说：“艺术家都希望用真实空间中的行动，去替代作为传统手段的绘画和雕塑。”[②]

这些新艺术不断激发人们从不同层面拓展艺术的边界，逐渐成了某种主流趋势并一直延续至今。其中种种粗略的分类之间也有许多重合之处：从主题上看，有大地艺术、激浪派、女性主义艺术、极简和波普艺术等，从形式上则有观念艺术、表演艺术和装置艺术等等。其中都不乏大量晦涩难懂的作品，我们可以从解构和寓言两条路线上来尝试对它们做出解读。在前一种理解中，作为解构的新先锋艺术，旨在突破传统的艺术藩篱，批判艺术体制隐含的种种等级区隔，作为对艺术史经典本身的质疑和祛魅，而在后一种理解中，作为寓言的新先锋艺术，旨在提出对社会、文化、政治的越界与批判。简言之，前者是对于艺术作为一种术语本身的反思，后者则反映了艺术对社会的关切。这两种理解常常是针对不同的作品，毕竟大部分艺术家、作品和文本都各有其侧重点，但也可能彼此交叉重合，用来解析同一种作品。下文就从这两种解读思路来分别梳理不同艺术的诉求。

---

① 黑山学院于 1933 年创立，只存在短短的 24 年，被认为是美国先锋艺术的摇篮。美国经验主义哲学家约翰·杜威“从做中学”(learning by doing)等理念是黑山学院的教育准则，师生在其中进行绘画、雕塑、装置、诗歌、摄影、建筑、音乐、舞蹈等各种实践并追求跨门类的艺术实验。二战的爆发让欧洲大批流亡艺术家逃往美国，其中许多聚集在黑山学院，极大影响了 20 世纪五六十年代的美国艺术。

② 乔纳森·费恩伯格：《一九四〇年以来的艺术：艺术生存的策略》，王春辰、丁亚雷译，易英校，中国人民大学出版社 2006 年版，第 462 页。

作为体制批评的新先锋艺术

在 20 世纪七八十年代，新先锋艺术的诉求和定位多种多样，其中较为突出、影响也最为深远的是新先锋艺术作为体制批评。比格尔的《先锋派理论》曾总结道，20 世纪初的那些历史先锋艺术的目标首先是破除在资产阶级社会中被塑造为艺术自律的种种审美体制，其次是实现艺术与生活的再链接。这个观点同样契合 20 世纪五六十年代的许多新先锋艺术家的讨论，这已是激进艺术家和学者圈子之中的某种共识。关于先锋艺术的这两个方面的框架，几乎一直延续至今。[①] 在比格尔写作这部经典的同时代，欧美多位"新先锋艺术家"如迈克尔·阿舍（Michael Asher）、丹尼尔·布伦（Daniel Buren）和汉斯·哈克（Hans Haacke）等也已经发表了数篇文章，声明体制批评的立场。[②] 从不同的社会学角度理解艺术体制的理论还有丹托的"艺术界"（art world）、迪基的"惯例论"（convention）、布尔迪厄的"艺术场域"（field）、朗西埃和德·迪弗的"体制"（regime）等等，到本世纪，人们甚至以 establishment 一词将艺术与学术的学院派比拟为政治上的建制派了。这些概念各有其不同侧重点，但总的来说都同意所谓"体制"既包括看得见的实体（博物馆、机构、画廊、策展人等），和展览/收藏/学院教育机制，也包括其中的"功能、生产、接受"等各个领域之中既定的审美准则/规范/协约，并且后者才是体现了"统治阶级话语权"的核心建构。于是，作为体制批评的新先锋艺术的核心恰恰是对艺术、艺术史和艺术批评的批评。

比格尔的《先锋派理论》指出，相较于过去的宗教艺术和宫廷艺术，自律的艺术是资本主义社会特有的产物。比格尔将阿多诺主张艺术自律的审美理论历史化，并重估了历史先锋艺术的效用。他认为，

---

① 比格尔对"新先锋派/先锋艺术"有不同观点，在由十月学派反驳之后，比格尔在 2010 年新发表的《先锋派与新先锋派》中有所讨论（见彼得·比格尔：《先锋派与新先锋派》，杨娟娟译，《新美术》，2021 年第 4 期）。

② 这些文章中的一些收入了 2009 年出版的《体制批评：艺术家文集》（Alberro, Alexander, and Blake Stimson, eds. *Institutional critique: An anthology of artists' writings*, Cambridge: The MIT Press, 2009.）

通过各种各样的挑衅性的作品，暴露出艺术体制的存在，这才是历史先锋事业最重要的成就，至少在先锋艺术运动之后，人们再也不能合法地主张哪一种是最有优势、有代表性的艺术风格。但他认为，先锋运动的总目标在当时是失败了，艺术体制并没有受到根本性的撼动，只是改头换面地吸纳了所有挑衅，形成了新的体制。于是，20 世纪中叶的新先锋艺术的重新崛起只是对于“历史先锋已经进入了博物馆”这一结果的利用，但这“进入体制”的成功，反而愈加彰显了先锋理想的失败，于是新先锋的重复性创作就更谈不上是什么挑战了。①

这一过度概括的断言遭到了许多质疑，尤其是在 20 世纪七八十年代，《十月》批评家团体包括罗莎琳·克劳斯(Rosalind E. Krauss)、本雅明·布赫洛(Benjamin Buchloh)和哈尔·福斯特(Hal Foster)等人，通过对先锋和新先锋艺术史的回溯研究，做出了系统性的、清晰透彻的梳理和总结，几乎重塑了整个新先锋艺术史，对批评范式做出了“新马克思主义”式的更新。总的来说，他们认为 20 世纪中叶的新先锋艺术，仍然是对过去的艺术的一种拓宽性的尝试，也依然是对现行体制的有效冲击。此时正逢文学批评中的后结构主义、解构主义潮流开始深入文化的各个领域，正如巴特所说的“副小说”“副文本”一样，新左派批评家们将新先锋艺术理解为关于艺术的艺术、解构的艺术。于是，先锋艺术和新先锋运动从不同角度，去挤压、探测、检验“艺术”的实际意义到底是什么，或者说，艺术在未来可以是什么。他们不只是从流行文化、知觉分析、反现代主义等等多种文化角度理解种种新先锋艺术，还归纳出了一种总的“体制批判”系谱，认为各种各样的新先锋范式既是对艺术的批评，也是对于有同样构成逻辑的社会的批评，是一个“不断探索的序列”：

> 首先进入一种像绘画那样的传统媒介的构成要素，正如在格林伯格所宣扬的那种自我批判的现代主义绘画中；其次进入不是由一种给定的媒介，而是由既定空间所界定的艺术品的知觉条件，正如在极简主义艺术中那样；再次是进入艺术制作与感知的物质基础，正如在贫穷艺术、过程艺术和身体艺术中探索的那样。在这个过程中，概念艺术也将注意力从绘画、雕塑的特别常规，转

---

① 比格尔：《先锋派理论》，高建平译，商务印书馆 2002 版，第 124 页。

向"艺术之为艺术""艺术之为惯例"的一般问题。[①]

当然,这一系谱不是终极答案,而是一种建构,这是后结构主义时代的共识:没有关于历史的绝对真相,只有基于不同立场的历史建构。于是在这种"体制批评"的序列中,新先锋艺术中的极简主义、波普和许多观念艺术,都被赋予了确切的文化功能,被理解为从不同角度对艺术惯例/体制的质疑。譬如其中的极简主义则是对于知觉条件(空间、时间、材质等等)的极端批评,既是对过去的突破,也是后来者的源头。再如迈克尔·阿舍的作品是一种对于艺术空间的批判,丹尼尔·布伦的作品是对于艺术的展览惯例的批判,而汉斯·哈克的作品则是对于艺术的商品状态的批判:总的来说是对艺术体制的批判。

由20世纪四五十年代的理查德·汉密尔顿(Richard Hamilton)、贾斯珀·琼斯(Jasper Johns)和60年代的安迪·沃霍尔(Andy Warhol)、罗伊·利希滕斯坦(Roy Lichtenstein)等发扬光大的波普艺术,以充分借用平面设计、摄影和印刷技术著称,这类创作对于传统绘画的颠覆,不仅在于它们采取了传统画展的形式——巨大的尺幅和煞有介事的画框,也在于它与抽象表现主义紧随出场。那些以照相、丝网印刷或手绘之类的技术所呈现出的画面,与其时流行的一些抽象画乍一看难分高下,模糊了高雅绘画与一般的摄影、印刷等生产手段之间的界限。[②] 这种批判手段有着巧妙的两面性——它似乎保留了绘画的形式,这是保守的,但它却以其特殊的形式,给了传统绘画更尖锐的讽刺,在新左派的眼中,将绘画明显矮化成了一种宣传手段,被用于烘托其上图像和主体性的崭新力量。[③] 也就是说,波普以绘画质疑了绘画。作为不断强调机械复制的工业手段的艺术,波普和极简艺术是以不同的角度宣告,传统画室美学已被生产和消费美学所取代了。这一取代正如现代社会的现代化进程一样不可逆转,逼迫整个艺术界重新

---

① Foster, Hal, "1992: The Anthropological Model", see Foster, H., Krauss, R. E., Bois, Y. A., Buchloh, B. H. D., & Joselit, D. (2016), *Art Since 1900: 1945 to the present*, Thames & Hudson, 2016, p. 624, 转引自沈语冰编:《艺术学经典文献导读书系·美术卷》,北京师范大学出版社2010版,第113页。

② Foster, Hal, *The First Pop Age*, Princeton: Princeton University Press, 2012, p. 4.

③ Ibid., p. 11.

反思杜尚和达达主义的意义，也启发了后来的观念艺术。[①]

新先锋艺术家们对于先锋艺术的理解和重新运用，可大致分为前后两个阶段，前一个阶段是从20世纪50年代到60年代初，作品多限于挑衅种种文化惯例，继承杜尚与达达主义的活动；后一个阶段是自60年代中期以后，更多的艺术家明确提出了体制批评的观念，如丹尼尔·布伦所说："首先正是体制的和话语框架的各种先决条件，才准许现成品在意义分配和物品经验方面发生转变，而杜尚现成品的谬误在于，它本身恰恰遮掩了那些条件。"[②]除了这样自觉探索体制批评的艺术家如哈克、布伦、布达埃尔和阿舍等等，还有如罗伯特·莫里斯、索尔·勒维特(Sol LeWitt)、梅尔·博赫纳(Mel Bochner)、爱德华·鲁沙(Edward Ruscha)、丹·格雷厄姆(Dan Graham)、罗伯特·巴里、劳伦斯·维纳(Lawrence Weiner)等许多观念艺术家，即便艺术家本人对其作品语焉不详，但许多作品也都可以理解为从材料和流程、表面和肌理、地点和布置方式等各个角度，质疑关于雕塑和绘画的种种形式主义符号分析的合法性，这正是左派批评家眼中最具历史意义的祛魅工作。他们的作品揭示，传统美学早已被铭刻在语言惯例之中，也铭刻在了体制权力、意识形态和经济投资之中。[③] 自然，艺术对艺术体制的批判也直接通向了艺术对现当代文化的批判。

作为文化批判的新先锋艺术

新先锋艺术对外部世界(社会、文化、政治)的种种介入和抵抗，其内涵远不止于"体制批评"和"非体制批评"的二分法可以概括。为对抗僵化的主流文化建构，艺术家尝试着从各个角度，挑战旧有的高雅

---

① Buchloh Benjamin, "Conceptual Art 1962 - 1969: From the Aesthetic of Administration to the Critique of Institutions", *October*, Vol. 55 (Winter, 1990), p. 125. 中文版见本雅明·布赫洛:《1962—1969年的概念艺术:从管理美学到体制批评》，杨娟娟译，收于《20世纪西方艺术批评文选》，沈语冰、张晓剑编，河北美术出版社2018版，第167页。

② 同上，第169页。这是由布赫洛所归纳的观点，来自布伦《边界批判》("Limits Critiques",1969)。在福斯特的《实在的回归》和罗莎琳·克劳斯的《理智与情感》("Sense and Sensibility", *Art Forum*, vol. 12, November 1973, pp. 43 - 52)一文中亦能找到呼应。

③ 同上，第172页。

艺术禁忌，从无趣或难看的字符和图示、流行文化和非主流行为这类“自暴自弃”般的批判，到有精心设计的种种档案式装置项目。总之，一切即有的文化秩序，都需要面对挑衅、质疑和重新建构。

正如超现实主义时期的那些运动宣言一样，最开始的新先锋文献也充满了艺术家和批评家从直觉、感官的角度提出的设想。[①] 在20世纪70年代，露西·里帕德概括了跨度十年的观念艺术，解释了这些艺术的“去物质化”倾向，它意味着作品中蕴含的思想是首要的，物质形式则是次要的，是无足轻重、转瞬即逝的，是低廉、简朴甚至“去物质化”的。这过于抽象的归纳实际上转向了另一个核心问题：观念艺术，乃至总的新先锋艺术中，究竟蕴含着哪些思想？关于新先锋艺术的讨论最终不可避免地和后现代文化思潮结合了起来，也和那时的哈贝马斯、詹明信、萨义德等理论家的文化批判联系了起来。

在20世纪80年代初的划时代的《反美学——后现代文化论集》中，哈尔·福斯特总结道，他们这些新左派的批评家所寄予厚望的艺术是一种对于当前社会保持批判性的艺术，而非当时主流后现代的“好玩”“一切皆可”等等。[②] 这个从阿多诺到葛兰西的转向，艺术作为“介入”工具的旗帜，几乎奠定了从那以后的当代艺术作为批判性艺术的主流路线，并一直延续至今。在这种“反多元主义”的批判中，他们尤其批判了在后现代艺术中流行的那些虚伪的建构，如涂鸦、新表现主义等等。也就是说，新表现主义里那些似乎一成不变的暴戾、破碎和荒诞的元素，似乎已经成了某种“天才”的“成功公式”，是一种传统艺术的圈造神运动的退步。[③] 在这一语境中，非绘画的摄影/装置/照

---

① 可参考《白立方内外》一书中最末几篇，还有约翰·斯坦伯格在《另类准则》中的《当代艺术及其公众的困境》《贾斯帕·约翰斯：最初7年的艺术》等。《白立方内外：当代艺术评论50年》，安静（Lee Ambrozy）主编，生活·读书·新知三联书店2017年版。施坦伯格：《另类准则》，沈语冰等译，江苏美术出版社2011年版。

② Foster, Hal ed. *The Anti-Aesthetic: Essays on Postmodern Culture*, Port Townsend, Washington: Bay Press, 1983, pp. 3–15.

③ 相关文献有福斯特的《重新编码：艺术、景观、文化政治》（*Recoding: Art, Spectacle, Cultural Politics*）中数篇论文，本雅明·布赫洛写于1980年的《权力的形象，衰退的密码：欧洲绘画回归再现的评论》（*Figures of Authority, Ciphers of Regression: Notes on the Return of Representation in European Painting*），欧文斯（Craig Owens）1983年的《荣耀、权力和女性之爱》（*Honor, Power and the Love of Women*）等。本人的论文《重构后现代主义艺术批评——反多元主义与多元主义之争》（载《文艺理论研究》2021年1月刊）有专门介绍。

相写实等类型的作品，都放弃了传统画家的“天赋”设定，不但成为体制批评运动的一部分，也在各种角度上批判了当时的社会文化。譬如这一时期的芭芭拉·克鲁格(Barbara Kruger)的装置，谢莉·莱文(Sherrie Levine)的再摄影，辛迪·舍曼(Cindy Sherman)的自拍摄影等等，都展现了对当代流行文化的嘲讽。

这一时期的批评家们在回顾60年代时指出，极简主义绘画和雕塑，还有许多波普作品，都在表现当代生产与消费的“系列化”特征。如果说极简主义集中于表现系列化大生产中的机械复制与冰冷、无人化的特性，波普艺术则是集中于表现现代社会中视觉艺术元素的过度饱和。从沃霍尔到当代的昆斯和草间弥生莫不如此，以其显而易见的媚俗、肤浅的商品气息讽刺着主流文化。但在某种严格意义上，许多波普作品都有一种模棱两可的姿态，使得它既是批评，也是“共谋”：既是对艺术体制的批判，对商品文化的戏仿，也可以被肯定性的政治文化所利用，对外推出，成为美国“平等自由”文化的代表。也恰恰是那类和谐欢快的波普，譬如明星、可口可乐和圆点的符号，成了国际艺术市场上最知名的天价作品，在大众媒体上几乎代表了波普这一范畴。[①]

从这个视角，被称为超级写实主义(或照相写实主义)的许多绘画，也将波普艺术的讽喻推向了极致。这些绘画的过度追求细节，不是如古典油画那样令人肃然起敬，反而令人感到眩晕和不真实。[②] 如果说波普常用的丝网印刷或漫画笔法，能让艺术家本人和观者之间有一个抽象的、无限的距离感，那么超级写实主义就是以其密集的手工性，以这独一无二的原作，给予观者扑面而来的刺激，让观者体会到画家如行为艺术家似的古怪行径：一笔一画地复制着显然有些无聊、缺乏意义的相片，点点滴滴都是徒劳，缺乏文艺价值。这自虐式的创作，与其说像绘画，更像行为艺术的策略，其行为和效果都从总体上构成了对现实的质疑。

除了作为现代消费文化的讽喻，许多波普还以其特有的方式记录着历史的特殊细节：例如在汉密尔顿的《动荡的伦敦67年》(Swinging London 67)中，戴着手铐的明星在镜头前遮住面容的这一场景，从报

---

① 关于系列化生产与消费美学，参见福斯特《实在的回归》第二章《极简主义的关键》，关于波普的两面性，可见于此书第四章《犬儒理性的艺术》。

② 参福斯特《实在的回归》一书的第五章《实在的回归》。

头插图放大到一米宽，来到艺术展厅的墙上，就成了一张历史画——就传统历史画捕捉戏剧性瞬间的功能而言。而波普那显而易见地虚张声势的图像效果，又反而彰显了“表象的虚伪”：这世界的表象只是作为一种“中介”而存在的，并非直接通向事实。和一些当代摄影、装置和行为艺术的策略相似，许多波普图像将私密文化图景给模糊地放大展示为公共文化，模糊了两者之间的界限，也凸显出了现代社会中主体的困境——主体自身与社会表象有了更多的重叠、纠缠，譬如人人都在用差不多的几种品牌，已经使得私人生活的个性更难以界定了。①

在当时的左派文化批评中，与波普艺术关系密切的理论有三大主要来源：居伊·德波对“景观社会”的发现，詹明信对晚期资本主义文化的批判，以及鲍德里亚关于“拟像”的理论，追根溯源，都联系着 20 世纪上半叶法兰克福学派对文化工业的批判。在 20 世纪中叶，随着欧洲经济复苏，文化工业日益繁荣壮大，越来越多的社会学家与哲学家呼吁：传统马克思主义思想中的权力、异化等问题，不只存在于生产、军队等结构之中，更体现于文艺休闲生活的方方面面。因为文化工业提供的各种大众文化产品，从漫画、肥皂剧到流行歌曲，大多隐含了将不公平的现状合理化的既定结构，传统文化中对女性、有色人种的压抑，只是其中较为外显的环节，人们更难以识别和抗拒的是无处不在的“资本主义总体性”。

正是在这种文化研究的思潮中，后结构主义批评家们将 20 世纪 60 年代的一些新艺术的成功缘由，理解为战后的中产阶级观众的自我认同——因为那些作品的形式，契合了作为高度工业化社会意识形态的“管理美学”。譬如对伊夫·克莱因(Yves Klein)的单色画，在布赫洛看来，正是在大量作品的一再重复、一再变色、一再强调之中，“将人工重构艺术品的灵光当作核心工作”，“竭尽全力试图保持绘画不受侵蚀”的那些活动之中，结果却是以这种荒诞的展示方式，“最深刻地揭示了绘画生产已经在何等程度上受制于文化工业的种种境况(我们不清楚他这种洞察是无意的，还是故作无辜的反讽)。”②在这一视角下，有一部分新先锋艺术家虽然的确提供了关于这个年代的特殊印记，但

① Foster, Hal, *The First Pop Age*, Princeton: Princeton University Press, 2012, p. 4.

② 本雅明·布赫洛：《第二次的原色：新先锋的范式重复》，吴毅强译，杨娟娟校，《20 世纪西方艺术批评文选》，河北美术出版社 2018 年版，第 318 页。

其观念却是相对保守的——他们仍然停留在一种打算为这个世界提供新式神话、新式天才的传统思维模式当中，歌颂着肤浅的世俗成功。

这样从文化批判的角度理解新先锋艺术，也对应着后现代主义时期的美学转向：从现代主义的"象征"转向了后现代主义的"寄喻"(allegory)。在20世纪年代初，批评家克雷格·欧文斯(Craig Owens)和布赫洛都撰写了长文讨论了后现代主义作品作为"寄喻"的表达特征。这是源于瓦尔特·本雅明在《德国悲苦剧的起源》一书中，澄清了西方美学史中象征和寄喻两种不同模式的叙事风格：象征是理想化的、激情的，寄喻则是直面冷酷的真实，象征是整体性的，而寄喻则是碎片式、堆积式、缺乏头绪的，象征依赖历史的连续性与神圣性，而寄喻面对废墟的荒凉破败，象征是英雄式的，而寄喻则是忧郁怀疑的。"寄喻的基本特点是含混和多义性；寄喻，以及巴洛克，都以其语义的丰富为荣。但这种含混的语义丰富，是奢侈的丰富；而自然，据形而上学，实际上还有机械的陈规俗套，受经济规律的制约。因此，含混始终是意义的清晰和统一的对立面。"[①]象征式的叙事方式，对应着从古典到形式主义现代主义的艺术，而寄喻的精神则契合大部分的先锋和新先锋艺术作品。举例来说，关于劳申伯格在50年代的综合材料拼贴之作，欧文斯指出这类拼贴不只是如施坦伯格所解读的，一种从自然到文化的转变，也可以理解为雄辩模式的转变：从客观的第三人称讲述，到"你""我"之间的直接"规劝"。[②] 在后结构主义的批评家眼中，象征是现代主义的自反性的修辞策略，如康德所说的审美愉悦的来源，而寄喻的策略正是在于，它要"使指涉的活动问题化"，它通过叙述自身的"偶然性、不足、缺乏超验性"，攻击着种种象征式的当代的神话。[③] 而罗伯特·史密森(Robert Smithson)的大地艺术作品所寄喻的，更是一种对审美传统的清算，对审美的"越轨(aberration)"。

因此，新先锋艺术对艺术体制的批评、对物化的意识形态批评，是互相呼应、并行不悖的，这一系谱从杜尚、"事实照相"和建构主义等历

---

① 瓦尔特·本雅明，《德国悲苦剧的起源》，李双志、苏伟译，北京师范大学出版社2013年版，第145页。

② 欧文斯：《寓言的冲动：朝向后现代主义的理论》，载《现代主义之后的艺术：对表象的反思》，北京大学出版社2012年版，第252页。

③ 沃斯利主编：《现代主义之后的艺术：对表现的反思》，宋晓霞等译，北京大学出版社2012年版，第265页。

史先锋模型就开始了。[①] 当然,比格尔对于历史先锋的解读也有类似的思路,双重的解读方式,一方面是对艺术体制的破坏,另一方面,也是如本雅明对"寄喻"的理解,将"碎片"的形式当作一种先锋的创作手段。[②] 但比格尔对新先锋艺术的了解是过度简化的,如果的确如比格尔和许多后现代文化批判的笼统说辞,新先锋只是停留于对"物化和碎片化"的表达,那么,新先锋事业就与同时代的各种多元主义文化无异了——也就是说,即便它们曾经是一种解放性的艺术模式,也不可避免成为泛滥成灾的商品。[③] 因此,新艺术的种种"寄喻"模型也必须不断更新,20 世纪八九十年代也涌现了许多新的主题和模式,如主体的创伤、民族志和档案式的艺术等等。不妨如此理解新先锋作为文化批判的两面性:它们一方面的确是这个破碎的后现代主义文化的表象,后现代洋洋自得、耀武扬威的表象;另一方面,它还是能发挥作为寄喻的功能,以这种彰显的手段激发对文化的揭露和反思。

结语:新先锋理论的更新

如前所述,新先锋的意义在 1980 年之后的批评中获得了丰富的阐释。于是,就新先锋作为"重复"或"非原创"艺术模型的种种质疑,对其"两面性"的理解,也就不攻自破了。在艺术史的这一阶段,评价新先锋艺术是否成功或者有意义的标准,已经不是如比格尔对先锋艺术所指望的能颠覆体制。因为在表面上被颠覆的审美体制,正如左派批评家们所说的"资本主义总体性"一样,总是"卷土重来"重新吸纳了一切,对所有看似尖锐的批判照单全收,成为总体化景观甚至娱乐的一部分。所以对新先锋艺术的评价,只能参照更丰富的历史和现实,考虑多种因素的有机结合,譬如作者意图、作品形式和历史(社会)效价。在后结构主义的"作者之死""副文本"等思潮的启发下,批评家们也提出了对"元艺术家"模型的质疑,批判了艺术圈话语对杜尚的过度

① Buchloh Benjamin, "Allegorical Procedures: Appropriation and Montage in Contemporary Art", *Art Forum*, Sept. 1982, p. 46.

② 彼得·比格尔:《先锋派理论》,高建平译,商务出版社 2005 年版,第 144—146 页。

③ 见福斯特《实在的回归》,第四章《犬儒理性的艺术》。

神化，和对艺术家"成名风格"的固化。新先锋的艺术史从来不是一份传统式的英雄榜，而是一部令人见微知著的文化批评史。从杜尚到沃霍尔，从博伊斯、克莱因、舍曼到后来的昆斯和赫斯特，都是以其对社会的丰富感知著称，即便很多艺术家的观念并不一定坚定，思想也谈不上深刻，但展现了最能代表这个荒谬时代的模型，反而成了艺术史中最无法忽略的样本。

醉心于先锋艺术的美学家们仍然对新先锋运动的启蒙潜力甚至政治潜力抱以厚望。譬如德·迪弗通过康德美学中的"共通感"概念，重新理解了先锋艺术宣言"人人都是艺术家"，认为从"这是美的"到"这是艺术"的这一转变，实际上正是从理论上预设了一种潜在的民主思想，诉诸人人都享有的"共同感受力"。它所指向的不只是人们在美学领域的解放，更是政治领域的民主解放潮流："几乎每一个先锋或现代的乌托邦的主要冲动都成了：职业艺术家的实践就是为了解放每个人内心的、为整个人类所分享的艺术创作的天赋权力，这种潜力的领域属于审美，但整个地平线则属于政治。"①这段马克思主义意义上的作为"抵抗"的艺术史包含了对新先锋艺术史的双重建构，其一是将这些新先锋艺术看作一系列"体制批评"运动，其二则是看作各种本雅明式的"寄喻"的进程。这几十年间的多种艺术模型，在历史长河中渐渐沦为后人模仿的样本并因此泛滥失效，从激进的批判沦为艺术史的几页记录。但每当转换到新的场域之中，由一些新的艺术家将它们强加给新的听众，它们就从历史中再次回归。因为那时的艺术家、批评家和哲学家们对于艺术体制和对社会所提出的许多批判，似乎仍然适用于我们今天的现代社会中难以避免的种种错乱和僵局，新先锋的精神依然适用于当下。

【本文为国家社科基金重大项目"美学与艺术学关键词研究"（项目批准号 7ZDA017）的阶段性研究成果】

（作者单位：复旦大学哲学学院）

学术编辑：刘　卓

① 德·迪弗：《杜尚之后的康德》，沈语冰、张晓剑、陶铮译，江苏美术出版社 2014 年版，第 233 页。

观念艺术

蒋苇

在20世纪60年代前后，传统艺术门类之外的许多新兴艺术类型进入了人们的视野，它们并非各自为战，而是保持着对话性，在相互借鉴与差异化中寻求发展。因而，一种艺术类型与其他类型之间未必有绝对排他性的区分界定，而被归为一种类型之下的作品之间差异常常远比共性显著，其中尤以“观念艺术”(conceptual art)为甚。[①] 从广义的角度来说，杜尚在20世纪上半叶的作品就已经具有了观念性。60年代的早期观念艺术，或称原型观念艺术(proto-conceptual art)[②]，是基于几种不同理念的极简主义艺术发展而来，而且产生了取向不同的几条路线。到70年代有部分观念艺术演变为“体制批判”(institutional critique)艺术。[③] 更宽泛地说，许多其他艺术类型，例如相当多的行为艺术，一部分的装置艺术，一部分的大地艺术都可以被认为是观念艺术的分支，在80年代、90年代的摄影和录像艺术中也能看到其影响。

相较于其他艺术类型，观念艺术的独特性在于既是一种兴起于20世纪60年代中期的艺术类型，又同时是一种涉及整个20世纪艺术发展的特征。从杜尚到索尔·勒维特、约瑟夫·柯苏斯，到汉斯·哈克、丹尼尔·布仑，到达米安·赫斯特、弗朗西斯·埃利斯，以及1989年中国现代艺术大展中的绝大多数作品，尽管我们很难根据这些千差万别的作品对观念艺术做一个确切的界定，但这些作品都共同指向了一

---

① 对于“conceptual art”，国内有译为“观念艺术”，也有译为“概念艺术”的。本文采用“观念艺术”。

② Benjamin Buchloh 将60年代索尔·勒维特、罗伯特·莫里斯等人的一部分作品称为“原型观念艺术”，见“Conceptual Art 1962 - 1969: From the Aesthetic of Administration to the Critique of Institutions”, *October*, Vol. 55 (Winter, 1990), p. 111.

③ 同上。

种立场观点，即让一件作品被称为“艺术品”，并非是因其审美属性或视觉愉悦感，而在于它们的意义。因此，观念艺术具有去视觉、去物质以及去审美的特征。虽然最严格意义上的观念艺术活跃于60年代中叶到70年代，但这一思想渗透进了整个20世纪后半叶的艺术发展，甚至于几乎改变了人们对于“艺术品”的观看方式和信念——观看不再是欣赏，而是解读；艺术不再服务于眼睛，而是服务于头脑。

一、早期观念艺术

观念艺术的思想萌芽产生于20世纪上半叶。比利时超现实主义艺术家雷内·玛格丽特创作了一系列词语-图像绘画(word-image painting)，如《图像的背叛(这不是烟斗)》(1929)，通过在词语与图像之间制造突破常规的多重关系作为他的超现实主义手段，形成对表象世界真实性的挑战。杜尚1913年发明的“现成品”艺术《泉》是对后来观念艺术影响最为深远的开山之作。对杜尚来说，现成品取得“艺术品”身份意味着艺术家的手艺技巧和视觉外观的重要性让位于了艺术家的“选择”，雕塑、绘画的媒介限制也被取消。他说：“艺术就是所有那些我称之为艺术的东西”，“通过艺术家的选择，一件日常物品也可以享有艺术品的尊贵地位”①。杜尚的言论不应被当作他对《泉》的宏旨大意，而应被视为是作为艺术事件的《泉》的一个内在环节——他以挑衅的言论激化了关于何为艺术以及艺术家“创作者身份”的问题。《泉》的意义和能量远不止于此，杜尚抛出的问题及其思想遗产为观念艺术后续发展的不同路径提供了出发点。其中最主要的两条路径，一条将人们引向了历史序列和作为语言行为的“艺术命题”，另一条则引向了艺术的社会和体制语境。

观念艺术最直接的源头是激浪派的“事件乐谱”和极简主义艺术。“观念艺术”一词最早的使用和定义来自激浪派艺术家亨利·弗林特(Henry Flynt)。1961年乔治·马修纳斯(George Maciunas)征集来自音乐、舞蹈、视觉艺术等各个领域艺术家的文字出版成集，取名《选

① https://www.moma.org/learn/moma_learning/themes/dada/marcel-duchamp-and-the-readymade.

集》(*Anthology*),副标题为"关于偶然行为观念艺术非艺术不确定即兴无意义作品自然灾害行动纲领故事图标音乐诗歌散文舞蹈建筑数学构图"。弗林特创造了"观念艺术"一词用来指称乔治·布莱希特和他自己的"事件乐谱"这类作品,[①]称"这是一种用'观念'作为材料的艺术,正如同声音是音乐的材料一样"[②],他同时指出这种艺术的先行类型是结构艺术与数学。弗林特的阐述已经明确了这类艺术作品的"非审美"特质,并将此作为观念艺术与传统艺术的本质差异。激浪派的"事件乐谱"往往是一些描述了动作的语句,作为"乐谱",表演者或实施者根据它们来"演奏"。例如拉蒙特·杨的作品《作曲 1960 第 10 号,致鲍勃·莫里斯》,这首作品仅有一句话:画一条直线,然后跟着它。作为乐谱,演奏者可以有自己的诠释。1962 年,录像艺术家同时也是技艺颇高的钢琴演奏者白南准在激浪音乐节上演奏了该作品,他用头蘸上墨汁在铺于地面的纸张上画下了一条线,然后用手和身体"跟着"这条线。

这个演出被称为《头禅》,它依然属于"乐谱"—"演奏"的领域而不是观念艺术的"想法"与"实施",演奏者也享有艺术家的身份和权力。除了这一点之外,这种模式与极简主义艺术家作品在展览过程之上有着显著的共通之处。极简主义艺术家卡尔·安德烈的标志性艺术手法是将统一尺寸的工业材料如金属板、砖块、木头平铺在地上,它们不需要由艺术家预先在工作室完成,而只需要在作品展出的场所现场根据艺术家的方案说明来拼装即可,当展览结束,这些材料就会被打包收回。另一位极简主义艺术家索尔·勒维特(Sol LeWitt)的墙上绘画的实施方式与之类似。勒维特的墙画一般是同尺寸几何体的叠加,由助手根据文字说明直接画在展厅的墙上,当展览结束,这些画就被毁坏,而下一次展览依旧可以按照同样的文字说明在新的墙上完成。在这种运作方式下,布展说明就像"事件乐谱",艺术家需要负责的部分仅限于作品的理念想法,实现这些想法的物质结果则可有可无。劳伦斯·维纳在 1969 年发表的题为《意图声明》的作品中写道:

---

① Henry Flynt, "Conceptual Art", as published in *An Anthology*, 1963. Online access: http://www.henryflynt.org/aesthetics/conart.html.

② 托马斯·克洛:《六十年代的兴起:异见时代的美国和欧洲艺术》,蒋苇译,江苏凤凰美术出版社 2020 年版,第 147 页。

1. 艺术家可以建构作品；

2. 作品可以被制造；

3. 作品不需要被造出来。

每一种选择都是平等的，与艺术家的意图相符的，选取哪一种情况的决定权在作品所有权持有者手上。①

勒维特从极简主义艺术实践中发展出了观念艺术的类似“语法”或“方案计划”的策略，②在1967年就已经将他的极简主义雕塑作品称为“观念艺术”，并且提出了“想法是制造艺术的机器”的著名说法(The idea becomes a machine that makes art)③，认为观念艺术重要的是作品的理念，是要让观众的头脑对其感兴趣(mentally interesting)，外观则不重要。④

极简主义的初衷是对欧洲艺术传统以及现代主义的反动，通过工业材料、标准化的单元模块和特定场域的重复排列，取消个人主义意义上的艺术家概念，达到非唯一、匿名的效果，将作品拉入观者的日常和身体空间中，从而挑战美术馆、画廊空间所提供的高雅艺术的身份保证。但是，也正因为这样的作品缺乏内在秩序和艺术品质来标识其与日常空间的区分，极简主义的作品实际上反而更依赖画廊空间以及策展方式。⑤ 从这个意义上来说，安德烈和勒维特作品的“去物质化”⑥在对抗商品化和消解艺术的特权地位方面更近了一步，通过艺术家权利的部分让渡和引入更大程度的开放性、不可控性，进一步消解

---

① 劳伦斯·维纳创作了许多以词语和句子、语段组成的“声明”作为艺术作品，以包括书籍、公共标语等不同方式发表。1969年的《意图声明》见迪亚基金会 https://www.diaart.org/collection/collection/weiner-lawrence-statement-of-intent-1969-l-2003-042.

② Sol Lewitt, "Paragraphs on Conceptual Art", in *Conceptual Art: A Critical Anthology*, edited by Alexander Alberro and Blake Stimson, Cambridge: The MIT Press, 1999, p. 13.

③ Lewitt, "Paragraphs on Conceptual Art", p. 12.

④ Ibid., p. 13.

⑤ 托马斯·克洛:《六十年代的兴起》，第165页。

⑥ “去物质化”的概念由批评家露西·丽帕德提出，see Lucy Lippard and Juhn Chandler, "The Dematerialization of Art", in *Conceptual Art: A Critical Anthology*, edited by Alexander Alberro and Blake Stimson, Cambridge: The MIT Press, 1999, p. 49. First written in late 1967 and first published in *Art International*, 12:2 (February 1968), pp. 31–36.

了艺术作品的传统身份。

勒维特对观念艺术的理解部分保留了极简主义的理念，尤其是极简主义的实在性和感知维度。他区分了作品的“感知”和“认知”两种接受模式，概念的接受方式是“认知”，作品的物理形态则向主观“感知”开放。受到杜尚的启发，他在抽象概念和实在性之间实现了某种辩证的模棱两可。在勒维特看来，严格来说，观念艺术家看中的不是一个纯粹的抽象观念本身，而是观念的过程和实现，“形式本是手段，而对形式的安排是目的”[①]。相比于完全“去物质”，他将“观念”和“感知”看成一对矛盾，一种此消彼长却共存的不同状态，正如作品《红色方块，白色字母》引发的经验在读解与观看之间不断切换跳转。

另一位极简主义艺术家罗伯特·莫里斯（Robert Moris）的作品《播放自身制作过程声音的盒子》（Box with the Sound of Its Own Making）则通过一种巧妙的方式，利用作品的观念性破坏了作品自身提供的感知经验。这件作品的外观是一个极简主义雕塑式的立方体，在它的内部播放着事先录制的、这件雕塑的制作过程的声音。一旦观众意识到作品的形态外观和它发出的声音之间的关系，那么这件作品的视觉与听觉则成为观念实现的手段；“感知”与“解读”的竞争关系被凸显，后者破坏了前者的纯粹性。

二、语言观念艺术

早期观念艺术很大程度上继承了极简主义对现代主义艺术的反动事业。批评家本雅明·布赫洛将这些作品中对视觉或感性体验的打断、压制、取消的手法称为“感性撤回”（perceptual withdrawal）[②]。与此同时，另一种意义上的观念艺术，或称“语言观念艺术”，则以一种不同的视角重新总结、诠释了现代主义，并在某种程度上继承了现代主义。他的实践者主要是《艺术 & 语言》期刊的编辑和撰稿人，包括

---

① Lewitt，“Paragraphs on Conceptual Art”，p. 14.

② Benjamin Buchloh，“Conceptual Art 1962 – 1969：From the Aesthetic of Administration to the Critique of Institutions”，*October*，Vol. 55（Winter，1990），p. 116.

约瑟夫·柯苏斯、特里·艾金森、迈克尔·鲍德温、梅尔·拉姆斯登等人。

在阿瑟·丹托于1984年发表著名的“艺术终结论”之前，1969年，约瑟夫·柯苏斯发表了《哲学之后的艺术》(*Art After Philosophy*)，提出了与丹托截然相反的结论——“哲学的终结与艺术的开始”①。柯苏斯认为在今天的时代，黑格尔式的、基于对世界的单一理解图式的哲学已经不再适用，传统意义上的哲学终结了，而语言哲学意义上的“言说”的艺术成为哲学追问的接替者。当然，这只是柯苏斯的一个夸张式的说法，它的前提基础是柯苏斯认为艺术的本质即艺术的功能，而这个功能就是追问艺术的本质，因而，艺术的本质是一种分析命题意义上的同义反复。柯苏斯对观念艺术的阐释不仅是针对这一种艺术类型，而且是以语言哲学的理论视角从最本质的层面来重新界定艺术。从维特根斯坦的观点“意义即功能”来看，艺术的意义就在于艺术的功能，即“追问艺术的本质”②。一件艺术品的本质“是呈现在艺术语境中作为对艺术的评论的一个命题”③。在柯苏斯看来，形式主义仅仅是对艺术的物理属性的分析，其中包含了对艺术定义的一种预设，即艺术的形态就是艺术。但这和艺术的本质(功能)无关，按照柯苏斯对艺术的定义，只有从杜尚开始，艺术才开始从言说的语言形式④，即形态，转向了言说的内容即观念。由此，柯苏斯给出了他对艺术的深刻评价，也是他最重要的观点，即“所有艺术(在杜尚之后)，都是(本质上)观念性的，因为艺术只在观念上存在”⑤。例如，他认为立体派的价值在于它发明的新的艺术语言丰富了艺术的本质，一旦表明了这个意义，再用同样的语言做出更多的立体主义作品则毫无意义。因此，“立体派的价值在于它在艺术领域中的观念，而不是在具体绘画中的物理的或视觉的品质，或是某些色彩形状的特色”⑥。

---

① 约瑟夫·柯苏斯:《哲学之后的艺术》，秦兆凯译，《美术观察》第311期，第93页。

② 柯苏斯:《哲学之后的艺术》，第94页。

③ 同上。

④ 这里“言说的语言形式”不是指语言观念艺术中的“语言形式”，而是指柯苏斯将艺术作品比作“言说”，杜尚之前注重形式的艺术都停留在关注这种“言说”的形式，而从杜尚之后才开始关注“言说”的内容。

⑤ 柯苏斯:《哲学之后的艺术》，第94页。

⑥ 同上。

从印象派到新印象派、后印象派，再到立体主义、极简主义、观念艺术，每一种艺术都在先前艺术的基础上做出自己的发言，给出自己的方案，通过追问艺术的本质丰富艺术的内涵，这就是柯苏斯所谓的“艺术的命题”，也就是“一个艺术作品是呈现在艺术语境[①]中作为对艺术的评论的一个命题”[②]，它意味着艺术作品不再以作品本身的品质进入艺术史，而是作为一种运动或主义以及背后的理念的代表被讨论，并以这种方式被继承、修正或被推翻。同时，“艺术通过影响其他艺术而生存，而不是凭借作为一个艺术家观念的物质残留”[③]。

柯苏斯的“艺术命题”理论所基于的是现代艺术自身的一种状况，先锋艺术理论将其总结为“现代艺术的自我反动”。格林伯格认为先锋艺术自我反动的目的是为了对抗艺术的庸俗化和文化工业的收编，而柯苏斯并没有为艺术的这种语言行为找到一个目的或理由。相反，他再一次通过对哲学概念的运用将其合理化。柯苏斯借用了英国逻辑实证主义哲学家A. J. 艾耶尔对康德所区分的“分析命题”和“综合命题”概念，认为艺术命题是“分析命题”，不依赖于外在的经验和事实，是一种在内部逻辑中的“同义反复”：“它们表达艺术的定义，或者艺术定义的形式后果。”[④]言下之意，在柯苏斯看来，杜尚之后的所有艺术本质上都是在做同一件事，即表明“这样的艺术是艺术”。因而，艺术走向语言、走向观念化是艺术发展的必然结果，将这个趋势的逻辑推向极端就是“语言观念主义”(linguistic conceptualism)或“超级观念艺术”(ultra-conceptual art)[⑤]。柯苏斯1968年在洛杉矶669画廊的展览“作为观念的艺术之为观念”(art as idea as idea)通过将10个概念的字典释义翻拍成摄影照片放大来表明他的观点。

柯苏斯的观念艺术理论其实建立在一个自我赋予合法性的内部体系中，这与丹托在1964年提出的“艺术世界”概念在某些方面具有共通性。二者的理论本质上都是在传统艺术类型及与之相对应的阐释、评论框架失效之后，对19世纪以来的新艺术做出的理论说明，尤

① 柯苏斯的“艺术语境”指的是各种类型或主义的艺术相互之间构成的修正或继承的谱系关系，而不是艺术的社会语境。

② 柯苏斯：《哲学之后的艺术》，第94页。

③ 同上。

④ 同上，第95。

⑤ Lippard, “*The Dematerialization of Art*”, p. 46.

其是针对60年代愈演愈烈达到前所未有高潮的、层出不穷的新艺术的创新机制所做的回应与总结。在他和丹托所归纳的模式中,艺术与非艺术之间是不可渗透的一个封闭自足的体系,如同"上帝之城与世俗之城"[①]。无独有偶,二人都认为赋予艺术作品以"艺术"身份的,不是来自于技艺或外观或任何物质表象的有形特征,而是来自于"内嵌在作品结构中的艺术史叙事"[②]。因此,在柯苏斯和丹托的模式中,一个新的艺术作品总是处于一个艺术史或"艺术命题"的序列中的最尾端,而这个序列将由后续新的艺术品不断延长,了解这个序列无论是对艺术创作者还是观众来说,都是必须的。

对于柯苏斯来说,艺术的本质并不依赖于任何实质上的特征或内涵,而是这种追问的语言行为本身。从这个角度来说,柯苏斯对艺术的看法是曲解的维特根斯坦语言哲学和还原主义的嫁接——将艺术作品的形式析出,提取其中的命题内核。然而,仅仅"作为对艺术的评论的一个命题"的艺术只能是在理论上存在,"本质功能"和"形态"的区分只是一种思维方式,即使如"艺术与语言"小组自己的作品,例如柯苏斯基于文字的影像、灯光装置作品,都从来没有做到绝对的"无审美",这在柯苏斯迷人的霓虹灯光中不难感受到。就赛斯·赛吉劳勃(Seth Siegelaub)策划的被誉为第一次概念艺术展的作品《施乐书》(*The Xerox Book*)而言,这本书在书籍装帧上的选择无论是纸张、打印工艺、字体排版等等,都具有一种有意为之的工业化和商业气息的感性指涉。因此,虽然柯苏斯的《哲学之后的艺术》具有深刻的重要性,但他所说的分析命题式的策略,很难适用于同时期的其他艺术家。[③] 到了70年代中期,柯苏斯自己也对先前的看法持否定态度,将后期工作的方向转向了人类学艺术和语言与社会文化的关系。[④]

---

① Arthur Danto, "The Artworld", *The Journal of Philosophy*, Vol. 61, No. 19, American Philosophical Association Eastern Division Sixty-First Annual Meeting (Oct. 15, 1964), p. 582.

② 陈岸瑛:《艺术世界是社会关系还是逻辑关系的总和?》,《南京社会科学》2019年第10期,第139页。

③ Hal Foster et al., *Art since 1900*, London: Thames & Hudson, 2016, p. 609.

④ 王志亮:《观念艺术的自我反思:由〈狐狸〉杂志引发的思考》,《画刊》2018年第6期,第72—73、76—77页。

三、走向语境的观念艺术

柯苏斯从《泉》中获得的启示是“我说它是艺术它就是艺术”的自反式分析命题，而另一些艺术家则从杜尚的宣言中看到了其中“述行语言”(performative language)[①]的成分——让语言具有效力的不是语言本身的内容，而是言说的语境，从而将隐匿在作品背后的艺术体制与权力语境推入了人们的视野。《泉》的事件证明，任何一个对象是否是艺术品，不取决于这个对象本身，而是取决于渗透在艺术生产、展示、流通、接受的每一个环节的权力运作。杜尚没有点破，而是巧妙地在利用与拆穿的模棱两可间让这种艺术的权力语境变得不透明。他在1944年请公证人为《带胡须的蒙娜丽莎》(*L. H. O. O. Q.*)开具的原版证明揭示了艺术的尴尬境地：“由于不具备任何特定的视觉品质，并且明显缺乏作为评价标准的(艺术的)手工的性质，审美判断——关于趣味和鉴赏——的所有传统标准都遭到了有计划的废弃。这样的结果是，审美的定义，一方面成了语言惯例之事，另一方面，成了合法契约和体制话语(一种有关权力而不是趣味的话语)两者的功能。”[②]

莫里斯的《无题(审美撤退的申明)》和皮埃尔·曼佐尼(Piero Manzoni)的一系列带有艺术家“认证书”的作品也使用了类似的策略。1961年，曼佐尼在画廊的模特和观众身上签上他的名字并盖章，作为“证书”认证这是名为“活雕塑”(living sculpture)的作品。甚至，他的死亡也委托另一位艺术家签发了证书认证这是一件作品。杜尚与曼佐尼都以具有法律效力的文书这种最为庄重、严肃的对真实性的保证来处理最无须认证的对象，例如空气、艺术家的粪便等。由于“认证”对象的特殊性，就算这样的认证真的有效力，也毫无意义，因而他们的作品既隐喻了权利的滥用，又在荒诞的滥用中使得体制权力被架空，成为空心化的“事实”。

---

① “述行语言”(performative language)，指言说等同于行为的语言，言说即语言行为的履行。

② 本雅明·布赫洛：《1962—1969的概念艺术：从管理美学到体制批评》，杨娟娟译，载《20世纪西方艺术批评文选》，河北美术出版社2018年版，第160页。

尽管早期观念艺术来自极简主义艺术家的实践，但关注文化和体制语境的艺术家不可避免地认识到极简主义艺术家对美术馆空间的依赖是成问题的。艺术作品身份的自明性失效后更加仰仗艺术机构所提供的对“艺术”身份的保证，而对中立表面之下的资本、权力的运作视而不见。一些艺术家从流通和展示的领域探索了艺术的体制语境。爱德华·鲁沙(Edward Ruscha)的《26 个加油站》(1963)以直白的纪实黑白摄影拍摄了 26 座高速公路旁的加油站，以艺术家书籍的方式发行。前文提到的维纳的《申明》也是以小册子印刷品的形式被单件出售。丹·格雷汉姆(Dan Graham)则将发表于艺术期刊的文章作为了作品。他认为到 60 年代中后期，画廊的内部空间几乎成为极简主义艺术的终极依赖，甚至很多时候画廊空间就是作品的一部分，与此同时波普艺术的意义则来自媒体世界的图像，因此他希望能创作一种艺术，既具有波普艺术的大众媒体指涉，又兼具极简主义非绘画非雕塑艺术品的特质，同时还能挣脱对于画廊展示的依赖。[①] 最终他选择大众生产的印刷制品杂志作为媒介：一方面作为媒体的杂志隶属于更广泛的文化框架，依赖于广告投放；另一方面，作为艺术类杂志，它也位于艺术圈内，连接着艺术从业者。[②]

他于 1966 年在《艺术》期刊上发表了文章《美国之家》，该文章图文并茂地介绍了美国自二战结束以来利用大众生产手段为劳工批量建造郊区住宅的建设项目，以平铺直叙、具体严谨的方式披露了这些住宅项目的开发商名字、排列方式、可供消费者选择的外墙颜色等等信息。乍看之下，文章就是一篇深度的新闻报道，但所刊登的图片以独特的拍摄手法和排版方式使这件作品本身具有了极简主义艺术作品的风格气质，文章的主题也与“艺术”期刊格格不入，二者都提示了这篇文章本身就是一件作品。格雷汉姆以极简主义模块化组件的形式撰写了模块化的文章，在用语言的形式复制了住房工业的机制的同时，也生成了可以准确用于极简主义作品的形容语汇，[③]极其隐晦地影射了工业化大众生产在极简主义艺术与批量建造的郊区安置住宅二

---

① Dan Graham, “my works for Magazin Pages: ‘A History of Conceptual Art’”, in *Conceptual Art: A Critical Anthology*, edited by Alexander Alberro and Blake Stimson, Cambridge: The MIT Press, 1999, p. 422.

② Ibid., 421.

③ 托马斯·克洛:《六十年代的兴起》，第 117 页。

者中的一体两面。

鲁沙和格雷汉姆的作品都从极简主义的美学形式和工业印刷复制品的媒介横渡到了对于工业化城市的当代经验的批判。这一效果的达成借助了摄影的媒介手段,二者都是通过摄影披露了工业化社会景观中建筑形式背后的社会语境,从而将观念艺术从反现代主义视觉性、反艺术等级制、反审美的议题,拓展到了对资本主义社会工业化大众消费的揭发。他们的作品使得对"摄影"的利用成为"语言"之外另一种重要的观念艺术策略,间接启发了 70 年代末至 80 年代以来的观念摄影(conceptual photography)和"图像一代(pictures generation)"艺术家。

另一些艺术家更尖锐地将矛头指向了作为艺术机构的美术馆和画廊,他们的目标是揭露隐藏在白盒子中的艺术体制,并进而折射出更广泛的社会体制形态。这一类艺术作品被称为"体制批判"艺术,代表性艺术家包括了汉斯·哈克(Hans Haacke)、丹尼尔·布仑(Hans Haacke)、马赛·布伦特尔(Marcel Broodthaers)、迈克尔·阿舍(Michael Asher)、玛莎·罗斯勒(Martha Rosler)等人。

1971 年纽约古根海姆美术馆撤销了两位艺术家的作品,其一是汉斯·哈克的《沙伯斯基曼哈顿不动产控股,截止 1971 年 5 月 1 日实时社会系统》。同样以摄影和文字为手段,这件作品包括了 146 张纽约公寓楼的图片、纽约哈勒姆及下城的两张地图和文字信息。这些档案式的材料揭露了家族利益集团如何在各种内幕交易掩盖下,建立了他们在纽约两大贫民区的房产帝国。这件作品被美术馆总监托马斯·梅塞尔(Thomas Messer)以"侵犯了美术馆崇高的中立"[①]为由要求撤除该作品,由于艺术家及策展人拒绝执行,整个展览被取消,策展人爱德华·弗莱(Edward Fry)被解雇。

哈克的标志性手法是通过机打文字、档案信息、调查问卷等等极端中立、客观的形式,来暴露美术馆所谓的"中立审美空间"实则深嵌于社会经济政治体系中。另一位遭到审查的艺术家丹尼尔·布仑的标志性手法是使用 8.7 厘米宽的条纹,由白色和另一种颜色组成。这样的条纹没有任何内在的意义和视觉指涉,他将其称为"视觉工具",这意味着它不再是供人观看的作品本身,而是使人能看到它自身之外

---

① Hal Foster et al., *Art since 1900*, London: Thames & Hudson, 2016, p. 622.

的其他东西的手段。所以,他的每件作品最终取决于条纹被安放的场域和它周围的一切因素。例如,现代主义建筑大师弗兰克·赖特在古根海姆美术馆的标志性螺旋结构形成的巨大中庭空间中,布仑创作了一件"特定场域"作品——一块由蓝白条纹组成的10米宽、20米高的巨大布料,从中庭的顶部垂落。一方面,它截断了赖特的空间结构对场域空间的主导,使得极简主义艺术作品原本对美术馆空间的服从依赖关系被倒置;另一方面,这件作品暴露了极简主义艺术对于美术馆所提供的特权空间的依赖,他们所自命的感知空间的"中立性"其实并不存在。这件作品遭到了共同参展的21位艺术家中的16位联名上书反对,包括唐纳德·贾德、丹·弗列文、柯苏斯等,但他们的抗议反而更成全了作品的意义。

四、理论界的回应

观念艺术的发展深受20世纪哲学思想的影响,尤其罗兰·巴特、福柯、阿尔都塞等人的理论影响。观念艺术实践中的关注焦点与哲学和理论界的议题不谋而合,例如比格尔提出的艺术的惯例体制、丹托的"艺术世界"以及迪基的"艺术圈"理论,都涉及了艺术的惯例和体制、语境等问题。与此同时,观念艺术也遭到了一些理论家的负面评价,尤其在70年代新保守主义思潮下,希尔顿·克莱默、丹尼尔·贝尔等人指责政治化、意识形态化的观念艺术是对艺术的传统和价值的侵害。最早对观念艺术给出理论性反馈总结的批评家丽帕德针对早期观念艺术和语言观念艺术评论道:观念艺术声称的"反审美"仅仅只是反视觉,因为作品中的秩序、极简和整一性也同样是一种审美;而作为"视觉艺术",观念艺术的成败依然取决于他们看上去的样子,只不过具有理论深度又具有强视觉性的作品能同时带来智识上和审美上的愉悦。[①] 她同时认为在某种程度上,观念艺术接替了批评家对艺术的"批评"职能,却只能带来批评的瓦解[②]。布赫洛将观念艺术置于新前卫艺术对抗文化工业的叙事框架下,认为以柯苏斯为代表的语言观

---

① Lippard, "The Dematerialization of Art", pp. 48 - 49.

② Ibid., 49.

念艺术实际上是资产阶级管理美学的逻辑，他肯定了体制批判观念艺术的进步性，但同时指出观念艺术的抵抗依然没有成功，却最终“成功地清除了传统超验意义上的艺术，从而趋向了与工业生产和消费力量的肯定性合作”。[①] 尽管对观念艺术的评价仍有争议，但作为20世纪最重要的艺术类型之一，观念艺术的思想遍及了包括中国在内的世界各国，深远地改变了艺术创作的方式，也改变了人们对于“何为艺术”的看法。

【本文为国家社科基金重大项目“美学与艺术学关键词研究”（项目批准号7ZDA017）的阶段性研究成果】

（作者单位：华东理工大学艺术设计与传媒学院）

学术编辑：刘　卓

① 布赫洛：《1962—1969的概念艺术：从管理美学到体制批评》，第172页。

新艺术史

诸葛沂

20世纪70—90年代在英美学界流行的"新艺术史"(New Art History)必须被放在新艺术史思潮的历史情境中考察,才能明白这一概念中所谓"新"的真正含义和价值。

新艺术史思潮的产生有两个具有相关性的重要原因。其一,20世纪60年代晚期英美政治文化对左翼的宽容及左派思想的复兴,使艺术史研究转向马克思主义,强调艺术与社会生活之间的关系。20世纪40年代后,由于冷战和麦卡锡主义的影响,在英美文化生活中,马克思主义的声音被压制、禁绝,公众舆论和新闻出版的自由受到了限制,艺术史学界也充斥着反马克思主义的浓郁气氛、对艺术批评的漠视和审美孤立主义。佩里·安德森(Perry Anderson)在其《国家文化的构成》中指出,英国战后文化是由一代受法西斯主义迫害的大陆难民所引导的,他们在英国形成了一种"白色"的或者本质上说反马克思主义的力量,英国文化当局充分肯定了他们的贡献并给予他们(路易斯·纳米尔、卡尔·波普尔、以赛亚·柏林、恩斯特·贡布里希)爵位。[1] 贡布里希(瓦尔堡研究院)和布伦特(考陶尔德研究院)成为英国的艺术史研究教学基地,倡导单纯以形式分析的、无利害性的美学观念来进行偏重于风格、鉴定、影响、美感以及作品的涵义艺术史研究。从60年代中期起,针对艺术史研究机构对于艺术批评的漠视和美学孤立主义的保守倾向,一些上流的报纸、批评期刊甚至电台、电视台都开始发起批判,倡导关心艺术与社会生活之间的关系。约翰·伯格通过《观看之道》呼吁遵循马克思主义批判传统来写一部"批判的艺术史",英国艺术史界深受其鼓舞;亚瑟·埃尔顿(Arthur Elton)修订再版了克

---

① Perry Anderson, "Components of the National Culture", in Alexander Cockburn and Rubin Blackburn ed., *Student Power*, Harmondsworth: Penguin, 1969, p. 233.

林根德的先驱性著作《艺术与工业革命》，这标志着马克思主义重回到英国的艺术史界。其二，20 世纪 60 年代以来，西方国家的艺术实践发生巨变，政治、性别、社会思想等涌进艺术创作实践，从而使艺术家的艺术创作由单纯手工性和形式性向社会性、介入性转向；另外，社会思潮风起云涌，新的艺术研究方法层出不穷，如新马克思主义、女性主义、符号学、心理分析、解构主义等方法和理论，这便将艺术史研究的重点从艺术家和艺术作品本身转移到产生艺术的社会环境，并运用上述理论进行艺术史研究。

英国艺术社会史家 T. J. 克拉克（T. J. Clark）是新艺术史的旗手。1973 年，他的两本代表作《人民的形象》和《绝对的资产阶级》出版。这两本书的主题是法国 1848 年革命期间及随后的艺术和政治间的关系。它们的副标题分别为“1848—1851 年法国的艺术家与政治”和“古斯塔夫 · 库尔贝与 1948 年革命”，这透露了克拉克的兴趣所在：即艺术与阶级斗争的关系。依照克拉克的观点，19 世纪法国绘画是美术史上重要而且“难得一遇”的时刻，“当时的艺术与政治纠结在一起”。[①] 1974 年，克拉克在《泰晤士报文学增刊》发表纲领性文章《艺术创作的环境》(On the Conditions of Art Creation)，呼吁艺术史研究要重视艺术产生的社会现实，他提出：应该对艺术史进行重新叙述。[②] 他认为，艺术史的主题应该重新回到 19、20 世纪早期的日耳曼语世界中，回到那些具有知识分子的严谨和责任感的艺术史奠基者身边；艺术史应该是唯物史观的艺术史，而不是唯心史观的，艺术史的实践不能脱离历史、经济、政治和社会生活，但也不应该将它们当作“背景”来看待；艺术是社会进程中的一部分。另外，在 1973 年出版的《人民的形象》一书的导言《论艺术社会史》中，他相当于作了关于“新艺术社会史”区别于旧式的艺术社会史的宣言，他指出，认为“艺术‘反映’意识形态、社会关系或历史观念”，或认为“历史中艺术作品的‘背景’”，都是“新艺术社会史”的禁忌。[③] 他所排除的第一类，直接让人联想到了安塔尔和

① T. J. Clark, *Image of the People: Gustave Courbet and the 1848 Revolution*, London: Thames and Hudson, 1973, p. 9.

② T. J. Clark, “On the conditions of artistic creation”, *Times Literary Supplement*, 24 May 1974, pp. 561 - 563. 中文版参 T. J. 克拉克：《艺术创作的环境》，石炯译，《新美术》1997 年 1 月。

③ T. J. 克拉克：《论艺术社会史》，张茜译，《新美术》2012 年第 2 期。

豪泽尔所使用的方法;第二类则是从布克哈特到哈斯克尔的研究法。克拉克还反对艺术至上主义和传统艺术社会史研究中的对“形式和意识形态内容的直觉类比”的依赖。[①] 他认为,不应该再提出类似“自然主义之类的艺术风格等同于中产阶级的价值观”这样的一般表述,新的艺术社会史应更注重历史意义上的独特性;不能再以非历史分析的范畴去解释历史现象,艺术史必须关注艺术家、艺术品与组织机构之间一系列相关的社会关系,以及政治观点和经济冲突等,而不应当赋予其中任何一种以解释上的优先权;经济基础和意识形态的上层建筑这种二进位模式,在现在看来,已经过于单一、简化了。[②]

T.J.克拉克是1965到1970年间进行《人民的形象》和《绝对的资产阶级》这两本书的写作的。可以说,1968年巴黎的五月风暴,英国学院生活中各种各样的社会运动和骚乱,决定了这一写作计划的趋向及其最终形式。在研究中,他密切关注艺术史地图上非常狭窄的地域和时间,没有就阶级的意识形态和艺术做出一般性的推论;相反,他提供了一种极具深度且多管齐下的历史档案研究,同时扩展所思考的范围,考察从画家的画室和友人直至与艺术品创作有关的一系列历史和社会现象。这种缜密的事态分析法,使得克拉克能够免于依靠形式与意识形态内容之间的直觉类比。克拉克的写作为当时想要重新联结或弥合历史和艺术之间的缝隙的艺术史家,提供了一个从理论到实践的模范。

在《绝对的资产阶级》中,克拉克剖析了在1848—1851年间的革命变迁,集中阐述了米勒、杜米埃尔、德拉克洛瓦的绘画及波德莱尔的写作,分析他们是如何试图追随他们的时代步伐的:他们如何在作品中体现出“公众”的存在,如何反映出他们自己与“公众”的遭遇;[③]他们如何接受国家的委托,试图培育出一种表现革命的国家艺术;在那动荡不安、变幻多端的社会政治环境下创作出来的艺术,是如何展现出

---

① Craig Clunas, “Social History of Art”, in Robert S. Nelson, Richard Shiff, eds, *Critical Terms for Art History*, second edition, Chicago: University of Chicago Press, 2010, p.467.

② Michael Hatt and Charlotte Klonk, *Art History: A Critical Introduction to Its Methods*, Manchester: Manchester University Press, 2006, p.134.

③ Colin Mercer, “Public Subjects and Subject Publics”, *Social History*, Vol. 9, No. 3 (Oct., 1984), p.362.

艺术家在适应“历史的碰撞及其特殊走向”时所适时造化的再现方式的；艺术家为了使艺术达到政治效果，成为政治艺术，又是如何利用政治、公众和赞助体制的。

在《人民的形象》中，克拉克对库尔贝的生平、交际和艺术作品进行了巨细靡遗的分析研究，试图将他从那大肆宣传的“左翼或右翼的传奇”中拯救出来，还原出一个真实的“将创伤混合进政治中的和蔼可亲的小丑形象”[①]。他一头扎进库尔贝的传记材料、共时性评论、其友人的文字材料、批评家的抱怨或认可，以及 19 世纪中叶巴黎艺术家的波西米亚风格中的各种混杂内涵，在稠密的社会历史网络中细察库尔贝的传奇，深究其作品。他对库尔贝 1848—1851 年间创作的关键画作（《打石工》《奥南的葬礼》《佛拉热的农民》）进行了严密的细节分析，检查了它们与传统理想主义的学院派法国艺术惯例的联系和背离。进而认为，库尔贝的“现实主义”，形成于紧要的历史关头，与过去的和当时的艺术形成了意味深长的差异。在这项研究中，克拉克还开创了一种对共时性评论（当时对巴黎沙龙年度艺术展览上展出的库尔贝作品的批评回应）进行考察的方法。他将对共时性评论中的“失语”与绘画作品中背离于惯例和流行意象的“失调”“断裂”之处联系起来，揭露了当时的虚假的主流意识形态，从而指出库尔贝的画作对这种统治阶级意识形态的颠覆和否定。在对库尔贝艺术的分析中，克拉克聚焦于媒介的“否定性实践”这种中介形式，在共时性评论中挖掘历史环境和特殊社会制度，并强调了艺术对意识形态的批判作用，从而提出了“革命艺术”的严格定义。艺术史家加布里埃勒·古尔乔（Gabriele Guercio）认为，《人民的形象》虽然是一本艺术家专论，却并不专门聚焦于个人的表现和自我形成，而是抓住了艺术家、作品和社会历史情境之间的一致而又断裂的因素，以及那个将这三方面维持在一起的无形的结构。[②] 可以说，克拉克对库尔贝的研究，既是对先前盛行的粗糙的马克思主义艺术史的坚决批评，也是对那种宣扬艺术绝对自律的高傲的艺术史实践的挑战。《人民的形象》一经出版，就几乎成为一个无

---

① 沈语冰：《〈现代生活的画像：马奈及其追随者艺术中的巴黎〉译后记》，载《现代生活的画像：马奈及其追随者艺术中的巴黎》，沈语冰、诸葛沂译，南京：江苏美术出版社 2013 年版，第 461 页。

② Gabriele Guercio, *Art as Existence*: *The Artist's Monograph and Its Project*, Boston: The MIT Press, 2006, p. 244.

可匹敌的艺术社会史研究范本,受到新一代艺术史研究者的仿效。

事实上,T.J.克拉克的这两项研究,建立在相互关联的两个前提之上。首先,艺术应该被放在与生产关系等社会环境的接合关系中去理解,这些条件和关系既有经济、政治和意识形态,也包括审美和艺术惯例;艺术家是在一个危机的历史时刻进行着特殊的艺术实践活动。其次,他还宣称,伟大的现代艺术,往往否定和批评社会状况和流行惯例,抵抗和破坏统治性的艺术审美惯例与社会政治秩序,强调艺术对于社会运动的能动性。总之,克拉克反对简单反映论,批判其对艺术与社会之关系的"粗枝大叶"的界定,他将艺术放在动态的社会进程和复杂的社会关系中去辩证地考察,并坚持认为,优秀艺术作品对社会的批判,不是以高扬主义的形式,而是在画面内部中达到与传统惯例和流行意象的背离和断裂,从而隐晦地体现出否定性和批判性。

这一立场在 T. J. 克拉克后来的研究中得到进一步阐发,并促成了艺术社会史的范式更新。

1980 年,克拉克被聘为哈佛大学美术史系教授。他的加入,不仅在该校以传统型学者为主的教授们中间引起轩然大波,而且对当时美国艺术史界的精英主义产生了巨大冲击,尤其招致了博物馆界的反感,甚至引发了右翼人士的批评和担忧。如《新批评》主编、保守主义批评家希尔顿·克莱默认为,这次"致命的"任命,破坏了严格的艺术史研究传统,"公然为左翼激进主义腾出了空间",而克拉克的写作的目的,是"摧毁——或解构——这样一种理念,即艺术的自律观念,以及那种超过作品之社会和物质环境之总和的自主性的高度成就"①。19 世纪后半期的法国绘画,是传统的艺术史的稳固阵地,而这一阵地也是新艺术社会史与形式主义爆发冲突的"巴尔干火药桶"。克拉克对马奈的研究,在 1980 年代前五年,便是这一领域最重大也最有争议的突破之一。

1984 年,克拉克推出了他的代表作《现代生活的画像:马奈及其追随者艺术中的巴黎》。这本书几乎耗费了他十年的时间,并且,在写作期间,他既承受了来自保守主义政治环境的压力,又面对着蜂拥而起

---

① Hilton Cramer, "T. J. Clark and Marxist Critique of Modern Painting", in *The Triumph of Modernism: The Art World, 1987-2005*, Chicago: Ivan R. Dee, 2006, pp. 117-118.

的、花哨时尚的后现代主义理论，其创作过程可谓无比艰难。在这本书中，克拉克延续了对现代艺术与社会进程、艺术与意识形态、现代主义与资本主义现代性的关系，以及艺术如何面对景观侵袭等诸问题的探索。考察了 19 世纪 60、70 年代处于奥斯曼城市改造中的巴黎的社会面貌，不仅详尽地描述了物质环境，也辨析了那个时代巴黎的个人精神、社会公众、休闲生活及阶级状况，揭示了景观社会的侵袭，及其对阶级结构的确定性和小资产阶级的兴起产生的作用，并着重描绘了马奈、莫奈、德加、修拉等画家是如何以自己的艺术回应这种新奇、含混、暧昧的社会状况的，是如何赋予现代性以形式，是如何通过背离传统惯例揭示资本主义景观社会的本质的。例如，他通过虑周藻密的形式分析指出，马奈《奥林匹亚》在绘画再现形式上背离了传统裸体画的惯例和流行的妓女意象，画作对主流意识形态的否定，体现在艺术惯例的修订、更改中，而不是公然的主题性的批判。克拉克对马奈的研究，将社会史上的“现代性”与艺术史上的“现代主义”紧密地结合起来分析，近乎平衡地对社会环境和图像视觉进行了繁缛复杂、巨细靡遗的描述，并进一步完善了在库尔贝研究中发展出的“事态分析法”，显得厚重、扎实而不容辩驳。

在《现代生活的画像》的导论中，T. J. 克拉克集中阐发了他的研究模式。首先，他反对且力图摆脱豪泽尔“划分时代的历史”（epochal history）和武断固定的“决定论”观念（如“阶级决定风格”）。他对将艺术作品看成简单“反映”意识形态、社会关系和历史的“机械马克思主义”采取了批判态度，坚持将艺术社会史纳入更广阔的社会背景之中。他赞同迈耶·夏皮罗晚期的观点，承认艺术的自律和自主，从不认为艺术是对“社会”“阶级”和“意识形态”的机械反映，但是，他又承认，艺术是一种文化表征，浸淫于“表象世界”这个更大的社会实践战场之中。他认为，应该把艺术放进社会进程的表象战场中来考察，在这个表象战场里，阶级的定义及范畴是“不确定的”“隐蔽的”甚至“恒变的”。既承认艺术处于社会的“表象战争”之中，又强调艺术区别于意识形态表象的独立性，这一立场显然是矛盾的，那么，将如何将这矛盾统一起来，如何形成真正的辩证性的逻辑，如何找到一个精妙的平衡点呢？

这个平衡点绝不能在艺术之外寻找，必然落在艺术自身的价值范畴中，落实在艺术惯例的“变形”上。以下是克拉克对于艺术与“阶级”

"景观"和"意识形态"的关键论述：

> 在我看来，一幅画并不能真正表现"阶级""女人"或"景观"，除非这些范畴开始影响作品的视觉结构，迫使有关"绘画"的既定概念接受考验。（这是像绘画这样的手艺传统表面上守旧性的另一面：只有在传统规则和惯例仍然在影响决策的实践中，改变或打破规则的目的——及其力量和重要性——才会变得清晰起来。）因为只有当一幅画重塑或调整其程序——有关视觉化、相似性、向观者传达情感、尺寸、笔触、优美的素描和立体造型、清晰的结构等等的程序时，它才不仅将社会细节，而且将社会结构置于压力之下。[①]

也就是说，意识形态潜藏在言论、再现的习惯或者视觉结构之中，绘画创作过程敞开了意识形态和图画传统相互砥砺的空间，在这种摩擦、探索的过程中，社会现实（经济、政治、公众批评等等）给艺术家以压力，并通过图画传统的改变曲折地反馈出来，艺术实际上卷入了社会历史进程之中。同时，克拉克还借鉴了贡布里希的观点：只有首先对图画传统或惯例作出改变（而迫使画家改变惯例的压力则来自社会现实），图画才有可能表现社会现实。倒过来，也只有在对传统或惯例作出的改变中，社会现实才能在图画中有所反映，并为人们所认知。克拉克还坚持认为，外界涵盖着社会政治，而艺术同样处于社会进程之中，自然既被作用又反作用于社会。也就是说，艺术是"活动"于社会之中，只有摘去我们戴着的"意识形态挡光片"，才能看到这种"活动"的重要性，揭示艺术和历史的复杂的相互作用。再者，在克拉克看来，艺术不仅能够体现出意识形态表象的争斗，甚至还卷入这争斗之中并施加作用，从而参与了社会观念的博弈和社会现实实践；艺术具有了辩证力量，具有了能动性和批判性。

作为新艺术史的旗手，T. J. 克拉克的新艺术社会史研究更新了该流派的范式，影响了许多后起之辈，但是，其研究方法也存在着许多显而易见的问题，如明显的党派性、"欲盖弥彰"的阶级斗争思维、案例的

---

① T. J. 克拉克：《现代生活的画像：马奈及其追随者艺术中的巴黎》，沈语冰、诸葛沂译，南京：江苏美术出版社 2013 年版，第 19 页。

选择性，等等，这些问题在受到其他学者诟病的同时，也给艺术史学科增加了更多的智力较量空间，它们势必会对艺术社会史和艺术史学科的发展产生重大影响。

同时且稍早于 T.J. 克拉克艺术社会史著作的还有女性主义艺术批评和艺术史的兴起。1973 年，一本题为《艺术和性别政治》的文选，由托马斯·B·黑斯(Thomas B. Hess)和伊丽莎白·C·贝克(Elizabeth C. Baker)编辑出版。[①] 此书的第一篇文章是琳达·诺克林(Linda Nochlin)在 1971 年写的《为何没有伟大的女艺术家?》一文，在文中，她分析了在以白人男性为主的西方艺术界中根深蒂固的特权，并认为女性的局外人身份让她们有了独特的视角，不仅可以批判女性在艺术中的地位，而且，为了进一步检查学科对性别和能力的潜在假设，诺克林的文章发展了这样的论点，即正规教育和社会教育都限制了女性的艺术发展，阻止了女性磨练她们的才能。诺克林还质疑了将伟大艺术家作为“天才”的神话，认为这是一个内在的有问题的结构。“天才”被认为是一种世俗的和神秘的力量，不知何故，嵌入了伟大的艺术家的个人中。这种给艺术家角色赋予的“上帝般的”概念，是由于“整个浪漫的、精英主义的、赞美个人的、出版专论的子结构，它是艺术史学科与职业的基础”。她进一步提出，“如果女性有艺术天才的金块，它会自己显露出来”，但它从未显露出来。诺克林通过强调西方艺术界固有地给予某些白人男性艺术家特权这种不公正，解构了“天才”的神话。在西方艺术中，“天才”这个头衔通常只适用于拉斐尔、梵高、毕加索和波洛克等艺术家，他们都是白人男性。琳达·诺克林是在麦卡锡政治迫害的那个年代受到艺术史研究的教育和训练的，尽管政治氛围如此，她却依然开始了对艺术史领域中盛行的形式主义正统观念的挑战，并将艺术生产的社会决定因素作为研究课题。到了 70 年代早期，她将这种兴趣带入到对艺术的社会构成及其历史话语中，尤其是女性艺术家的缺席上[②]。诺克林在文章的后半部分探讨了制度上对女性艺术家的排斥和对待。这种情况分为四个部分：“裸体的问题”

---

① Elizabeth C. Baker and Thomas B. Hess, *Art and Sexual Politics*, New York: MacMillan, 1973. 诺克林的这篇文章原先以更长的篇幅刊载于 *Woman in Sexist Society: Studies in Power and Powerlessness*, ed. Vivian Gornick and Barbara K. Moran, New Yorks: Basic Books, 1971.

② Linda Nochlin, “Starting from Scratch”, *Women's Art*, No. 61, 1994, pp. 6-11.

“女士的成就”“成功”和“罗莎·博纳尔”。第一个部分着重于描述生活的制度化。从文艺复兴时期到19世纪，裸体绘画被认为是一项重要的艺术技能。这种信仰的确切参数随着时间的推移而改变，但到18世纪时，它已经合并成一个高度规范和等级结构。不同的绘画流派被分类。历史绘画(即历史和神话场景)被认为是最高的艺术形式。紧随其后的是肖像画、风俗画、风景画和静物画。历史绘画不可能被认真地尝试或称赞，除非一个艺术家已经证明完美的男性裸体。这意味着从其他作品、雕塑，最终从现场模型中复制。但是直到19世纪晚期，人们才认为女性参加素描课是不合适的。当女性最终被录取时，她们通常由男性监督，她们的模特通常被有意(和适得其反)地遮盖起来。正如诺克林推测的那样，因为女性被剥夺了这一终极阶段的训练，实际上意味着被剥夺了创作主要艺术作品的可能性。

琳达·诺克林不仅将“女性问题”当作一个子课题，还将它当作一个催化剂，促使艺术史的范式向一个新的方向转变，使艺术研究与历史、社会科学、文学和心理学重新恢复联系。凭借《为何没有伟大的女艺术家?》这篇文章，她给出了一种可以从社会的权力结构和权力体制来研究艺术社会史的可能性。在她看来，社会性别、种族、生理性别和文化差异，都是社会关系中的因素和效果，对艺术家职业及艺术的表现都具有重要作用。所以，诺克林的文章所强调并提倡的艺术社会史，是一种注重考察多元利益和不同群体之间权力关系及其对艺术的影响的艺术史。与约翰·伯格在《观看之道》中关于西方艺术中的女性裸体的著名文章《男性的观看:女性观看自己被注视的样子》一样——诺克林对于性别等级状况的论述是通过艺术机制社会分析和图像视觉分析的结合而实现的。

而今，琳达·诺克林的《为什么没有伟大的女艺术家?》已经被认为是女性主义艺术史上的第一部重要作品。策展人、作家和诺克林的合作者莫拉·赖利将这部作品描述为“一个戏剧性的女性主义战斗口号”。“这篇经典的文章引发了艺术史学科的范式转变”，赖利在《女性艺术家:琳达·诺克林读本》的序言中写道:“因此，她的名字在全球范围内与‘女性主义艺术’这个词密不可分。”《为什么没有伟大的女艺术家?》提出了该学科的第一种方法论方法:女性主义艺术史学家不应该支持那些被批评忽视或遗忘的女性艺术家的声誉，而应该对支撑艺术生产、艺术世界和艺术史的社会和制度结构进行分析和质疑。

1972 年，托马斯 · B · 黑斯和琳达 · 诺克林共同署名发表了一篇讨论艺术史中的男女性别问题的文章——《女性作为性对象》(Woman as Sex Object)。[①] 诺克林在导论中批评了西方艺术史研究对情欲主题的忽视，接着提出，绘画中的女性人体的再现形式实际上受到了一种统治性话语的影响。她认为，西方艺术史中的女性身体是作为异性恋男性的欲望符号而出现的；在艺术再现的领域中，女性既无发言权，也没有主体的渴望。通过将一幅高更的画作、一幅 19 世纪女性色情照片和一幅印有奉献了一盘水果的多毛裸体男性的剧照进行对比，诺克林指出了西方艺术史中的极端的性别不对称，揭示了那被结构进再现控制系统中的权力关系。这样，身体和性别再现的政治问题就成了批评性的新艺术史分析的重要主题。

在学院艺术史建制方面，受 T. J. 克拉克的启发和左翼社会思潮的鼓动，利兹大学于 1975 年开设了社会艺术史方面的文科硕士课程，四年后，霍恩希艺术学院诞生了重要的左派杂志《立方体》(*Block*)杂志，其后“新艺术史”的许多观点大量出现在这本杂志上。《立方体》是这一学术转向的见证者和参与者。它创刊于 1979 年。正如约翰 · 伯德(Jon Bird)在回顾这本杂志的早期时刻时说，《立方体》杂志上出现的文章，字里行间充斥着两种立场或范式。其一，作者具有这样一种信念，即艺术是一种社会和具体的实践，倍受争议的现代艺术是资本主义不平衡发展之中的商品化的特殊模式，应该将其放在霸权时代的历史环境中来解读；其二，许多作者开始讨论“作为产生主体位置的意识形态的一种结构和过程的再现作品”。虽然，艺术史往往被认为是一个相当专业的领域，但是《立方体》还是与其他“学院杂志”竞争着艺术史研究的地位，为艺术史研究提供了一个充满活力的论坛。这本杂志中的对话主题，既包括传统艺术史，也包括新的艺术的、设计的、电影和媒介研究的历史，同时，它也为新出现的理论的、批评的和历史地理的研究计划的程序和方法提供了理论争辩的一个平台。

新艺术史家想迫切融入到艺术批评的实践中去，而另一些人则已经撰写起普及性的专著。《屏幕》(*Screen*)《立方体》和《艺术史》杂志……这些杂志为新艺术史的崛起提供了土壤和平台。例如，波洛克

---

① Thomas B. Hess and Linda Nochlin, “Woman as Sex Object”, *Art News Annual*, vol. XXXVIII, New York: Newsweek, Inc., 1972.

一直在这三本杂志上撰写非常专业性的文章。不过，她也为像《百幅伟大图像》(*Hundred Great-pictures*)之类的观众写些普及性的介绍文章，还写一些专业性的女性主义评论。新艺术史以各种方法试图并希望吸引不同的读者，或者说希望包容各种“不同推论上的实践”，这种企图是希望新艺术史能引发出一些问题，产生新的研究主题。而这些问题和主题，将引导80年代至今的艺术史研究状况。除此之外，其他几位艺术史家，如希腊艺术史家尼克斯·哈齐尼古劳所写的《艺术史和阶级斗争》(*Art History and Class Struggle*)①等也为马克思主义艺术社会史的重新振兴提供了理论的和方法的种种可能性。跟随着克拉克和诺克林的脚步，当时刚刚从考陶尔德艺术学院毕业的格林塞尔达·波洛克开始继续女性主义的艺术社会史研究；另一些艺术史家则按照马歇雷(Pierre Macherey)在《文学生产理论》②(*Pour Une Theorie de la production litteraire*)中提出的观念，对他们所研究的对象采取症候式解读(symptomatic readings)。

70年代，艺术史的专业化和国际化发展迅速，为艺术史和马克思主义的结合起了推波助澜的作用。长久以来，美国艺术史家和艺术家都拥有专业性的学会——大学艺术学会(College Art Association, CAA)，办有自己的杂志《艺术通报》(*Art Bulletin*)和《艺术杂志》(*Art Journal*)，并召开年度会议。在70年代早期，英国艺术史家开始考虑参考美国模式建立他们自己的学会——艺术史家协会(the Association of Art Historians, AAH)。它的第一次年会在1975年召开，三年后，开始出版自己的期刊《艺术史》。于是，美英的艺术史家之间的交流在会议建立之后越加引人注目了。美国艺术史家开始在会议上露面，英国艺术史家也开始访问美国，并参加CAA的会议。艺术史界的“小世界”(small worlding)在70年代真正地起飞了。CAA会议给激进的艺术史家以会面的机会，赋予他们讨论和呈现作品的空间。但是，这个空间仍然处于边缘地带，比如，CAA专门成立了小型的委员会将这种讨论锁定于一定范围之内。在1972年，女性艺术委

---

① Nicos Hadjinicolaou, *Histoire de l'Art et Lutte des Classes*, Paris: Librairie Francis Maspero, 1973; *Art History and Class Struggle*, trans. by Louise Asmal, London: Pluto Press, 1978.

② Pierre Macherey, *A Theory of Literary Production*, trans. by G. Wall, London: Routledge and Kegan Paul, 1978.

员会成立；马克思主义和艺术委员会(Caucus of Marxism and Art)则在 1976 年芝加哥会议上召开了第一次小组会议。在这次会议上，大卫·昆泽(David Kunzle)解释他如何开始翻译并介绍阿列尔·多夫曼(Ariel Dorfman)和阿芒·马特拉(Armand Mattelart)写的《如何阅读唐老鸭》(*How to Read Donald Duck*)；T. J. 克拉克的论文则关于如何观看并理解作为意识形态的艺术；维克迈斯特(O. K. Werckmeister)的论文是与福斯特的《新文学史》论文进行的商榷，讨论了艺术史(批判的艺术史，critical art history)如何转向对资本主义机制所指派给它的功用的。《艺术史》这本杂志，在约翰·奥尼恩斯(John Onians)的主编下被广泛认可。到了 1980 年之后，《艺术史》杂志定期刊登英国和美国艺术史家的论文。许多新兴的女性主义艺术史家和马克思主义艺术史家的论文很多都发表于这本杂志上。

总之，1972—1982 年间，新马克思主义艺术社会史和"新艺术史"潮流在英美两国蓬勃地开展起来。这一艺术史倾向吸收了马克思主义和欧洲大陆的文学理论、精神分析、女性主义、结构主义、符号学等方法，改造了传统僵化的艺术史学科，至今仍对学院艺术史产生巨大而深入的影响。

【本文为国家社科基金重大项目"美学与艺术学关键词研究"(项目批准号 7ZDA017)的阶段性研究成果】

(作者单位：杭州师范大学艺术教育研究院)

学术编辑：刘 卓

建构的当代性：美国当代艺术哲学研究热点及特点分析①

安 静

内容提要 “艺术哲学”与“美学”“艺术学”紧密联系在一起，“艺术”作为三个学科共同关注的感性对象，从根本上决定了三者之间相互缠绕的关系。“艺术哲学”的命名更加强调艺术思考的哲学维度，同时也赋予“艺术”更高层次的精神旨归与更加广阔的研究视野。根据美国艺术哲学的学科分布与研究的实际情况，本文采用广义的“艺术哲学”概念，即当代有关艺术问题的哲学思考都可以纳入艺术哲学的研究范畴之内，分别从艺术虚构问题，图像学研究，门类艺术哲学的思考，康德美学研究，关于游戏、虚拟现实以及元宇宙的讨论，有关东方美学的研究等六个方向对美国当代艺术哲学研究热点进行概述。总体而言，美国艺术哲学的研究体现出鲜明的当代性，古典时代以视觉艺术为中心建立的艺术哲学已经被多样化、多重体验和感知并重的当代艺术所取代；对传统经典理论的研究除了质疑和重构之外，运用最新的信息技术手段进行重新挖掘也是构成美国艺术哲学当代性的必要内容。美国当代艺术哲学的这种“当代性”也体现在艺术哲学书写方式的根本性变革。相比于古典艺术哲学的理性启蒙，当代艺术哲学依然重视艺术与知识理性之间的重要关系，但更加重视艺术哲学的现实伦理关怀。对古典艺术哲学进行反思，重建更加符合当代的艺术研究与实践，是美国目前艺术哲学研究的总体特点。

关键词 艺术哲学 美国当代艺术哲学 当代性

从西方学术史来讲，艺术哲学的起始点可以追溯到德国哲学家谢

① 本文是在北京时间2022年12月27日中华美学会艺术哲学专业委员会成立大会上的发言扩展版。

林那里。1800 年,谢林在《先验唯心论体系》的第六部分正式提出了"艺术哲学"(Philosophie der Kunst,英译 Philosophy of Art)的概念。[①] 对谢林来说,艺术哲学并不是要对艺术进行泛泛研究,而是要探讨作为实在客观的艺术是如何与观念的主观哲学之间实现统一的。"美学"的诞生早于艺术哲学,1735 年,鲍姆嘉通在他的博士论文《对诗的哲学沉思》中提出"Aesthetica",认为美学研究的对象是"感性学";1750 年,鲍姆嘉通发表了他的《美学》第 1 卷,将美学研究的范围界定为"诸自由艺术的理论、低级认识官能的逻辑、美好地思考的艺术、理性类比的艺术"。[②] 现代艺术学作为一门学科的诞生始于 1906 年,德国学者马克斯·德索(Max Dessoir)出版了《美学与一般艺术学》,同年创办同名杂志,德索的主要追随者乌提兹和哈曼也对艺术学的独立做出了自己的贡献。"现代艺术学之祖"康拉德·费德勒的功绩与鲍姆嘉通之于现代美学一样,"作为艺术学的奠基者的地位已得到国际学术界的普遍认同"[③],但他并不曾使用"艺术学"这一学科名。费德勒的主要贡献在于,他最早明确了美学的根本问题与艺术哲学的根本问题完全不同。费德勒认为,美与快感相关,艺术则是对真理的感性认识,遵循普遍的法则。可见,"艺术哲学"与"美学""艺术学"紧密联系在一起,"艺术"作为三个学科共同关注的感性对象,从根本上决定了三者之间相互缠绕的关系。

艺术哲学从谢林开始,到今天已经走过两百多年的历史。在不同的历史阶段,各国的社会思潮、哲学积淀以及艺术的不同表现方式等多种因素,都会造成艺术哲学研究内容的多样面貌。即使是在同一时代,不同学术背景下的艺术哲学也有各自相对集中的话题。从当代的学科分布来讲,与中国设立国家层面的学科目录不同,美国并没有一个官方规定的学科目录,各个大学主要是根据自己学科的传统来设置课程和招生方向。作为一个专业,复旦大学有专门的艺术哲学系,我国从事艺术哲学研究的学科师资力量大多来自哲学、文艺学、艺术学等相关领域,而在美国,艺术哲学一般属于哲学系伦理学和价值理论的研究领域,是哲学研究的一个分支,参与研究的科研人员一般也以

---

① F. W. J. Schelling, *System of Transcendental Idealism* (1800), trans. by Peter Heath, Charlottesville: University Press of Virginia, 1978, p. 219.

② 高建平:《"美学"的起源》,《外国美学》第 19 辑,2009 年,第 2 页。

③ 李心峰:《国外艺术学:前史、诞生与发展》,《浙江社会科学》1999 年第 4 期。

哲学系为主，在实际操作层面常常与“美学”等同使用；但二者又有重要的区别，马修·李普曼在《当代美学》(*Contemporary Aesthetics*)中提出，“美学”主要研究艺术作品的本性(nature)，而艺术哲学则是在整个人类活动的全景中探讨艺术的位置(the place of art in the entire panorama of human activities)①；美国艺术哲学家克里斯托弗·S. 恩沃多(Christopher S. Nwodo)则认为，艺术哲学主要关注艺术的本性、多样化的艺术理论，艺术家与艺术作品之间的关系，而美学则主要处理美的特性及其缺乏的问题。② 20 世纪以来，理论家们不断重构着“艺术”与“哲学”的边界与内涵，艺术哲学的发展也呈现出多样的面貌。艺术哲学的多样性所涉及的社会态度、经济发展以及新技术等领域，它们都为当代艺术哲学的发展注入新的动力，而全球化、艺术市场、社会与政治问题、流行文化、虚拟现实以及先锋艺术的新状态等，也都是塑造当代艺术哲学不同形态的重要因素。③ 总体而言，对“艺术哲学”的命名更加强调对艺术思考的哲学维度，同时也赋予“艺术”更高层次的精神旨归与更加广阔的研究视野。根据美国艺术哲学的学科分布与研究的实际情况，本文采用广义的“艺术哲学”概念，即当代有关艺术问题的哲学思考都可以纳入到艺术哲学的研究范畴之内。在很大程度上，“艺术哲学”与“美学”是互换使用的；这两种命名的微妙差异或许在于，“美学”的研究范围略大于“艺术哲学”，不少经典文献选本都采用了《美学与艺术哲学》(Aesthetics and Philosophy of Art)④的命名方式，显然与 20 世纪以来艺术对哲学的挑战以及艺术边界的不断重塑密切相关。20 世纪后半叶，分析哲学与实用主义哲学的合流，再加上当代艺术对艺术哲学的不断挑战，来自艺术实践方面的

---

① Matthew Lipman, *Contemporary Aesthetics*, Boston: Allyn and Bacon, Inc. 1973, p. 7.

② Christopher S. Nwodo, "Philosophy of Art Versus Aesthetics", in: *British Journal of Aesthetics*, Vol. 24, No. 3, Summer 1984, pp. 195 - 205.

③ Curtis L. Carter, "Philosophy and Art: Changing Landscapes for Aesthetics", in: *Diogenes*, Vol. 59, No. 1 - 2 (February-May 2012), pp. 84 - 100.

④ 如 Jerome Stolnitz, *Aesthetics and philosophy of art criticism: Art Criticism*, Boston: Houghton Mifflin, 1960. Peter Lamarque & Stein Haugom Olsen ed. *Aesthetics and the Philosophy of Art: The Analytic Tradition: An Anthology*, Massachusetts: Wiley-Blackwell, 2004. Robert Stecker ed. *Aesthetics and Philosophy of Art — 2nd edition*, Lanham: Rowman & Littlefield Pub, Inc. 2010.

动力共同塑造了美国今天的艺术哲学形态。

一、美国艺术哲学的研究热点概述

根据美国美学学会（*American Society for Aesthetics*）的会刊，同时也是美国美学研究的顶级期刊（leading journal）《美学与艺术评论》（*The Journal of Aesthetics and Art Criticism*）和《纽约时报》（*New York Times*）艺术专刊以及牛津学术检索系统近两年来刊登的论文和出版的新书摘要，现将研究热点概述如下：

第一是关于艺术虚构问题（the problem of fiction）的研究。艺术哲学的提出的时间居于现代美学与现代艺术学之间，对艺术哲学的提出者谢林来说，艺术哲学首要面对的问题就是艺术与真理之间的关系问题。从当今艺术发展的现实状况而言，当代美国艺术哲学有关虚构问题的研究深受 20 世纪早期以来分析哲学的影响。弗雷格、罗素、维特根斯坦等分析哲学家建立起一个影响深远的范例，通过对相关命题的逻辑分析来揭示其逻辑形式（logical form）。特别是罗素的摹状词理论（Theory of Descriptions）对不存在指谓对象（如"当今法国国王"）的虚构陈述的分析过程，深深影响了当代有关艺术虚构话题的讨论。此外，虚构问题与当代艺术发展的实践也是密切相关的。这涉及艺术与现实的关系，在当代艺术中，特别是随着电影、游戏以及虚拟现实艺术的出现，艺术与现实主义、艺术与虚构之间的讨论成为艺术哲学必须面临的问题。美国学术界承续分析哲学的传统，对艺术基本特征的讨论的很多论文都以对命题的逻辑推理形式呈现。有的论文讨论了审美现实主义及其显现的特征①，并将其作为一种高级的显现特征来维护；有的论文直接质疑现实主义在当代艺术存在多样形式之中的合法性，提出现实主义的理论应该得到修改。②《从虚构中学习

---

① Andrea Sauchelli, "Aesthetic Realism and Manifest Properties", in: *The Journal of Aesthetics and Art Criticism*, 2022, Vol. 80, Issue 2, pp. 201 - 213.

② Lester H Hunt, "Time to Revisit Classical Film Theory", in: *The Journal of Aesthetics and Art Criticism*, 2021, Vol. 79, Issue 1, pp. 42 - 51.

内隐的偏见》[①]一文批判了艺术虚构对于人类道德产生坏的影响大于好的影响。还有的作者提出间于虚构和现实之间的一种"弱反现实主义"虚构理论,《未走的虚构之路:一种脆弱的反现实主义虚构理论》[②],论文作者更加崇尚弱的反现实主义虚构理论,在虚构和经典现实主义理论之间秉持一种温和的态度。《当(想象)的证据来解释虚构性》[③]则探讨虚构性的证据问题。从相关虚构性问题的讨论中可以发现,西方艺术哲学中源自柏拉图和亚里士多德的有关艺术真实性问题,在当代已经随着时代的发展受到各种质疑,理论家结合最新的文学与艺术发展状况,提出了弱虚构、反现实主义、虚构作为一种文类等各种问题的探讨,从一个侧面反映了当代西方艺术哲学在整合与重构中的各种探索。当此类最基本的理论基石受到质疑并在争取重建的过程中,我们可以管窥西方艺术哲学正在经历的剧烈变革。

第二是有关图像学的研究。文学是构成艺术哲学研究的重要组成部分。从上述论文可以看到,文学理论是构成当代艺术哲学话语建构的重要内容,虚构、再现、现实主义等理论都是古老的文学理论,到今天为止虽然面对各种挑战与质疑,但不可否认的是,这些理论依然是思考各种新问题的起点与出发点。国内所熟知的当代图像学研究的美国学者首屈一指的是 W. J. T. 米歇尔,他以《图像学》《图像理论》和《怎样读图》驰名国内学术界。美国图像学研究还有非常有名的约翰·库尔维茨基(John Kulvicki)。库尔维茨基著有《图片的建模意义:描绘与语言哲学》[④]《复数的图像》[⑤]《图像论:它们的结构与内容》[⑥],库尔维茨基在一系列的论述中讨论了作为科学发现和理解心理意象的辅助手段图像体验的本质以及作为视觉假体的感知内容照片

---

① Kris Goffin, Stacie Friend, "Learning Implicit Biases from Fiction", in: *The Journal of Aesthetics and Art Criticism*, 2022, Vol. 80, Issue 2, pp. 129 - 139.

② Peter Alward, "The Fictional Road Not Taken: A Weak Anti-realist Theory of Fiction", *The Journal of Aesthetics and Art Criticism*, 2022, Vol. 80, Issue 3, pp. 333 - 344.

③ Bradford Skow, "When (Imagined) Evidence Explains Fictionality", in: *The Journal of Aesthetics and Art Criticism*, 2022, Vol. 80, Issue 4, pp. 464 - 476.

④ John Kulvcki, *Modeling the Meanings of Pictures: Depiction and the philosophy of language*, Oxford: Oxford University Press, 2020.

⑤ John Kulvcki, *Images*, New York: Routledg, 2013.

⑥ John Kulvcki, *On Images: Their Structure and Content*, Oxford: Oxford University Press UK, 2006.

的本质,以及图像的识别、相似性、伪装和结构理论。在此基础上,他评估了图像哲学中的核心问题,例如我们制作的物体如何表现其他事物。在《美学与艺术评论》中,有一些讨论库尔维茨基观点的论文,如霍伊恩·林姆(Hoyeon Lim)的文章《图像风格个性化的标准是什么?》[①]一文,对库尔维茨基区别图像的观点进行商榷。库尔维茨基认为,我们很少根据那些属于再现载体(the vehicle of representation)的特征来区别图像,而是根据每一幅图像所再现的内容来区别的。林姆则认为,我们是根据已有的图像生产知识来对图像的动力性特征(vehicular features)进行阐释,并以此来区别图像,图像风格的多样性既涉及内容,也涉及相关的再现载体。论文《图像学的二元论再思考:两种旧理论的新变体》[②]以古典的"窥探辩护理论"(classic spy argument)来捍卫经典图像二元论的观点,作者更加崇尚手工制作的图片(handmade picture),因为它可以激发观看者获得超越图片本身的思考,促进观看者的身份转变为思考者,其间会形成一种"熟人"的关系(auquaintance);维维安·米兹拉希(Vivian Mizrahi)的论文《透视照片:作为透明视觉媒介的摄影》[③]认为,摄影照片是一种透明的图片,它不是隐喻,而是透明地展示了照片和所显示内容之间的本质特征。作者将摄影看成是一种视觉媒介,像空气、水、玻璃或者镜子,能够将远处物体的视觉属性传递给感知者,这使得图像符号直接变成一种在场的存在,而不再是实体不在场的意义替代者,对我们重新思考图像符号的意义生成模式具有有益的启示。图像与知识之间的关系,以及图像如何表述知识,是艺术哲学有关图像思考的一个重要角度,例如,门罗·比厄兹利与纳尔逊·古德曼都在自己的著作中谈到过相关问题。从20世纪中叶到现在的图像问题讨论,一个重要的变化是来自图像本身,特别是媒介化程度的日益提高,从我们肉眼可见的图像感官,逐渐变成一种需要靠全身来感知的图像体验,从而带来图像

---

① Hoyeon Lim, "By What Criteria Are Pictorial Styles Individuated?", in: *The Journal of Aesthetics and Art Criticism*, 2022, Vol. 80, Issue 1, pp. 31-41.

② Frédéric Wecker, "Iconological Dualism Re-Thought: A New Variation on Two Old Theories", in: *The Journal of Aesthetics and Art Criticism*, 2022, Vol. 80, Issue 4, pp. 494-509.

③ Vivian Mizrahi, "Seeing Through Photographs: Photography as a Transparent Visual Medium", in: *The Journal of Aesthetics and Art Criticism*, 2021, Vol. 79, Issue 1, pp. 52-63.

艺术哲学研究内容的重要变化。

第三是关于门类艺术哲学的思考。上述关于视觉图像的思考在很大程度上可以说是关于艺术哲学基础理论的建构;那么,关于门类艺术的探讨情况如何呢?在《美学与艺术批评》这本刊物上,关于门类艺术哲学的讨论是一个常设板块。以音乐哲学为例,2021 年到 2022 年,共刊登了 8 篇论文进行讨论。涉及的音乐哲学话题的涵盖面也很是广泛。音乐版本的本体论问题与艺术哲学的基本理论一样,是音乐哲学的立论之本。2019 年,有学者提出音乐版本的本体论性质问题[①],作者在传统的类型/标记(type/token)本体论基础上提出自己的观点。传统观点认为,类型/标记为音乐作品的可重复性提供了最好的解释,而作者认为这种标记类型的方式无法区分音乐实践中的重复版本问题,也不能区分原作和受到原作启发的音乐版本问题。作者提出嵌套类型(nested-types)理论,即一种多层次的类型/标记理论。在 2022 年的回应文章中,有作者在实验基础上对上述观点进行进一步探讨。[②] 文章的结论是:目的论因素影响对音乐作品持久性的判断,但这种影响似乎相对较弱。结果还表明,持久性的判断很大程度上取决于声学特性是否发生了变化,而这种变化是否由原作曲者做出似乎相对不重要。再如何谓重金属音乐之中的"重"[③],文章在结合最新的摇滚乐基础上,探讨了音乐特征定义之难。这是一篇相当有意思的论文,既有分析美学回归定义探讨的风格,又有现代心理学的实验特征。作者的结论是,很多我们描绘艺术的形容词在概念上的不可表达,它在一定程度上与音乐沉重感的感知存在着截然不同的、有时甚至是完全不相容的音乐特性。这篇文章其实提出了对当代艺术哲学话语重建的热切希望,我们用什么样的语汇来表述新生艺术的特征,需要我们认

---

① Nemesio Garc'ia-Carril Puy, "The Ontology of Musical Versions: Introducing the Hypothesis of Nested Types", in: *The Journal of Aesthetics and Art Criticism*, 2019, Vol. 77, Issue 3, pp. 241 - 254.

② Elze Sigute Mikalonyte, Vilius Dranseika, "The Role of Teleological Thinking in Judgments of Persistence of Musical Works", in: *The Journal of Aesthetics and Art Criticism*, 2022, Vol. 80, Issue 1, pp. 42 - 57.

③ Jason Miller, "What Makes Heavy Metal 'Heavy'?", in: *The Journal of Aesthetics and Art Criticism*, 2022, Vol. 80, Issue 1, pp. 70 - 82.

真思考。此外,像绘画音乐(Paintings of music)[①]、关于音乐作品、类型和模态灵活性的再思考[②]、流行音乐的节奏概念与文类[③]、音乐的持久主义(exdurantism)与平行运动(parallel move)[④]等相关话题的探讨,在中国音乐美学界还是比较少见的。近三年来音乐哲学讨论的一个重要问题是与音乐版本相关的本体性问题,在音乐哲学的思考框架下,音乐的不同版本带来音乐本体论证的困难,当然也带来重新思考音乐本体问题的可能空间。总体而言,关于音乐本体重建、概念探讨是近年来有关音乐哲学思考的重要方向。

舞蹈美学与舞蹈哲学的讨论也是《美学与艺术评论》的重要内容。相比于音乐哲学与音乐美学有关本体问题的探讨,舞蹈研究则更重实践的维度,这与舞蹈作为独特的身体艺术是分不开的。如 2022 年刊登了《重新思考真实性:运动神经反应、经验证据和舞蹈欣赏》[⑤]一文,文章认为运动神经反应的概念(the concept of motor response)如果要进入舞蹈哲学需要进一步研究,在舞蹈中的神经运动反应究竟具有怎样的特性?如果神经运动反应是一种普遍的感受,那么很少人会切身经历这种反应;而且舞者本人也不一定有这样的神经运动反应。文章提出倾向于对神经运动反应的进一步描述,强调其灵活性(flexibility)以及改变和适应我们所看到的运动能力。这是一篇具有鲜明的神经认知科学的舞蹈研究论文,需要强大的神经认知科学研究作为支撑,对未来舞蹈哲学的研究提出了更高的科技要求。《舞蹈中的震颤》[⑥]一文以皮娜·鲍什(Pina Bausch)的作品为例,分析了冲突

---

① Michelle Liu, "The Journal of Aesthetics and Art Criticism", in: *The Journal of Aesthetics and Art Criticism*, 2022, Vol. 80, Issue 2, pp. 151 – 163.

② Nemesio García-Carril Puy, "Musical Works, Types and Modal Flexibility Reconsidered", in: *The Journal of Aesthetics and Art Criticism*, 2022, Vol. 80, Issue 3, pp. 295 – 308.

③ Evan Malone, "Two Concepts of Groove: Musical Nuances, Rhythm, and Genre", in: *The Journal of Aesthetics and Art Criticism*, 2022, Vol. 80, Issue 3, pp. 345 – 354.

④ Philip Letts, "Musical Exdurantism", in: *The Journal of Aesthetics and Art Criticism*, 2022, Vol. 80, Issue 4, pp. 477 – 493.

⑤ Ian Heckman, "Rethinking Veridicality: Motor Response, Empirical Evidence, and Dance Appreciation", in: *The Journal of Aesthetics and Art Criticism*, 2023, Vol. 81, Issue 1, pp. 57 – 68.

⑥ Bence Nanay, "Frissons in Dance", in: *The Journal of Aesthetics and Art Criticism*, 2023, Vol. 81, Issue 1, pp. 15 – 23.

所引发的震颤,论证震颤(frissons or chills)在理解观众反应和舞蹈表演中同样扮演了重要角色。近两年来出版的重要舞蹈专著包括 2020 年出版的安娜·皮克斯所著的《看不见的舞蹈:消失的舞蹈作品》[①]、2018 年出版了格莱姆·麦克菲所著的《舞蹈与行动哲学:舞蹈美学的框架》[②],《美学与艺术评论》也发表了相关的书评。安娜的专著也讨论了舞蹈的本体问题,她认为舞蹈不仅是理论或者哲学的发明,而其理解必须与当代舞蹈实践相关。麦克菲是当代美国舞蹈研究的著名专家,在这部书中他主张联系身体的内部机能来研究舞蹈。此外,像电影美学、戏剧美学,《美学与艺术评论》也都有相关探讨。总结特征是,门类艺术美学的理论处于剧烈的变革期,一方面是对传统理论的重新解释,甚至是根本的质疑,另外一方面不同门类之间的艺术作品的跨门类研究也是近年来艺术哲学研究的一大特色,因为当代技术的飞速发展,艺术之间的融合是必然的趋势,理论也必定在此方面做出回应。

第四,关于康德美学的研究。康德作为现代美学的奠基人,对康德美学的研究迄今为止依然是艺术哲学的重要组成部分。我国在 2021 年成立了康德美学学会,而《美学与艺术评论》对康德美学的探讨也是一个长盛不衰的话题。2021 年到 2022 年,该刊共刊登康德美学研究论文达 8 篇之多,而且每一次都是设定一个专题来进行讨论。可以说康德美学研究是该刊的一个常设专栏。近两年来的论文涉及康德关于想象抵抗的机制和范围[③],是什么使康德成为一个关于美的艺术的审美认知主义者——对年轻人的回应[④],康德论形式与设计[⑤],康

---

① Anna Pakes, *Choreography Invisible: The Disappearing Work of Dance*, New York: Oxford University Press, 2020.

② Graham Mcfee, *Dance and the Philosophy of Action: A Framework for the Aesthetics of Dance*, Binstead, Hampshire, UK: Dance Books Ltd., 2018.

③ Morganna Lambeth, "Resisting Tiny Heroes: Kant on the Mechanism and Scope of Imaginative Resistance", in: *The Journal of Aesthetics and Art Criticism*, 2022, Vol. 80, Issue 2, pp. 164 - 176.

④ Aviv Reiter, "What Makes Kant an Aesthetic Cognitivist about Fine Art? A Response to Young", in: *The Journal of Aesthetics and Art Criticism*, 2021, Vol. 79, Issue 1, pp. 108 - 111.

⑤ James O Young, "Kant on Form or Design", in: *The Journal of Aesthetics and Art Criticism*, 2021, Vol. 79, Issue 1, pp. 112 - 115.

德美学思想、理性思想与艺术主题[①]等。康德作为现代美学的奠基人，将古典美学研究的问题域纳入一个焦点之中，同时又确立了现代美学研究的基本框架，形成一个巨大的轴心场域。直到今天，康德美学研究依然具有旺盛的生命力，当代艺术最新的发展形势成为康德美学与时俱进的新的生成动力。

第五，关于游戏、虚拟现实以及元宇宙的讨论。如果以《美学与艺术批评》这本期刊作为检索，该刊还没有刊登有关元宇宙问题的讨论；《美学与艺术评论》主要集中于电子游戏（video game）和虚拟现实（virtual reality）以及电视等相关领域。在牛津学术检索系统中，截至 2023 年 1 月底，我们可以找到有关元宇宙的论文数量是 195 篇，其中期刊论文数量是 85 篇，专著 34 部，其他有数量不少的书评及介绍；涉及学科包括人文与艺术、法学、数学科学以及社会科学等领域。其中人文艺术学科讨论发文数量最多。这是一组非常有意思且令人深思的数据。这些数据的出现与元宇宙目前在人类社会的状态非常吻合：一方面，元宇宙给我们的想象力提供了新的拓展天地，未来的世界将首先是文学与艺术大展宏图的时代，因为这个世界的设计首先必须依托文学与艺术的想象；另外一方面，元宇宙目前在人类社会远没有进入实际普及和操作的层面，尽管我们可以利用网络数据实现时空的跨越，在线上平台进行科研讨论和瞬时连线，但毕竟和线下的实体相聚存在不可跨越的鸿沟，无论如何先进的技术，在今天依然无法完全替代实体的生活。所以，在涉及实证领域的元宇宙讨论数量比人文艺术领域要少很多。但不可否认的是，元宇宙的广阔前景，已经聚合了当今世界最前沿的科学研究团队，像麻省理工学院、哥伦比亚大学、爱丁堡大学、香港大学等国内外高校的研究团队，为我们预示了元宇宙研究的广阔前景。论文《玩家与游戏的互动：正式的体验和再现性审查》[②]考察叙事小说和游戏之间的平行关系，对游戏规则和虚构之间的关系进行深入研究，作者提出“形式解脱”和“再现性审查”（formal

① Ido Geiger, “Kant on Aesthetic Ideas, Rational Ideas and the Subject-Matter of Art”, in: *The Journal of Aesthetics and Art Criticism*, 2021, Vol. 79, Issue 2, pp. 186 - 199.

② Karl Egerton, “Player Engagement with Games: Formal Reliefs and Representation Checks”, in: *The Journal of Aesthetics and Art Criticism*, 2022, Vol. 80, Issue 1, pp. 95 - 104.

reliefs and representation checks)这一对新的概念,用来解释规则和虚构的相互作用。论文《当代电视连续剧叙事高潮的美学》[①]借鉴认知心理学的概念,探讨叙事高潮的意义,并以《美国人》系列的最后高潮为例进行研究。文章认为,形成叙事高潮的来源在于情绪和认知之间的相互作用,这是一个可能持续整个系列的时间过程。为了证明这一观点,文章研究确定了关键的叙事理解过程,利用心理模型理论的解释潜力来阐明记忆和相关推理过程的重要性。论文《电子游戏中的极限难度之争》[②]关注到在玩家完成电子游戏世界的任务时,许多电子游戏需要复杂快速的、熟练的身体动作来完成,作者认为这些身体动作可能会干扰玩家在视频游戏中的审美能力。作者从极端困难的角度提出这一论点的两个版本:一个强版本(a strong version)和一个弱版本(a weak version)。作者依据弱版本提出视频游戏所应具有的批判性特征,旨在促进视频游戏随着时间推移提供更好的审美体验。

第六,有关东方美学的研究。有关中国美学和艺术的讨论最新的论文出现在 2019 年,疫情之后就很少出现了,2021 和 2022 年只在一次韩国美学的讨论中涉及中国儒家美学。检索《美学与艺术评论》总库发现,有关中国美学和艺术的讨论倒是在 20 世纪五六十年代比较多,2010 年之前也出现过小高潮,对中国先锋艺术的论文曾做过专题研究。回想 2010 年世界美学大会在中国召开盛况空前,当时也正是全球化浪潮最为兴盛的阶段。日本美学和日本艺术史的研究在美国是一个非常重要的领域,形成了有关日本现代美学与欧美联系的系列研究,有很多高校的教师日语非常熟练,各高校在课题支持、学生培养方面已经建立了雄厚的研究基础。日本学者斋藤由里子(Yuriko Saito)所著的《日常美学》(*Everyday Aesthetics*)是美国东方美学研究的重要著作,美国美学学会在 2023 年 4 月份召开的东方美学专题会上,日常美学是会议设立的选题之一。

2023 年预告的美国哲学大会关于艺术哲学的选题主要有:康德对莱布尼茨的批判、"现象学作为跨文化哲学:巴巴拉斯、木村和生命运动"(Phenomenology as Cross-Cultural Philosophy: Barbaras,

---

① Héctor J Pérez, "Aesthetics of the Narrative Climax in Contemporary TV Serials", in: *The Journal of Aesthetics and Art Criticism*, 2022, Vol. 80, Issue 2, pp. 214 - 223,

② Aderemi Artis, "The Argument from Extreme Difficulty in Video Games", in *The Journal of Aesthetics and Art Criticism*, 2021, Vol. 79, Issue 1, pp. 64 - 75.

Kimura, and the Movement of Life)、音乐表演与幽默(Musical Performance and Humor)、日本美学视域中的当代哲学(Contemporary Philosophical Perspectives on Japanese Aesthetics)、北美康德学会(North American Kant Society)的专题讨论;其中北美康德学会的主题是康德与俄罗斯。中国哲学国际协会(International Society for Chinese Philosophy)在 2023 年讨论的主题是中国早期的圣人统治者与伦理知识哲学(The Sage Rulers and Ethical Knowledge in Early Chinese Philosophy)。此外,专题讨论还包括康德与赫尔德林论美学等。

二、对未来艺术哲学发展的期待与展望

第一,加强与西方的沟通和对话。一方面中国学者应加强译介西方的著作,即"引进来",另一方面也要积极寻求中国学者的"走出去"行动。在资源方面,中国学者对中国古代的艺术哲学思想进行话语转换,同时,对中国当代的最新成果也还是要继续发挥各方面力量进行传播和译介。在马凯特大学哲学系访学期间,我在马凯特大学图书馆找到了曾繁仁的英文专著《生态美学导论》。作为中国人我非常欣喜!同时也找到像高建平、周宪等我国著名学者的论文等资料,作为中国学者的自豪油然而生!加强我国学界与国际学术界之间的联系,在国际刊物上投稿,发表论文,参加国际学术会议,是我国学术思想输出的重要途径。在此方面,熟练运用学术英语是首先要解决的技能问题。同时,也可以在中国编辑英文论文集向国外输出。

第二,加强艺术哲学与艺术实践方面的结合。艺术哲学如果离开当今时代丰富多彩的艺术实践,离开艺术日新月异的参与媒介,是很难保持一种理论的高度以及对现实的关怀度。从这些刊发的论文以及最近出版的艺术哲学专著来说,艺术实践依然是艺术哲学创新的重要基础。加强艺术哲学与艺术实践方面的结合有两个层面的意思,第一,关注艺术创作、艺术展览方面的实践,能够在实践中捕捉艺术哲学再生产的源泉;第二是关注在艺术创作与接受过程中的经验变化。近年来在《美学与艺术评论》所刊发的论文中,出现了一系列令人耳目一新的话题,如烹饪中的审美趣味问题,关于艺术虚构、恐怖、罪恶快感

等心理学相关的问题。特别是有关心理学问题的讨论,必然建立在现代心理学实验科学的基础上,艺术实践的多元化也在呼唤着哲学理论的关注与回应。在美国,很多以理论研究著称的学者担任了各大博物馆的顾问,在策展和艺术批评方面颇有影响力,这一点中国学界非常熟悉的柯蒂斯·L.卡特先生就是一个鲜活的例证。卡特先生在马凯特大学设立了海格蒂艺术博物馆(Haggerty Art Museum),深度参与了密尔沃基公共博物馆新馆(Milwaukee Pubic Museum)的艺术设计,并在密尔沃基艺术馆(Milwaukee Art Museum)的科研与策展过程中发挥了重要作用。此外,美国很多城市以艺术博物馆而闻名世界,如华盛顿艺术博物馆、纽约大都会艺术博物馆、芝加哥艺术博物馆、密尔沃基艺术博物馆等,每年都吸引着大量游客到访。即使在密尔沃基街头非常不起眼的街道,如黑猫胡同(black cat alley),也因为艺术创作的壁画而成为城市一景,这些都是艺术哲学与艺术实践的生动互动,都是值得我们作为艺术哲学专业研究者学习和研究的。

第三,对一般艺术哲学的探讨和富有民族特色艺术哲学问题探讨的辩证关系。全球化时代虽然随着疫情的出现而呈现暂时休止的状态,但由互联网建构的网络全球化其实从来没有停止过,并且伴随着疫情造成的地域区隔而呈现出快速发展的状况。想要深化和西方学界的交流,加强中西文化的彼此认同,对于艺术哲学共通性问题的研究是我们必须要解决的问题,可能首要面对的就是艺术哲学的价值取向。艺术哲学在美国属于伦理学和价值理论的研究领域,而其中价值范式从导向上制约着艺术哲学的提问方式,也进一步影响着我们回答这些问题的内容,意识形态的冲突从根本上还是价值问题。因此,想要在中西之间加强艺术哲学的沟通,审美共通性的价值问题研究与深入对话是对抗个体主义价值认识的有效途径。唯有如此,学术共同体的建立在全球范围内才能产生现实的观照,让艺术及其相关的理论再生产跨越意识形态的对抗而增加人类命运共同体的有效话语沟通。

结语

总体而言,美国艺术哲学的研究体现出鲜明的当代性,当代艺术是推动理论界探索这种当代性的最主要动力,古典艺术越来越成为时代既定的记忆。一个重要的体现是学界对传统经典理论的不断质疑和重构。古典时代以视觉艺术为中心建立的艺术哲学已经被多样化、多重体验和感知并重的当代艺术所取代,当下受众感知艺术的方式也已经不再是保持距离的静观和凝视,当代艺术不断强调参与和介入,由于艺术生产和艺术消费所带来的剧烈变革,艺术哲学在理论上必须对这些问题进行回应,现实状况的不断变革也在催生着艺术哲学不同于以往的治学方式。当然,对待传统经典理论的研究除了质疑和重构之外,运用最新的信息技术手段进行重新挖掘也是构成美国艺术哲学当代性的必要内容。例如,运用信息学对18世纪文献中的“美”(beauty)和“美的”(beautiful)进行统计,揭示这两个词在18世纪被使用的不同方式,以此来揭示18世纪美学理论的叙述方式如何构成了我们今天的美学观念。新的技术、新的研究方式一方面激活了古典的理论,另一方面也让当代的学术研究与古代经典文献之间不断产生碰撞,滋养当代最新的研究。美国当代艺术哲学的这种“当代性”也体现在艺术哲学的书写方式的根本性变革上。相比于古典艺术哲学的理性启蒙,当代艺术哲学依然重视艺术与知识理性之间的重要关系,但更加重视艺术哲学的现实伦理关怀。如果说古典艺术哲学主要从哲学形而上的层面抽象而出,是一种“自上而下”的艺术哲学,是来自哲学引领的艺术哲学,即使涉及具体的艺术门类,艺术的具体指向也是相对偏重于哲学层面、概念意义层面的“艺术”;那么,今天的艺术哲学很多时候来自博物馆或者展览馆,当然,这并不是从21世纪才开始,我们当然可以把这种态势的源头追溯到20世纪的杜尚;所不同的是,杜尚在当时来说是一位惊世骇俗的挑战者,而今天,关注身边的现实生活,提倡艺术哲学的现实关怀,从艺术构思一开始,艺术家与哲学家很可能已经在问,我们能为现实生活做些什么,是在艺术作品诞生之前就可能存在的前提。如果说康德时代的美学,在其“知”“情”“意”的三分大厦中,它是在理论的意义上成为一个“拱顶”,成为一个桥梁的话,那么今天的艺术哲学从一开始就是站在现实这块坚实的土地上的。所以,今天我们看到的美学与艺术哲学研究论文,相比于以前的艺术哲学研究论文,更加注重生理认知层面的实践依据,更加注重身体的不同感官,在艺术知识生产方面,更加离不开生物学、心理学、统计数据等实验科学方面的数据。可以说,当代的艺术哲学更具包容性与现实性,它的生产方式、写作方式与古典艺术哲学相比,发生了重要的变化。

美国艺术哲学的当代性其实也具有普遍的代表性,今天中国的艺术哲学也面临着类似的问题。目前,正是我国艺术哲学大讨论、大发展与大融合的时代,各个专业委员会,艺术研究学术团体、艺术研究刊物的纷纷创立就是明证。一方面,艺术哲学研究越来越具有专业化的特点,相关话题、文献依据呈现越来越强的专业态势;但另外一方面,艺术哲学的跨学科特征也是不容回避的,所以,“深”和“广”可以说是我国当代艺术哲学当代性特征的两翼。而艺术实践过程中当代艺术的蓬勃发展则为艺术哲学与更加广阔的理论框架下的艺术研究提供最鲜活的促进要素。那么,追求形而上的,具有超越意义的艺术哲学研究的使命和意义是什么呢?一言以蔽之,人文社会科学的发展,最终都需要深入哲学的层面,才能在流变不居的当代艺术对艺术哲学的挑战中探寻一种确定性,让艺术成为向主体开放的世界之端,在艺术作品的意义与人之存在的生命意义之间建立深层的有机联系。未来艺术哲学专业委员会应在开阔的国际视野的前提下,广泛团结文艺学、美学与艺术学等各个专业的研究力量,共同建设中国艺术哲学研究的美好未来!艺术哲学是从形而上的高度对艺术本质问题的哲学反思与重建,特别是在应对当代艺术对艺术哲学的挑战方面,哲学应该体现出更高层次的理论建构能力,对艺术创作应具有阐释与评价的能力,进而在艺术实践与艺术教育中形成更符合中国实际状况并与世界艺术哲学学科之间能够进行对话与交流的艺术学科标准。

(作者单位:中央民族大学文学院)

学术编辑:张　冰

“当代美学：通过艺术、文化和媒介进行对话”
——第 22 届世界美学大会综述

朱俐俐

2023 年 7 月 24 日至 28 日，第 22 届世界美学大会（ICA22）在巴西贝洛奥里藏特市召开。本次大会由国际美学协会（IAA）、巴西美学与艺术哲学协会（ABRE）和米纳斯吉拉斯联邦大学（UFMG）主办，会议主题是“当代美学：通过艺术、文化和媒介进行对话”（Contemporary Aesthetics：Dialogues through Art，Culture and Media）。来自巴西和其他拉丁美洲国家、美国以及欧洲、亚洲、非洲和大洋洲的 150 余位学者参加了本次会议，其中 9 位学者以线上线下结合的方式作了大会发言。本届会议的参会者既有哲学美学和艺术理论、文化理论、媒介理论方面的研究者，也有艺术家和相关行业的从业人员，如建筑师、设计师等。十余位中国学者的论文摘要通过筛选进入了会议议程，来自清华大学、武汉大学、北京外国语大学、四川美术学院的四位中国青年学者参加了本次会议。

本次大会共安排了 5 个分会场，所有发言基本围绕会议设置的分议题展开，包括：“新媒介、设计与美学”“身体与运动美学”“哲学与人文学科之间的美学”“当代欧洲大陆美学”“当代英美美学”“当代亚洲美学”“当代非洲美学”“当代拉丁美洲美学”“美学史与今日修订”“文化与活动实践的当代美学”“民主重建中的美学”“防止野蛮的美学”“美学与多元主义”“去殖民化的美学”“新世界观的美学”“美学中的空间，空间美学”等。总的来说，可概括为五个方面：艺术形式与艺术学关键概念、地域文化语境中的美学与艺术、新媒介技术背景下的美学分析与反思、对美学基本问题的重思，以及拉美等地区的地缘政治美学议题。

一、艺术形式与艺术学关键概念

艺术问题是美学研究的重要对象,美学与艺术的结合一直是美学研究的关键方法。本届大会中许多学者的思考体现出对艺术作品和艺术理论的关注。概括来说,这些思考主要集中在两个方面:一是对艺术现象、形式、作品的美学分析,二是阐发与反思美学与艺术学领域中共有的某些关键概念、术语。这些思考反映出美学与艺术的紧密关系。

对艺术现象、形式和作品的考察与分析,既有用美学思想与视角分析某些艺术门类的一般形式,也有对特定时期的艺术现象或风格进行美学考察,还有对具体艺术作品的分析,涵盖了建筑、绘画、音乐、舞蹈、电影、设计等多个门类或领域,其中被讨论最多的是视觉艺术。

在建筑方面,俄罗斯的柳德米拉·莫洛德金娜(Lyudmila Molodkina)用现象学思路与概念考察了建筑的意义。她指出,意向性概念是对建筑创作过程进行现象学和美学解释的关键,主体的意向意识为建筑填充了各种文化概念,预设了对建筑的“事件性”的特定解释,这种解释既是由自己的意向意识构建的,也是由他人的意向意识构建的。巴西的丹尼尔·古滕贝格(Daniel Gutenberg)试图理解当代建筑理论与美学和乌托邦的关系。他的思考基于建筑批评家和后批评家的学术讨论,关注对建筑实践和理论的批判性研究,并试图与乌托邦现实主义(utopia realism)理论进行对话。法国的埃莱娜·罗文科(Elena Rovenko)讨论了匈牙利建筑师弗里杰什·舒勒克(Frigyes Schulek,1841-1919)设计翻修的新哥特式大教堂的内在音乐性。

在绘画、图像方面,许多思考具有艺术史视角。瑞典隆德大学米迦勒·兰塔(Michael Ranta)教授的研究考察了史前图像制作中的叙事转向。他注意到,早在公元前5000年左右,欧洲已经出现了用图像去展示叙事性场景的石刻,这种通过用图像故事来描绘生活经历的能力扩大了人类的交流。他介绍了自己研究的斯堪的纳维亚北部最早的一些图画故事,并与葡萄牙和西班牙的同类故事进行比较,探究它们出现的缘由和社会文化意义。北京外国语大学的艾欣探察了20世纪初抽象艺术的“空”。他指出,具有潜在宗教性和神秘主义动机的西方抽象艺术的出现，是与知识界盛行的神智论密切相关的。第一代抽象主义者致力于通过绘画来表达神智学的诸多命题——打破宗教、哲学和科学的界限，回归人类普遍智慧，追求非物质的宇宙演化。借助东方哲学"空"的概念，抽象艺术进入了泛文化主义的乌托邦，承载了新的形而上学内涵。圣保罗大学的伊莎贝拉·加利亚诺内(Isabela Gaglianone)讨论了阿比·瓦尔堡(Aby Warburg，1866－1929)的间隙的图像学的跨学科特性，指出间隙的图像学重拾18世纪的美学传统，与赫尔德的历史概念进行了对话，又与19世纪心理学美学、语言学和人类学进行了对话。

在舞蹈方面，来自巴西欧鲁普雷图联邦大学的两位学者都探讨了舞蹈的视觉性。辛西娅·维埃拉(Cíntia Vieira)指出，视觉在舞蹈中占据首要地位。她认为舞者不仅需要看到空间中的其他身体，还需要看到自身，这有利于舞者模仿动作，却也导致舞者难以打破动作模式。埃登·佩雷塔(Eden Peretta)提出，舞蹈的创作过程通常与图片或照片中的形象有一种模仿关系，即舞者往往通过将图像中的形态转化为一种姿势，去复制或再现图像。在此基础上，他想要研究舞蹈创作过程的另一种可能性，用批判和否定的态度来面对图像，通过解构、撕裂图像的形式来进行创作。

围绕音乐、电影、设计等艺术领域也有许多讨论。巴西的佩德罗·布劳雷(Pedro Braule)从机场背景音乐这种艺术现象入手，论说了音乐的焦点问题(前景与背景)，探讨了音乐的目的性背景特征是如何产生的，以及它与"电梯音乐"(muzak)在实践中的不同策略。斯洛文尼亚的达科·斯特拉(Darko Štrajn)教授指出，"后电影"(post-cinema)在某些电影形式中确保了电影的"来世"，例如在哲学与电影交界处发展起来的所谓"慢电影"现象。在"时间影像"(time-image)出现之时，小津、布列松等人对社会变革的电影反思超越了后来的知识分子，他们也启发了人文学科对新方法的探索。日本大阪大学的高安启介(Keisuke Takayasu)[①]论说了产品设计中的道德美学。他注意到某些用于人的道德话语，比如真诚、谦逊等，也会被应用到工业产品中，当我们谈及产品的"诚意"时，涉及一种用与道德相关的术语去评

① 本篇综述中日本人名的翻译得到了御茶水女子大学魏晨老师的帮助。在此谨致谢忱。

价、判断事物之美的态度。他还指出，设计美学中最重要的工作或许是反思设计评价、研究设计评价中的术语使用情况。

还有一些具有代表性的当代艺术作品与形式得到了新的思考。立陶宛的鲁塔·瓦巴拉特(Ruta Vabalaite)用雅斯贝尔斯的思想，分析了行为艺术家玛丽娜·阿布拉莫维奇(Marina Abramovi, 1946 -)的表演，指出她的表演有助于寻求新的存在体验，改变我们对自身和周围世界的理解。乌拉圭的莫妮卡·埃雷拉(Mónica Herrera)指出，街头艺术的可持续性在内在条件上依赖于抗议、不服从、破坏、非制度化和大众起源等传统，并与扩张的全球化与感性结合在一起，外在条件上则依赖于艺术界和政府对街头艺术的定义。巴西的伊卡罗·拉莫斯(Ícaro Ramos)提出安迪·沃霍尔(Andy Warhol, 1928 - 1987)的“时间胶囊”(*Time Capsule*)是不可确定的认识论对象，是强制性互动作品的独特案例，认为面对“时间胶囊”的最有力姿态是保持其不可确定性。

除了对艺术现象、形式和作品的分析外，一些学者围绕美学与艺术学中的关键概念进行了阐发与反思，他们的思考具备美学史、艺术史乃至文学史视角，也结合了具体艺术作品。维也纳大学埃里克·沃格特(Erik Vogt)围绕彼得·汉德克(Peter Handke, 1942 -)《文学是浪漫的》(Die Literatur ist romantisch)一文，揭示了汉德克的浪漫主义文学概念的独特之处，主张该概念不仅影响了汉德克的文学理论与实践，还使汉德克融入了浪漫主义的理论、意识形态和政治地位的复杂历史中。四川美术学院宋慧羚辨析了弗·施莱格尔(Friedrich Schlegel, 1772 - 1829)对于“诗”和“诗性”的看法，指出对“诗性”概念的理解可以从存在论哲学艺术本质、文学基本理论、神学超越性等多个维度入手，“诗”则是德国早期浪漫派定义“人”的本质性概念。在此基础上她反思了这些概念对后疫情时代的“人之何为”以及“艺术何为”论题的启示。意大利学者拉乌尔·基希迈尔(Raoul Kirchmayr)探讨了“幽灵性”(spectrality)概念，指出该概念在当代艺术与美学的讨论中形成了不同倾向，跨越了哲学、艺术史、精神分析、图像学和政治学之间的学科边界。巴西学者丹尼尔·普恰雷利(Daniel Pucciarelli)对“后观念艺术”(postconceptual art)这一术语进行了进一步阐发，将“后观念艺术”视作一种艺术本体论的批评范畴，探讨了这一范畴的意义和边界。还有一些学者讨论了黑格尔的天才观，和艺术类型与艺术终结思想等。

二、地域文化语境中的美学与艺术

在本届大会中,许多来自不同国家或地区的参会者们都介绍、阐述了各自文化中具有代表性的美学思想、艺术家、审美文化现象等等,展示了不同地域的文化习俗和审美精神。此次大会中,有一些学者呼吁形成或关注地域性美学。在大会发言中,美国天普大学的非裔学者莫莱菲·凯特·阿桑特(Molefi Kete Asante)教授主张,要形成一种与欧洲中心认识论截然不同的非洲美学认识论,这种认识论是涵盖非洲、加勒比和美洲大陆的多元非洲美学的基础。他结合尼罗河流域文化中的经典思想和当代艺术家的作品,展示了非洲艺术丰富的形式、主题和能量,以及非洲美学的价值。他对于非洲美学与艺术的肯定也得到了其他学者的认同。例如波兰的亚历山德拉·武卡谢维奇(Aleksandra Lukaszewicz)教授观察到,东非艺术正蓬勃发展,在艺术界崭露头角,成为界定当代非洲身份的媒介,其中肯尼亚在过去数年中出现了一批才华横溢的女艺术家,她们的作品揭示了肯尼亚的一些日常现实问题。

对地域性的美学家的介绍往往通过阐发其具体观念来完成。俄罗斯的康斯坦丁·津金(Konstantin Zenkin)讨论了俄罗斯哲学家阿列克谢·洛谢夫(Alexei Losev,1893 - 1988)的"艺术形式原型"学说的具体内容,揭示了该观念的哲学渊源与艺术前提,指出该学说是哲学传统与历史艺术实践的结合,并确定了这一概念与几个其他重要美学概念的关联。墨西哥学者齐兹·托里斯(Tzitzi Torres)介绍了墨西哥历史学家、思想家埃德蒙多·奥戈尔曼(Edmundo O'Gorman,1906 - 1995)的思想贡献,指出奥戈尔曼没有受到"崇高"或"悲剧"等古典美学范畴的诱惑,而是大胆地提出了一个拉丁美洲原创美学范畴:"骇然"(monstrosity),该范畴植根于前西班牙语境中特有的神话构想,代表性艺术作品是阿兹特克(Aztec)的雕塑《科特利克》(*Coatlicue*)。她尝试从拉丁美洲非殖民化的角度出发,将这一范畴视为前西班牙艺术的基础。巴西坎皮纳斯州立大学的泰莎·帕利亚雷斯(Taisa Palhares)介绍了巴西美学家、圣保罗大学哲学系第一位美学教授吉尔达·德·梅洛-索萨(Gilda de Mello e Souza,1919－2005)的美学思想。米格尔·杜阿尔特(Miguel Duarte)、米格尔·加利(Miguel Gally)和保拉·布拉加(Paula Braga)围绕巴西艺术家、理论家埃利奥·奥蒂西卡(Hélio Oiticica,1937－1980)艺术作品中的地缘政治学观念、哲学贡献,以及与朗西埃艺术美学的相关性等展开了讨论。

除思想观念外,对地域性的艺术现象、艺术家及其作品、审美文化的介绍也很丰富。秘鲁学者乔治·克拉克·帕利扎(George Clarke Paliza)介绍了19世纪秘鲁的婴儿遗体摄影(post-mortem photography)的发展,通过对比不同国家、时期的作品风格,指出遗体摄影的风格由社会的文化构成和社会心态所决定,会随着社会对死亡和哀悼的态度而变化。意大利的琳达·贝尔泰利(Linda Bertelli)指出,意大利女性主义理论对于日常美学的贡献被忽视了,她通过解读意大利妇女运动创始人之一卡拉·隆齐(Carla Lonzi,1931－1982)的思想及其影响,反思了“日常”概念和日常美学的理论体系。同样来自意大利的维尔吉尼娅·迪·巴里(Virginia Di Bari)介绍了意大利的监狱艺术项目GAP(Graffiti Art in Prison)。该项目将科研、教学和艺术活动以及社会承诺结合了起来,通过囚犯、博士生、艺术家、专家学者、博物馆的参与、合作,帮助参与者深刻理解文化公民(cultural citizenship)的含义。清华大学博士后蒋含韵指出,中国艺术家张光宇将从舞台转向镜头的戏曲扮相间隔出陌生化的审美距离,将程序化的戏曲姿态作为新情势下新艺术的源头。通过拍摄自身的戏曲扮相,张光宇将戏服褶皱作为一种时间性的物质,以摄像机的目光挖掘物质固有的图案性质,并进一步复制、剪裁和拼贴,重新创作出古今协商、时时常新的装饰性摄影图案,由此指向物质本源之纹路,将装饰性的图案作为中国现代主义的独特纹理。武汉大学的朱俐俐结合明代孙克弘《销闲清课图》中的灯烛意象,探讨了灯烛的文化符号意义,和它体现的空间观念与生命意识。广岛大学的片山俊宏(Toshihiro Katayama)介绍了日本明治时期用以治疗精神疾病的一种心理疗法——冈田疗法(Okada Therapy),探讨了这种疗法在艺术语境下对姿势的意味的研究。横滨国立大学的中川克志(Nakagawa Katsushi)通过不同时期的作品,和一些含义相近的术语,介绍了日本20世纪后半叶的声音雕塑(Onkyo-Chokoku)这一艺术形式的发展历史。小泽京子(Kyoko Ozawa)指出,20世纪80年代日本创意亚文化的重要特征是废墟、废料和废弃场成为漫画、独立电影、音乐录影带和实验戏剧等艺术形式的表现对象，反映了当时的时代氛围和特征。她通过对 20 世纪 80 年代日本废弃场所的研究分析，展示了亚文化背景下的废墟美学。韩国学者崔炳吉（Byungkil Choi）通过四则诉讼案例介绍了韩国当代艺术中关于原创与抄袭的争论，反思了韩国现行法律对抄袭的判断只集中在作品的外在形式，不顾及观念思想，并提出了围绕“原创性”的美学判断。

参加本次会议的巴西学者占会议参会总人数的约 60%，他们介绍了多位本国艺术家及其作品。克劳迪娅·弗兰萨（Cláudia França）和路易莎·阿尔维斯（Luisa Alves）对巴西艺术家利贾·克拉克（Lygia Clark，1920－1988）的作品进行了哲学分析和方法论上的反思。塞西莉亚·萨梅尔（Cecília Samel）介绍了巴西年轻艺术家索菲亚·博尔热斯（Sofia Borges，1984－）有关埃德加·德加的雕塑的摄影作品以及她的再创作，探讨了两位相隔一百多年的艺术家的作品之间的张力。路易斯·费尔南多·桑德斯（Luis Fernando Sandes）介绍了四位擅长几何抽象的巴西当代艺术家：卡洛斯·法雅尔多（Carlos Fajardo）、阿图尔·莱舍尔（Artur Lescher）、马修斯·加兰（Marcius Galan）和罗伯托·瓦格纳（Roberto Wagner）。阿莉塞·利诺（Alice Lino）指出，巴西当代艺术家罗萨娜·保利诺（Rosana Paulino，1967－）作品中的黑人妇女形象反思了 19 世纪的种族主义暴力。此外，多位来自巴西各大学的硕、博士生，尝试阐释某些哲学家、美学家的思想观念，并将他们的思想用于分析艺术家，尤其是巴西艺术家的作品。

三、新媒介技术背景下的美学分析与反思

本届大会围绕媒介展开的讨论主要集中在三方面：第一，从美学史的宏观视角考察媒介发展对美学与艺术的影响；第二，对具体的跨媒介艺术形式与作品进行哲学与美学分析；第三，反思技术主义。

在大会发言中，塞尔维亚的米思科·苏瓦科维奇（Miško Šuvakovi）结合机器人艺术、数字艺术、后数字艺术等实例，解读了当代艺术的话语意义与情感影响之间的关系。他通过比较 20 世纪和 21 世纪艺术与艺术理论之间的差异，寻找那些形塑了当代艺术的要素，

为将新世纪的开始确定为新的时间序列确定根据。苏瓦科维奇指出,21世纪开始于媒介或电脑游戏,此时公共的与私人的规则发生了变化,新世纪的艺术不依赖于艺术界的构想,而是趋向于成为某种全球性的艺术现象。他还重点关注作为艺术行为方式的症候逻辑,讨论了移民危机与参与性艺术的关系。

对新的跨媒介艺术形式与作品的分析,主要集中在NFT(Non-Fungible Token)现象和电子游戏方面。美国学者斯科特·孔特雷亚斯-考特贝(Scott Contreras-Koterbay)比较了NFT作品与同类数字艺术复制品之间的差异,探讨了NFT作品特定的物性和内在独特性,并考察了独特性概念所涉及的美学上的复杂性和矛盾性。另有多位学者对NFT作品的艺术身份问题展开了讨论。来自日本、瑞典、巴西等地的多位学者围绕具体的电子游戏作品,探讨了游戏中操纵机器的效果和意义,游戏叙事的伦理价值和美学意味,游戏的寓言性、隐喻性、象征性和教谕性等,重新考虑在今天媒介环境中,虚拟与现实的区别和连接。此外,巴西学者吉列尔梅·福斯科洛(Guilherme Foscolo)指出,一些阴谋论组织和假新闻组织会从ARGs(侵入式虚拟现实互动游戏)等游戏中提取元素,并通过社交应用程序大量制作和传播具有蒸汽波(Vaporwave)风格的图片。在此基础上他思考了技术对社会现象的影响,并尝试用技术政治(Technopolitics)和技术生成(Technopoiesis)概念解读这些现象。

媒介技术对艺术的深刻影响引发了对技术主义的反思。圣保罗大学教授玛丽莱纳·肖伊(Marilena Chauí)在大会发言中指出,虚拟世界技术加剧了紧张的社会关系,"知识社会"的出现以及作为知识和权力的范式的信息理念,都置身于这样的紧张关系中。这些技术会形成某种控制性和监视性的社会。米纳斯吉拉斯联邦大学的费尔南达·普罗恩萨(Fernanda Proença)借助阿多诺的美学思想指出,虚拟博物馆的建立使得观看行为更加民主,但当艺术作品被虚拟化为数字图像时,作品对人的多重感官的刺激减弱了,同时,作品的内容更容易被操纵,这会对观看者造成干扰。来自巴西利亚大学的建筑设计师克劳迪娅·阿丰索(Claudia Afonso)指出,技术主义会催生出空洞的建筑设计,应当保证在使用数字工具之前,了解技术主义在艺术创作上的局限性。俄罗斯的玛丽亚·科济亚科夫(Maria Kozyakova)指出,现代世界的社会现象和文化形象是在获取信息渠道的基础上形成的,而不是基于可靠的知识，社会现实和文化现实被大众传播媒介本体化了。西班牙萨拉曼卡大学的马亚拉·莫雷拉(Mayara Moreira)讨论了新媒介艺术作品展览的困境，指出除非具有批判意识，否则展出新媒体艺术有可能进一步将当代艺术与其所指涉的生活和人群隔离开来。

四、对美学基本问题的重思

除了大会主题所强调的艺术、媒介和文化以外，很多学者还探讨了美学领域中的一些经典问题，包括：第一，美学与人的日常生活的关系；第二，人与自然的关系；第三，美学与其他学科之间的关系；第四，情感的表现与再现；第五，感官知觉与审美经验；第六，康德美学思想的再思考。

在美学与人的日常生活关系方面，学者们的思考围绕着美学对人的日常生活的影响、生活的艺术、日常美学的研究对象、生活空间的美学意义、时尚美学等。来自巴黎第八大学的雅克·普兰(Jacques Poulain)教授在大会发言中探究了语言语用学与哲学话语之间的关系。他主张，命题的对话性令具备判断力的人能够协调自己的思想与世界的关系，我们可以在对话中享受真理带来的幸福，而这样的幸福又会在真理的帮助下投射到我们的幸福生活的构建当中。在此基础上，真理美学为我们的幸福生活以及我们对美的艺术体验创造了条件。美国学者理查德·舒斯特曼(Richard Shusterman)在大会发言中简单介绍了身体美学研究领域的谱系、目的和结构，重点讨论了生活的艺术(the art of living)。他指出生活的艺术提出了有关艺术与生活之间，以及伦理与美学之间的模糊对比的难题。舒斯特曼对于身体美学和生活艺术的讨论，结合了哲学作为一种生活方式的理念，既包括该理念的经典模式，也包括这一理念在当代的复兴。乌拉圭的华盛顿·马西埃尔(Washington Maciel)强调，日常美学(everyday aesthetics)所涉及的日常生活不能被简化为纯粹的日常事务，负面审美经验和非凡经验(extraordinary)也是日常美学的研究对象，同时，日常的非艺术经验的潜在认知价值也不可被忽视。塞尔维亚的尼古拉·米特罗维奇(Nikola Mitrovic)的思考借助柏格森和鲍桑葵等人的观点,从美学视角观照交通基础设施与运输空间,定义用户在交通空间中的体验要素。还有一些学者用康德、梅洛-庞蒂、西美尔、朗西埃,以及巴西籍捷克哲学家威廉·弗卢塞尔(Vilém Flusser)等人的思想,围绕时尚美学展开了热烈讨论,如媒体主导了时尚形象的传播,着装在塑造身体方面扮演重要角色,现今的时尚风格是僵化而自成系统的,艺术思想能够催生某种时尚的生活方式等。

在人与自然的关系方面,参会者们主要考察了艺术活动对自然的影响,以及艺术活动对人的自然观念的影响。芬兰学者约·瑟帕玛(Yrjö Sepänmaa)呼吁人类在从事文化创造的同时应尊重自然利益,他以艺术家安娜·埃斯塔利奥拉(Anna Estarriola,1980 -)2017 年的多媒体装置作品《系统》(*The System*)为例,强调人应该与自然系统中的其他要素相互理解。巴西圣保罗大学的克里斯蒂安娜·瓦格纳(Christiane Wagner)讨论了艺术创作与环境发展之间的关系,反思了艺术改善环境的可能性。她指出,艺术、设计和建筑在导致和解决环境变化方面发挥着重要作用,在今天,批判性地讨论乌托邦和可持续发展的环境美学至关重要。神户大学的八幡樱(Sakura Yahata)指出日本的越后妻有艺术三年展(ETAT)转变了当地人的土地观念。

在美学与其他学科之间的关系问题上,有几位学者不约而同地论及了美学与人类学之间的关系。巴西学者佩德罗·胡萨克(Pedro Hussak)考察了美学与人类学的联结点,指出二者之间的关系有三个阶段:第一个阶段基于超现实主义对民族学的兴趣;第二个阶段是,结构人类学在人文科学领域占据一席之地,但在很大程度上可以被理解为一种美学理论;第三个阶段是美学具有“反人类学”(counter-anthropology)的维度。他指出,曾经欧洲人通过人类学了解他者,如今他者通过人类学来了解欧洲人,而欧洲人则成为他者中的他者。捷克学者伦卡·皮佩(Lenka Piper)则通过对捷克裔艺术家卡雷尔·库普卡(Karel Kupka,1918 - 1993)作品的个案研究,说明人类学和艺术学科的合作巩固了关于非西方艺术的研究成果。还有一些学者在美学研究中使用人类学方法,考察了艺术与美学在其他物种中的可能性。比如,日本近畿大学的岩城觉久(Akihisa Iwaki)尝试探究人类艺术家能够为大猩猩创造怎样的艺术,以探察人与其他物种之间的互动艺术的可能性;德国的杰西卡·乌尔里希(Jessica Ullrich)探讨了动物的审美与艺术实践;波兰学者耶日·卢蒂(Jerzy Luty)的研究对进化论美学假设进行了经验性的验证，他搜集了数百名土著居民的相关数据，并进行研究总结，指出艺术或许不是人类进化过程的某种适应性结果，而是人类某些适应性特征的附带结果。

包含两位大会发言人在内的多位学者谈及了情感表现与再现问题，艺术对情感的影响，以及艺术表现或表达的发生。荷兰阿姆斯特丹大学的约瑟夫·弗吕希特尔(Josef Früchtl)教授在大会发言中强调，艺术具有催生感受的呈现能力。他强调人的感受可以通过艺术和大众文化(流行音乐、电影、视频剪辑等)得到呈现或再现，在美学视野下，艺术和大众文化催生了感受。埃塞克斯大学的菲奥娜·休斯(Fiona Hughes)的大会发言通过一些拉丁美洲的艺术实例，探讨了史前艺术和当代艺术对于意义的表达情况，以此展示了人对新事物的敏感性，论说了在敏感性的基础上，出现了表达的意识、表达的行为及其方式。

关于感官知觉与审美经验的探讨涉及人的多种感官、多种艺术形式、多种研究方法。俄罗斯的阿尔乔姆·拉杰耶夫(Artem Radeev)尝试为触觉这种“低级”感官辩护。他结合已有的针对触觉的哲学研究，指出构成触觉的要素之间的相互作用会产生审美效果，这些要素可以拓展我们对身体美学和日常美学的理解。普林斯顿大学的亚伦·黑须(Aaron Kurosu)结合今天的科学技术，用实验心理学的方法探讨审美性质的问题。他使用程序生成的三维物体，探讨了人们对新奇物体印象的分享，主张当我们观赏物体并描述其美时，我们是在参与我们各自的形状空间(shape space)，并指出每个人的形状空间结构都是独特的，因此审美是主观的。神户大学的八坂隆广(Takahiro Yasaka)用“急性恐惧”(acute fear)和“持续恐惧”(sustained fear)去解释观看恐怖电影的体验，解释那些与作品的虚构性、对虚构的情绪反应以及负面情绪的愉悦有关的人类认知能力，并探讨恐怖快感的悖论。

对康德美学的探讨主要包括对康德某一美学观念的研究、康德思想的影响研究、康德与其他美学家的思想比较研究，以及用康德美学分析艺术作品。斯洛伐克学者阿德里安·克沃卡奇卡(Adrian Kvokaka)的发言意在维护康德美学思想与当代日常美学之间的相关性。他认为将康德的美学思想排除在日常美学之外是缺乏坚实理由的，有关日常对象的审美经验需要新的解读。他进而指出，康德的快适(agreeableness)概念揭示了一种理解对象表象如何生成的方式，这种方式与日常美学尤其相关。不论是介入还是无功利性,都能为日常美学提供理论基础。巴西学者弗拉迪米尔·维埃拉(Vladimir Vieira)阐述了康德《精神疾病论》(Essay on the Maladies of the Head)中的核心主张,并将其中的观点和他在《判断力批判》中有关趣味的论述进行了对比,指出了二者在自然、社会、文明等方面的观点冲突之处。维尔吉尼娅·菲格雷多(Virginia Figueiredo)指出康德思想为我们提供了行之有效的观念工具,并用康德美学中有关艺术与自然的关系的相关思想,分析了使用转基因技术的发光兔子(GFP Bunny)。美国天普大学的伊莱·本杰明·伊斯雷尔(Eli Benjamin Israel)和巴西亚马逊联邦大学的西奥·费洛斯(Theo Fellows)都考察了崇高概念,前者思考了康德崇高概念对人类道德生活的影响,主张力的崇高是崇高的超验时刻,我们可以在这样的时刻找到灵魂不朽的主观依据,从而确保了我们终生追求至善的可能;后者将荷尔德林和本雅明视作康德与利奥塔之间的桥梁,讨论了崇高概念对理解现当代艺术的作用。澳大利亚学者詹姆斯·菲利普斯(James Phillips)考察了汉娜·阿伦特在《康德政治哲学讲稿》中对康德思想的解读,并对阿伦特关于政治审美化的各种立场进行了权衡。

五、拉美等地区的地缘政治美学议题

拉丁美洲的殖民历史和巴西本国的政治文化状况令许多来自巴西及其他拉丁美洲的学者格外关注区域性政治美学话题。多位学者尝试就与美学相关的历史、政治和社会议题进行思考和讨论,集中表达了对去殖民化和反霸权,以及反对野蛮的政治和文化的吁求。此外他们也对如今的世界范围内的政治现状表达了人文关切。一些来自其他国家的学者也进行了类似的思考。

有两位巴西学者围绕该话题作了大会发言。现任国际美学学会主席,巴西米纳斯吉拉斯联邦大学教授罗德里戈·杜阿尔特(Rodrigo Duarte)介绍了巴西诗人、小说家、戏剧家和哲学家奥斯瓦尔德·德·安德拉德(Oswald de Andrade,1890 - 1954)的思想与文化贡献。安德拉德是1922年圣保罗现代艺术周的共同负责人,该艺术周被视作巴西现代艺术运动的开端。在20世纪20年代,安德拉德发表了两则重要的文化宣言:一则宣言呼吁巴西文化要对外传播,巴西不应只扮演欧洲文化产品进口国的角色,另一则宣言倡导巴西艺术家要吸收外来文化,取其精华,与本土创作进行融合。在 20 世纪 30 年代加入巴西共产党后,安德拉德的文化思想趋于政治化,他将其文化人类学思想应用于更广泛的领域,涵盖艺术、哲学与政治,影响了巴西重要的艺术运动。他的著作被视作去殖民化哲学的典范。巴西弗卢米嫩塞联邦大学的塔尼亚·里韦拉(Tânia Rivera)教授的大会发言,则探讨了艺术作品转变文化霸权叙事的话语策略,比如戏仿(parody)、嘲弄(mockery)、谵妄(delirium)等。她指出,谵妄是对"独特性"的一种微观上的政治肯定。她通过一些艺术家的具体作品,论说了这类话语策略的可传播性。

此外,瓦尔特·梅农(Walter Menon)教授指出巴西有许多艺术展览受到了保守团体的攻击,这些展览涉及性别、种族和行为方面的差异性,这些差异性是从宗教、法律、道德角度,而非艺术角度解读出来的。他主张观看者的观念是抵制专制主义的基本因素。拉谢尔·塞西莉亚·德·奥利韦拉(Rachel Cecília de Oliveira)通过乌拉圭现代艺术家华金·托雷斯·加西亚(Joaquín Torres Garcia)的作品和思想,呼吁去殖民化的多元主义艺术。维尼修斯·菲格雷多(Vinicius Figueiredo)教授考察了英国启蒙美学中有关品味、标准和经典的问题,指出经典是 18 世纪特有的社会理想,既是批判的又是文明的,这一概念具有悖论性,因为文明化体现了殖民主义立场,批判却体现了多元理想。在此基础上他思考了非殖民主义文学对启蒙运动的批判。

一些其他国家的学者也结合具体作品思考了去殖民化、反霸权、反对野蛮的美学的重要意义与可能的未来。荷兰阿姆斯特丹大学的莫尼克·勒洛夫斯(Monique Roelofs)教授指出,当代文化领域充斥着掠夺和暴力,但同时又蕴含重要的社会可能性和政治可能性。她通过分析秘鲁导演克劳迪亚·略萨(Claudia Llosa)的电影《伤心的奶水》(*The Milk of Sorrow*,2009),探讨了非殖民地主体在当代文化领域中的定位,以及去殖民化美学的意义。意大利的朱塞佩·帕泰拉(Giuseppe Patella)教授强调要反对艺术与生活中的野蛮主义(Barbarism)。他指出,野蛮主义不是存在于过去的状态,而是任何文明都具有的组成部分。当人被无法控制的激情和狂热所迷惑时,不论是谁都会变得野蛮。

总的来说,本次世界美学大会体现出对艺术、文化与媒介的格外关注。参会学者们围绕所关注的美学问题进行了形式丰富的展示和热烈讨论。这些展示与讨论既呈现了不同种族与国家的美学思想和艺术观念,以及审美文化特征,又对美学经典文本和经典艺术作品进行了有益的再思考,同时还对普遍的日常生活经验中的审美现象以及当下的社会问题展示出了共通的关切。主办方在会议期间还安排了多场文化展示,组织参会者观看艺术表演、参观艺术场馆等,通过艺术现场激发了参会者的审美感受与美学思考。会议加强了世界范围内美学研究者之间的学术联系,丰富了文化交流。

(作者单位:武汉大学文学院)

学术编辑:张　冰